全国高等教育自学考试指定教材

# 结构力学（专）

[含：结构力学（专）自学考试大纲]

（2023 年版）

全国高等教育自学考试指导委员会　组编

主编　马晓儒　张金生

北京大学出版社
PEKING UNIVERSITY PRESS

图书在版编目(CIP)数据

结构力学：专/马晓儒，张金生主编. —北京：北京大学出版社，2023.10
全国高等教育自学考试指定教材
ISBN 978-7-301-34436-1

Ⅰ.①结… Ⅱ.①马…②张… Ⅲ.①结构力学—高等教育—自学考试—教材 Ⅳ.①O342

中国国家版本馆 CIP 数据核字(2023)第 170815 号

| 书　　　　名 | 结构力学 （专） |
| --- | --- |
|  | JIEGOU LIXUE （ZHUAN） |
| 著作责任者 | 马晓儒　张金生　主编 |
| 策 划 编 辑 | 赵思儒　吴　迪 |
| 责 任 编 辑 | 伍大维 |
| 数 字 编 辑 | 金常伟 |
| 标 准 书 号 | ISBN 978-7-301-34436-1 |
| 出 版 发 行 | 北京大学出版社 |
| 地　　　　址 | 北京市海淀区成府路 205 号　100871 |
| 网　　　　址 | http://www.pup.cn　新浪微博：@北京大学出版社 |
| 电 子 邮 箱 | 编辑部 pup6@pup.cn　总编室 zpup@pup.cn |
| 电　　　　话 | 邮购部 010-62752015　发行部 010-62750672　编辑部 010-62750667 |
| 印 刷 者 | 北京鑫海金澳胶印有限公司 |
| 经 销 者 | 新华书店 |
|  | 787 毫米×1092 毫米　16 开本　14.75 印张　354 千字 |
|  | 2023 年 10 月第 1 版　2023 年 10 月第 1 次印刷 |
| 定　　　　价 | 47.00 元 |

未经许可，不得以任何方式复制或抄袭本书之部分或全部内容。
**版权所有，侵权必究**
举报电话：010-62752024　电子邮箱：fd@pup.cn
图书如有印装质量问题，请与出版部联系，电话：010-62756370

# 组 编 前 言

21世纪是一个变幻难测的世纪，是一个催人奋进的时代。科学技术飞速发展，知识更替日新月异。希望、困惑、机遇、挑战，随时随地都有可能出现在每一个社会成员的生活之中。抓住机遇、寻求发展、迎接挑战、适应变化的制胜法宝就是学习——依靠自己学习、终身学习。

作为我国高等教育组成部分的自学考试，其职责就是在高等教育这个水平上倡导自学、鼓励自学、帮助自学、推动自学，为每一个自学者铺就成才之路。组织编写供读者学习的教材就是履行这个职责的重要环节。毫无疑问，这种教材应当适合自学，应当有利于学习者掌握和了解新知识、新信息，有利于学习者增强创新意识，培养实践能力，形成自学能力，也有利于学习者学以致用，解决实际工作中所遇到的问题。具有如此特点的书，我们虽然沿用了"教材"这个概念，但它与那种仅供教师讲、学生听，教师不讲、学生不懂，以"教"为中心的教科书相比，已经在内容安排、编写体例、行文风格等方面都大不相同了。希望读者对此有所了解，以便从一开始就树立起依靠自己学习的坚定信念，不断探索适合自己的学习方法，充分利用自己已有的知识基础和实际工作经验，最大限度地发挥自己的潜能，达到学习的目标。

欢迎读者提出意见和建议。

祝每一位读者自学成功。

全国高等教育自学考试指导委员会
2022 年 8 月

# 目 录

**组编前言**

## 结构力学（专）自学考试大纲

| 大纲前言 ································ 2 | Ⅳ 关于大纲的说明与考核实施要求 ··· 13 |
| --- | --- |
| Ⅰ 课程性质与课程目标 ················ 3 | 附录 题型举例 ··························· 17 |
| Ⅱ 考核目标 ······························· 4 | 大纲后记 ································ 21 |
| Ⅲ 课程内容与考核要求 ················ 5 | |

## 结构力学（专）

| 编者的话 ································· 24 | 习题 ······································· 75 |
| --- | --- |
| 第1章 绪论 ······························ 25 | 第5章 静定平面桁架与组合结构 ······ 77 |
| 1.1 学习结构力学的目的 ············ 26 | 5.1 桁架的计算简图和分类 ········· 78 |
| 1.2 结构的计算简图 ··················· 27 | 5.2 结点法 ······························ 79 |
| 1.3 常见杆件结构的类型 ············ 28 | 5.3 截面法 ······························ 82 |
| 第2章 结构的几何组成分析 ·········· 30 | 5.4 对称性的利用 ······················ 84 |
| 2.1 基本概念 ··························· 31 | 5.5 组合结构 ··························· 86 |
| 2.2 无多余约束几何不变体系的组成规则 ······························ 35 | 习题 ······································· 89 |
| 2.3 体系的几何组成分析 ············ 40 | 第6章 静定结构的位移计算 ··········· 93 |
| 习题 ······································· 43 | 6.1 概述 ·································· 94 |
| 第3章 静定梁与静定刚架 ············· 46 | 6.2 虚功原理 ··························· 95 |
| 3.1 单跨静定梁 ························ 47 | 6.3 单位荷载法 ························ 100 |
| 3.2 多跨静定梁 ························ 54 | 6.4 荷载引起的位移计算 ············ 101 |
| 3.3 静定刚架 ··························· 56 | 6.5 图乘法 ······························ 105 |
| 3.4 静定结构的一般性质 ············ 63 | 6.6 支座位移引起的位移计算 ······ 115 |
| 习题 ······································· 64 | *6.7 温度改变引起的位移计算 ······ 116 |
| 第4章 三铰拱 ···························· 69 | 6.8 线弹性体系的互等定理 ········· 118 |
| 4.1 概述 ·································· 70 | 习题 ······································· 121 |
| 4.2 三铰拱的计算 ······················ 71 | 第7章 力法 ······························ 126 |
| 4.3 三铰拱的合理拱轴线 ············ 74 | 7.1 概述 ·································· 127 |
| | 7.2 力法的基本概念 ··················· 128 |

7.3 力法的基本结构和基本未知量的确定 …………………… 135

7.4 荷载作用下用力法计算超静定梁与刚架 ……………………… 139

7.5 用力法计算单跨超静定梁由支座位移引起的内力 …………… 147

7.6 结构对称性的利用 ………… 150

7.7 力法计算超静定桁架 ……… 158

*7.8 超静定结构的位移计算与力法计算结果的校核 …………… 159

习题 …………………………… 162

## 第 8 章 位移法 …………… 167

8.1 单跨超静定梁的杆端力 …… 168

8.2 位移法的基本概念 ………… 174

8.3 位移法的基本结构与基本未知量的确定 ……………………… 181

8.4 位移法典型方程 …………… 185

8.5 根据弯矩图作剪力图及轴力图 …… 194

8.6 对称条件的利用 …………… 197

习题 …………………………… 199

## 第 9 章 力矩分配法 ……… 204

9.1 力矩分配法的基本概念 …… 205

9.2 力矩分配法计算单结点结构 … 210

9.3 力矩分配法计算多结点结构 … 218

习题 …………………………… 225

## 参考文献 …………………… 229

## 后记 ………………………… 230

全国高等教育自学考试

# 结构力学（专）
# 自学考试大纲

全国高等教育自学考试指导委员会　制定

# 大纲前言

为了适应社会主义现代化建设事业的需要，鼓励自学成才，我国在20世纪80年代初建立了高等教育自学考试制度。高等教育自学考试是个人自学、社会助学和国家考试相结合的一种高等教育形式。应考者通过规定的专业课程考试并经思想品德鉴定达到毕业要求的，可获得毕业证书；国家承认学历并按照规定享有与普通高等学校毕业生同等的有关待遇。经过40多年的发展，高等教育自学考试为国家培养造就了大批专门人才。

课程自学考试大纲是规范自学者学习范围，要求和考试标准的文件。它是按照专业考试计划的要求，具体指导个人自学、社会助学、国家考试及编写教材的依据。

为更新教育观念，深化教学内容方式、考试制度、质量评价制度改革，更好地提高自学考试人才培养的质量，全国考委各专业委员会按照专业考试计划的要求，组织编写了课程自学考试大纲。

新编写的大纲，在层次上，本科参照一般普通高校本科水平，专科参照一般普通高校专科或高职院校的水平；在内容上，及时反映学科的发展变化以及自然科学和社会科学近年来研究的成果，以更好地指导应考者学习使用。

全国高等教育自学考试指导委员会<br>
2023年5月

# Ⅰ 课程性质与课程目标

### 一、课程性质和特点

结构力学（专）是建筑工程技术专业（专科）、道路与桥梁工程技术（专科）等专业的专业基础课，在该专业中占有重要地位。

设置本课程的目的是使自学者系统地掌握杆件结构的内力、位移计算的基本理论和基本方法，为从事中小型土建工程的结构设计及施工提供必要的力学知识，为后续专业课程的学习奠定必要的力学基础。

### 二、课程目标

通过本课程的学习，应达到以下要求。

(1) 能分析常见体系的几何组成，能根据结构的几何组成确定结构的计算方法。
(2) 能熟练地利用平衡条件计算各类静定结构的内力、约束力，并绘制其内力图。
(3) 掌握静定结构的位移计算方法。
(4) 掌握力法、位移法的原理和方法，能熟练地利用它们计算简单的超静定结构，并绘制其内力图。
(5) 能用力矩分配法计算连续梁。

### 三、与相关课程的联系与区别

本课程的先修课程是高等数学（工专）、工程力学（土建）。

高等数学为结构力学提供计算分析工具，如微积分、代数方程组的解算等。

工程力学中的理论力学部分为结构力学提供计算原理，如平衡方程等；而材料力学部分研究单个杆件的内力、应力和变形等，为结构力学研究杆件体系的内力和位移计算提供必要的基础。

结构力学将在钢筋混凝土结构等后续专业课中得到应用。

### 四、课程的重点和难点

本课程的重点和难点是静定结构的内力计算、超静定结构内力计算中的力法和位移法。

# II 考核目标

本大纲在考核目标中，按照识记、领会、简单应用和综合应用 4 个层次规定应达到的能力层次要求。4 个能力层次是递升的关系，后者建立在前者的基础上。各能力层次的含义如下。

识记（Ⅰ）：要求考生能够识别和记忆本课程中有关概念及规律的主要内容（如定义、表达式、公式、定理、结论、方法的步骤、特点、性质及应用范围等），并能够根据考核的不同要求，做出正确的表述、选择和判断。

领会（Ⅱ）：要求考生能够领悟和理解本课程中的概念及规律的内涵及外延，理解它们的确切含义，能够鉴别关于它们的似是而非的说法；理解它们与相关知识的区别和联系，并能根据考核的不同要求做出正确的判断、解释和说明。

简单应用（Ⅲ）：要求考生能够根据已知的条件，运用本课程中的少量知识点，分析和解决一般应用问题，如简单计算、绘图、分析、论证等。

综合应用（Ⅳ）：要求考生能够运用本课程中的较多知识点，分析和解决较复杂的应用问题，如计算、绘图、分析、论证等。

# Ⅲ 课程内容与考核要求

## 第1章 绪 论

**一、学习目的与要求**

通过本章的学习,要了解本课程的研究对象和研究内容。本章重点是各种支座的约束作用及能产生何种反力,各种结点的约束作用。

本章学习要求如下。

(1) 了解结构力学的研究对象、任务、与其他相关课程的关系及常见杆件结构的类型。

(2) 理解结构的计算简图的概念和确定计算简图的原则。

(3) 深刻理解杆件结构的支座和结点及它们的作用。

**二、课程内容**

1. 学习结构力学的目的
2. 结构的计算简图
3. 常见杆件结构的类型

**三、考核知识点与考核要求**

结构的计算简图
识记:计算简图的含义,确定计算简图的原则,各种支座的区别,各种结点的区别。
领会:各种支座的约束作用,各种支座所能产生的反力,各种结点的约束作用。

## 第2章 结构的几何组成分析

**一、学习目的与要求**

体系的几何组成分析是判定一个体系能否作为建筑结构的依据,也是确定结构计算方法所必需的。通过本章的学习,要能够正确判定一个体系是静定结构还是超静定结构,这对后续章节的学习是很重要的。本章重点是体系的几何组成分析。

本章学习要求如下。

(1) 理解几何不变体系、几何可变体系、刚片、自由度、约束等概念。

(2) 掌握静定结构的几何组成规则。

(3) 掌握体系的几何组成分析方法。

二、课程内容

1. 基本概念
2. 无多余约束几何不变体系的组成规则
3. 体系的几何组成分析

三、考核知识点与考核要求

1. 基本概念

识记：几何不变体系的概念，几何可变体系的概念，刚片的概念，自由度的概念，约束的概念，多余约束的概念，必要约束的概念，无多余约束几何不变体系的概念，有多余约束几何不变体系的概念，静定结构的概念，超静定结构的概念。

领会：链杆与单铰的约束作用，复铰与单铰的换算，虚铰与实铰的区别，刚片的识别，静定结构的几何特征，超静定结构的几何特征。

2. 无多余约束几何不变体系的组成规则

识记：常变体系的概念，瞬变体系的概念。

领会：三刚片规则，二刚片规则，二元体规则。

3. 体系的几何组成分析

简单应用：利用规则对简单体系做几何组成分析。

# 第3章 静定梁与静定刚架

一、学习目的与要求

梁、柱是构成大多数建筑结构的基本构件，刚架是多数建筑结构所采用的结构形式。通过本章的学习，要掌握静定梁和超静定梁。它们的受力分析在结构力学中是非常重要的，是本课程的重点内容之一。本章重点是梁与刚架弯矩图的绘制。

本章学习要求如下。

(1) 熟练掌握单跨静定梁的内力计算。
(2) 熟练掌握多跨静定梁的内力计算。
(3) 熟练掌握刚架的内力计算。

二、课程内容

1. 单跨静定梁
2. 多跨静定梁
3. 静定刚架
4. 静定结构的一般性质

三、考核知识点与考核要求

1. 单跨静定梁

识记：内力符号的规定，内力图的概念。

领会：微分关系与增量关系。

简单应用：利用微分关系校核内力图，绘制单跨静定梁的内力图。

2．多跨静定梁

识记：基本部分和附属部分的概念。

领会：基本部分和附属部分的识别，多跨静定梁各部分的计算顺序，多跨静定梁的受力特点。

简单应用：多跨静定梁支座反力的计算，已知弯矩图作剪力图，已知剪力图求反力。

综合应用：多跨静定梁内力图绘制。

3．静定刚架

领会：结点平衡条件的利用，微分关系的利用。

简单应用：支座反力的计算，指定截面内力的计算，作刚架的弯矩图，利用弯矩图作剪力图。

综合应用：作刚架的内力图。

4．静定结构的一般性质

领会：内力与截面尺寸、形状无关，内力与材料的物理性质无关，温度变化不引起内力，支座位移不引起内力。

# 第4章 三 铰 拱

## 一、学习目的与要求

拱常用于大跨结构，如桥梁、屋面等结构，其具有较好的受力性能。通过本章的学习，要理解拱的受力特点，掌握三铰拱内力的求解方法。

本章学习要求如下。

（1）掌握三铰拱支座反力和内力的计算方法。

（2）理解合理拱轴线的概念。

## 二、课程内容

1．概述

2．三铰拱的计算

3．三铰拱的合理拱轴线

## 三、考核知识点与考核要求

1．概述

识记：拱的概念，拱的受力特点。

2．三铰拱的计算

领会：三铰拱中弯矩比同样条件下梁中弯矩小的原因，三铰拱水平支座反力（推力）大小与拱高的关系。

简单应用：支座反力的计算，指定截面弯矩和轴力的计算。

3. 三铰拱的合理拱轴线

识记：合理拱轴线的概念。

领会：满跨均布荷载作用下对称三铰拱的合理拱轴线。

## 第 5 章　静定平面桁架与组合结构

一、学习目的与要求

桁架用料省、自重轻、受力性能好，常用于大跨度厂房、体育馆、桥梁等结构中。通过本章的学习，要掌握桁架的内力分析方法。

本章学习要求如下。

（1）熟练掌握结点法。

（2）熟练掌握截面法。

（3）了解组合结构的内力计算。

二、课程内容

1. 桁架的计算简图和分类

2. 结点法

3. 截面法

4. 对称性的利用

5. 组合结构

三、考核知识点与考核要求

1. 桁架的计算简图和分类

识记：桁架受力特点。

2. 结点法

识记：单杆的概念。

领会：零杆判别。

简单应用：用结点法计算单杆内力。

3. 截面法

简单应用：用截面法计算单杆内力。

综合应用：指定杆件内力的计算。

4. 组合结构

识记：组合结构的概念。

领会：桁架杆与梁式杆的判别。

简单应用：桁架杆的轴力的计算，梁式杆指定截面的内力计算。

# 第6章  静定结构的位移计算

## 一、学习目的与要求

验算结构刚度需要计算结构的位移，解算超静定结构也需要计算静定结构的位移。通过本章的学习，一是要掌握静定结构位移的计算方法，二是要为下一章建立基础。本章重点是图乘法计算梁与刚架的位移。

本章学习要求如下。
（1）了解实功、虚功、广义力、广义位移的概念及虚功原理。
（2）理解求位移的单位荷载法。
（3）掌握荷载引起的桁架位移计算方法。
（4）熟练掌握图乘法求梁与刚架位移的方法。
（5）掌握支座位移产生的位移计算。
（6）理解位移互等定理、反力互等定理。

## 二、课程内容

1. 概述
2. 虚功原理
3. 单位荷载法
4. 荷载引起的位移计算
5. 图乘法
6. 支座位移引起的位移计算
7. 温度改变引起的位移计算
8. 线弹性体系的互等定理

## 三、考核知识点与考核要求

1. 虚功原理
识记：虚功的概念，广义力与广义位移的概念。
领会：给出广义位移确定广义力。
2. 单位荷载法
领会：单位力状态的确定。
3. 荷载引起的位移计算
识记：桁架的位移算式，刚架的位移算式。
简单应用：荷载作用下计算桁架位移。
4. 图乘法
识记：图乘法求位移的算式，常用图形的面积及其形心位置。
领会：图乘法的适用条件，图形分解。
简单应用：用图乘法计算梁与刚架的位移。

5. 支座位移引起的位移计算

识记：支座位移产生的位移算式。

领会：位移算式中各项的含义。

简单应用：支座位移引起的位移计算。

6. 线弹性体系的互等定理

领会：位移互等定理，反力互等定理。

# 第 7 章　力　　法

一、学习目的与要求

力法是解算超静定结构的基本方法之一，同时力法也是学习其他方法的基础。通过本章的学习，要掌握力法。力法是考试的重点之一。

本章学习要求如下。

(1) 掌握力法基本结构的确定、力法典型方程的建立。

(2) 理解力法典型方程的物理意义。

(3) 熟练掌握力法计算荷载作用下的超静定梁及刚架内力。

(4) 了解支座位移引起的超静定单跨梁的内力计算。

(5) 掌握对称性的利用。

二、课程内容

1. 概述

2. 力法的基本概念

3. 力法的基本结构和基本未知量的确定

4. 荷载作用下用力法计算超静定梁与刚架

5. 用力法计算单跨超静定梁由支座位移引起的内力

6. 结构对称性的利用

7. 力法计算超静定桁架

8. 超静定结构的位移计算与力法计算结果的校核

三、考核知识点与考核要求

1. 力法的基本概念

识记：力法的基本体系的概念，力法的基本未知量的概念，力法变形条件的概念，用力法计算超静定结构的步骤。

2. 力法的基本结构和基本未知量的确定

识记：超静定次数的概念。

领会：超静定次数的确定，确定力法的基本体系，力法典型方程，力法方程中系数及常数项的意义。

3. 荷载作用下用力法计算超静定梁与刚架

简单应用：力法方程中系数及常数项的计算。
综合应用：用力法计算一次超静定梁及刚架在荷载作用下的内力并作弯矩图。
4. 结构对称性的利用
识记：对称结构的概念，对称荷载的概念，反对称荷载的概念。
领会：对称荷载作用下的受力特点，反对称荷载作用下的受力特点，一般荷载的分解。
简单应用：利用对称性判断对称轴处为零的内力，利用对称性简化对称超静定梁及刚架。

# 第8章 位 移 法

## 一、学习目的与要求

位移法是解算超静定结构的基本方法之一，许多工程中使用的实用计算方法都是从位移法演变出来的。通过本章的学习，要掌握位移法。掌握位移法对学习其他实用方法非常重要，故它是本课程的重点之一。
本章学习要求如下。
（1）熟记常见单跨超静定梁的杆端力。
（2）掌握位移法的基本结构和基本未知量的确定。
（3）掌握用位移法计算荷载作用下连续梁及刚架的内力。

## 二、课程内容

1. 单跨超静定梁的杆端力
2. 位移法的基本概念
3. 位移法的基本结构与基本未知量的确定
4. 位移法典型方程
5. 根据弯距图作剪力图及轴力图
6. 对称条件的利用

## 三、考核知识点与考核要求

1. 单跨超静定梁的杆端力
领会：两端固定梁的杆端力、一端固定一端铰支梁的杆端力、一端固定一端滑动梁的杆端力。
2. 位移法的基本结构与基本未知量的确定
领会：位移法的基本未知量，最少基本未知量数目的确定，位移法基本结构的确定。
3. 位移法典型方程
领会：位移法典型方程，位移法典型方程中系数和常数项的物理意义。
简单应用：位移法方程中系数和常数项的计算。
4. 根据弯矩图作剪力图及轴力图

简单应用：已知杆端弯矩求杆端剪力。

综合应用：用位移法计算具有一个基本未知量无结点线位移连续梁和刚架并作弯矩图，用位移法计算具有一个基本未知量有结点线位移连续梁和刚架并作弯矩图。

## 第9章 力矩分配法

一、学习目的与要求

通过本章的学习，要掌握力矩分配法。力矩分配法是计算连续梁和无结点线位移刚架的一种实用计算方法。与力法、位移法相比较，这种方法运算简单，便于掌握，不需求解方程组，可以直接得到杆端弯矩。

本章学习要求如下。

（1）理解转动刚度、分配系数、传递系数、分配弯矩、传递弯矩、约束力矩的概念。

（2）掌握用力矩分配法计算单结点无结点线位移刚架和连续梁并作弯矩图。

（3）掌握用力矩分配法计算多结点连续梁作弯矩图。

二、课程内容

1. 力矩分配法的基本概念
2. 力矩分配法计算单结点结构
3. 力矩分配法计算多结点结构

三、考核知识点与考核要求

1. 力矩分配法的基本概念

识记：力矩分配法的适用范围，转动刚度的概念，传递系数的概念，远端为各种支承情况的转动刚度，远端为各种支承情况的传递系数。

领会：分配系数的计算，固端弯矩的计算，结点约束力矩的计算，分配弯矩的计算，传递弯矩的计算，分配系数的校核。

2. 力矩分配法计算单结点结构

简单应用：用力矩分配法计算单结点连续梁并作弯矩图，用力矩分配法计算单结点无结点线位移刚架并作弯矩图。

3. 力矩分配法计算多结点结构

综合应用：用力矩分配法计算多结点连续梁并作弯矩图。

# Ⅳ 关于大纲的说明与考核实施要求

## 一、自学考试大纲的目的和作用

课程自学考试大纲是根据专业自学考试计划的要求，结合自学考试的特点制定的。其目的是对个人自学、社会助学和自学考试命题进行指导和规定。

课程自学考试大纲明确了课程自学内容及其深广度，规定出课程自学考试的范围和标准。因此，它是编写自学考试教材和辅导书的依据，是社会助学组织进行自学辅导的依据，是自学者学习教材、掌握课程内容知识范围和程度的依据，也是进行自学考试命题的依据。

## 二、自学考试大纲与教材的关系

课程自学考试大纲是进行学习和考核的依据，教材是学习掌握课程知识的基本内容与范围，教材的内容是大纲所规定的课程知识和内容的扩展与发挥。课程内容在教材中可以体现一定的深度或难度，但在大纲中对考核的要求一定要适当。

大纲与教材所体现的课程内容应基本一致；大纲里面的课程内容和考核知识点，教材里一般也要有。反过来教材里有的内容，大纲里就不一定体现。（注：如果教材是推荐选用的，其中有的内容与大纲要求不一致的，应以大纲规定为准。）

## 三、关于自学教材

《结构力学（专）》，全国高等教育自学考试指导委员会组编，马晓儒、张金生主编，北京大学出版社出版，2023年版。

## 四、关于自学要求和自学方法的指导

结构力学（专）是一门实践性很强的应用学科，主要内容是各种结构在不同外部作用下的内力与位移的计算方法。掌握该学科主要从两个方面着眼：一是充分理解计算方法的实质和过程；二是使用这些方法来解题，在解题过程中提高对方法的掌握程度并加深对方法的理解。在学习时请注意以下问题。

（1）在开始学习某一章时，应先阅读考试大纲的相关章节，了解该章各知识点的考核要求，做到心中有数。

（2）学完一章后，应对照大纲检查是否达到了大纲所规定的要求。

（3）由于结构力学各部分内容的关系紧密，前面知识是学习后面知识的基础，只有掌握了前一个章节的内容后才能进行下一个章节的学习。特别是静定结构的内力计算部分是后续部分的基础，非常重要。

（4）不做一定量的习题不可能掌握结构力学，但也不能盲目多做题，要善于在做题中发现问题，找出规律，提高分析和解决问题的能力。建议各章需做习题数见下表。

| 章次 | 内容 | 习题数 |
| --- | --- | --- |
| 1 | 绪论 | 2 |
| 2 | 结构的几何组成分析 | 10 |
| 3 | 静定梁与静定刚架 | 25 |
| 4 | 三铰拱 | 5 |
| 5 | 静定平面桁架与组合结构 | 10 |
| 6 | 静定结构的位移计算 | 10 |
| 7 | 力法 | 15 |
| 8 | 位移法 | 10 |
| 9 | 力矩分配法 | 8 |
| 合计 | | 95 |

（5）保证并合理安排学习时间是很重要的。由于自学者情况的差异，下表是建议的各章的学时数（包括做习题时间），仅供参考。

| 章次 | 内容 | 学时数 |
| --- | --- | --- |
| 1 | 绪论 | 2 |
| 2 | 结构的几何组成分析 | 8 |
| 3 | 静定梁与静定刚架 | 30 |
| 4 | 三铰拱 | 5 |
| 5 | 静定平面桁架与组合结构 | 10 |
| 6 | 静定结构的位移计算 | 20 |
| 7 | 力法 | 30 |
| 8 | 位移法 | 20 |
| 9 | 力矩分配法 | 15 |
| 合计 | | 140 |

## 五、考试指导

**1. 有计划的学习是考试成功的必要条件**

好的计划和组织是考试成功的法宝。如果你正在接受培训学习，一定要跟紧课程并完成作业。若有不理解的内容或不会做的习题，要及时请教教师。若有缺课需及时补上。如果你是自学者，要做好切实可行的学习计划，定出学习计划表，并按计划学习。遇到不理解的问题可向学过的人请教或利用网络等工具解决。

2. 如何考试

卷面整洁非常重要。书写工整，段落与间距合理，卷面赏心悦目有助于教师评分，教师只能给他能看懂的内容打分。对于选择题，可先把明显错误的或不合理的选项排除，再考虑余下的选项。做题时，一般是先做容易的题。做题时要看清题目要求，理清解题思路再做题。注意不要漏题。

3. 如何处理紧张情绪

正确处理对失败的惧怕，要正面思考。如果可能，可以请教已经通过该科目考试的人，借鉴他们考试通过的经验。考试前要合理膳食，保持旺盛的精力，保持冷静。在考试中，若看到试卷后出现脉搏加快、惊慌失措等现象，这时不要忙于动笔，应先让自己冷静下来，做深呼吸放松，这样有助于使头脑清醒，缓解紧张情绪。

4. 如何克服心理障碍

如果你在考试中出现心理障碍，可以试试下列方法：考试之前，根据考试大纲的要求将课程内容总结为"记忆线索"；当你阅读考卷时，一旦有了思路就快速记下；按自己的步调进行答卷，努力为每个考题合理分配时间，并按此时间安排进行。

## 六、对社会助学的要求

（1）要熟知考试大纲对本课程总的要求和各章的知识点，准确理解各知识点要求达到的认知层次和考核要求，并在辅导过程中帮助考生掌握这些要求，不要随意增删内容和提高或降低要求。

（2）要结合典型例题，讲清楚基本概念、定理、公式和方法步骤，重点和难点更要讲透，引导考生注意基本理论的学习；更要十分重视基本的计算方法和计算技巧的讲解，帮助考生真正达到考核要求，并培养良好的学风，提高自学能力。不要猜题、押题。

（3）要使考生认识到辅导课只能起到"领进门"的作用，听懂不等于真懂，关键还在于自己练。应要求考生课后抓紧复习，认真做题。

（4）助学单位在安排本课程辅导时，授课时间建议不少于60小时。

## 七、关于考核内容及考核要求的说明

（1）课程中各章的内容均由若干知识点组成，在自学考试命题中知识点就是考核点。因此，课程自学考试大纲中所规定的考核内容是以分解为考核知识点的形式给出的。因各知识点在课程中的地位、作用以及知识自身的特点不同，自学考试将对各知识点分别按4个认知（或能力）层次确定其考核要求（认知层次的具体描述请参看 II 考核目标）。

（2）按照重要性程度不同，考核内容分为重点内容和一般内容。为有效地指导个人自学和社会助学，本大纲已指明了课程的重点和难点，在各章的"学习目的与要求"中一般也指明了本章内容的重点和难点。在本课程试卷中重点内容所占分值一般不少于60%。

（3）考核分为6部分，分别为：绪论与结构的几何组成分析、静定结构（梁、刚架、桁架、三铰拱）的内力计算、静定结构的位移计算、力法、位移法和力矩分配法，各部分在考试试卷中所占的比例大致为：5%、35%、10%、20%、15%、15%。

本课程共 5 学分。

### 八、关于考试命题的若干规定

（1）考试时间为 150 分钟，闭卷考试，考试时允许携带无存储功能的计算器。

（2）本大纲各章所规定的基本要求、知识点及知识点下的知识细目，都属于考核的内容。考试命题既要覆盖到章（除第 1 章外），又要避免面面俱到。要注意突出课程的重点，加大重点内容的覆盖度。

（3）不应命制超出大纲中考核知识点范围的题目，考核目标不得高于大纲中所规定的相应的最高能力层次要求。命题应着重考核考生对基本概念、基本知识和基本理论是否了解或掌握，对基本方法是否会用或熟练。不应命制与基本要求不符的偏题或怪题。

（4）本课程在试卷中对不同能力层次要求的分数比例大致为：识记占 15%，领会占 20%，简单应用占 30%，综合应用占 35%。

（5）要合理安排试题的难易程度，试题的难度可分为：易、较易、较难和难 4 个等级。每份试卷中不同难度试题的分数比例一般为 2∶5∶2∶1，即易的占 20%，较易的占 50%，较难的占 20%，难的占 10%。

必须注意试题的难易程度与能力层次有一定的联系，但二者不是等同的概念，在各个能力层次都有不同难度的试题。

（6）本课程考试命题的主要题型一般有单项选择题、填空题、基本计算题、分析计算题等题型。

在命题工作中必须按照本课程大纲中所规定的题型命制，考试试卷使用的题型可以略少，但不能超出本课程对题型的规定。

# 附录　题型举例

## 一、单项选择题

1. 图示体系为（　　）。
   A. 有多余约束的几何不变体系　B. 无多余约束的几何不变体系
   C. 常变体系　　　　　　　　　D. 瞬变体系

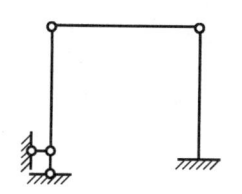

题 1 图

2. 图示结构，在求 A、B 两点相对线位移时，虚拟状态应为（　　）。
   A. 图（a）　　B. 图（b）　　C. 图（c）　　D. 图（d）

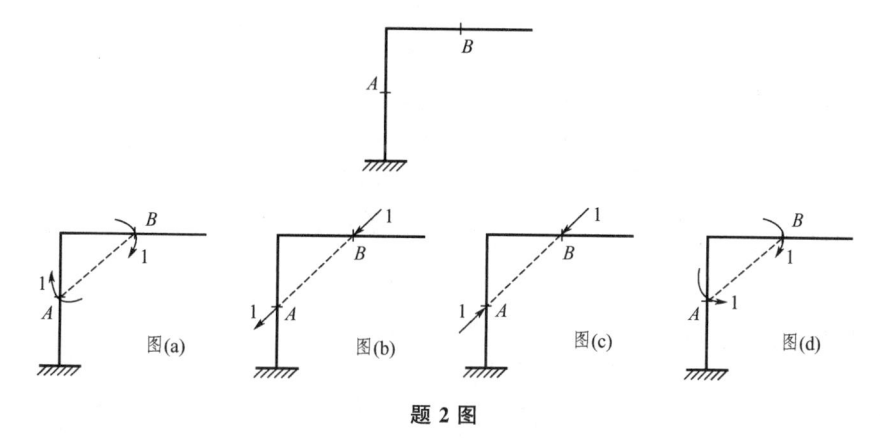

题 2 图

## 二、填空题

3. 两个刚片之间用 4 根既不交于一点也不全平行的链杆相连，组成的体系为_____。

4. 图示拱的轴线方程为 $y=\dfrac{4f}{l^2}x(l-x)$，其 K 截面弯矩 $M_K=$_____。

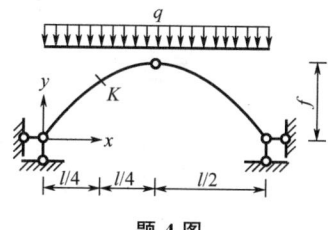

题 4 图

## 三、基本计算题

**5.** 作图示结构的弯矩图。

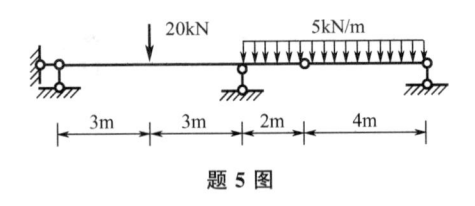

题 5 图

**6.** 计算图示桁架 1、2 杆的轴力。

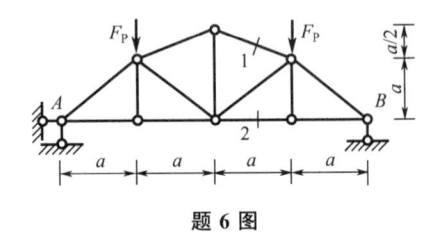

题 6 图

## 四、分析计算题

**7.** 试求图示结构的支座反力，绘弯矩图、剪力图和轴力图。

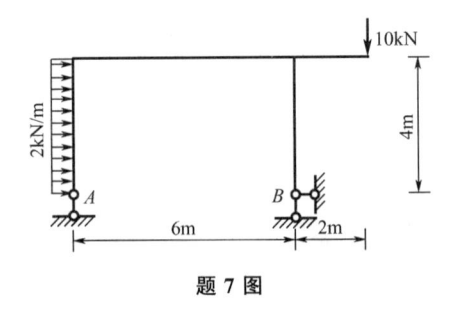

题 7 图

**8.** 试用位移法计算图示结构，作弯矩图。各杆 $EI=$ 常数。

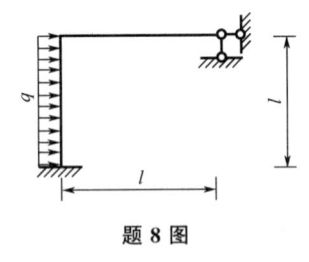

题 8 图

## 参考答案

### 一、单项选择题

1. B
2. C

## 二、填空题

3. 有一个多余约束的几何不变体系

4. 0

## 三、基本计算题

5.

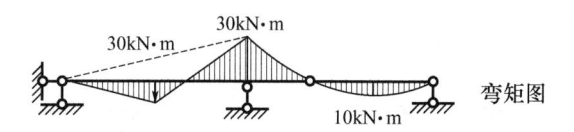

弯矩图

6. $F_{N1} = -\dfrac{\sqrt{5}}{3}F_P$；$F_{N2} = F_P$

## 四、分析计算题

7.

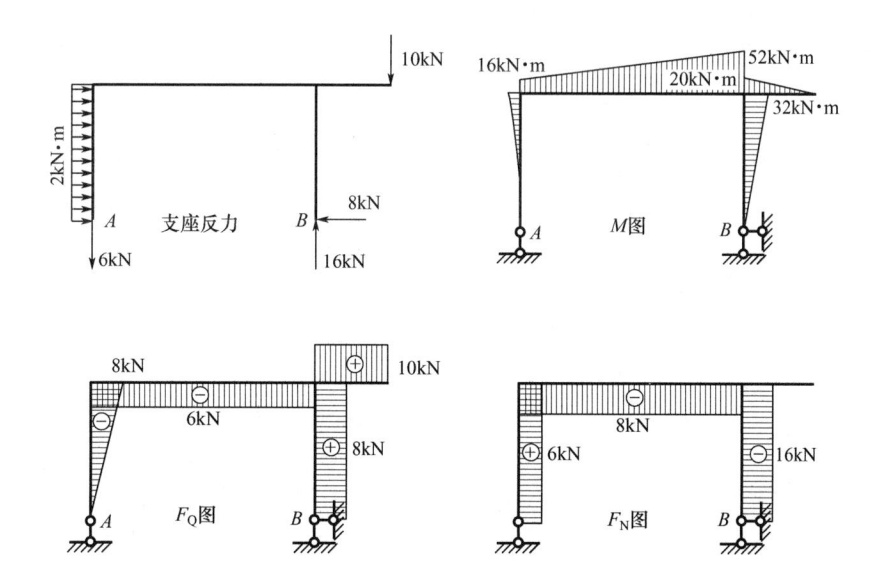

8.
$i = EI/l$
$k_{11}\Delta_1 + F_{1P} = 0$
$k_{11} = 7i$
$F_{1P} = -\dfrac{1}{12}ql^2$
$\Delta_1 = \dfrac{ql^2}{84i}$

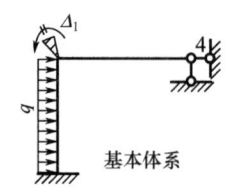

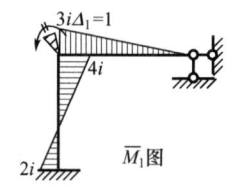

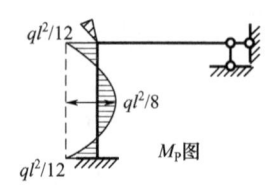

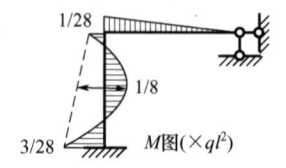

基本体系

$\overline{M}_1$ 图

$M_P$ 图

$M$ 图($\times ql^2$)

# 大 纲 后 记

《结构力学（专）自学考试大纲》是根据《高等教育自学考试专业基本规范（2021年）》的要求，由全国高等教育自学考试指导委员会土木水利矿业环境类专业委员会组织制定的。

全国高等教育自学考试指导委员会土木水利矿业环境类专业委员会对本大纲组织审稿，根据审稿会意见由编者做了修改，最后由土木水利矿业环境类专业委员会定稿。

本大纲由哈尔滨工业大学马晓儒副教授、张金生教授担任主编；参加审稿并提出修改意见的有福州大学祁皑教授、北京建筑大学罗健副教授、河海大学张旭明副教授。

对参与本大纲编写和审稿的各位专家表示感谢。

全国高等教育自学考试指导委员会
土木水利矿业环境类专业委员会
2023 年 5 月

全国高等教育自学考试指定教材

# 结构力学（专）

全国高等教育自学考试指导委员会　组编

# 编 者 的 话

本教材是根据全国高等教育自学考试指导委员会最新制定的《结构力学（专）自学考试大纲》的课程内容、考核知识点及考核要求编写的自学考试指定教材。

本教材的编写原则是，在保证内容的科学性的前提下，力求由浅入深、由简入繁、循序渐进，便于自学使用。

为了内容的连续性，教材中也包含一些超过大纲要求的内容，这些内容均标注了星号（*）号，可供学有余力的读者选读，跳过这些内容并不会影响对后续内容的学习。

考虑到参加自学考试人员的学习时间可能不像在校生那样具有连续性，故未将学习指导安排在章节后，而是放在小节后或介绍完一个知识点后，以便及时指明该部分内容需掌握的知识点和要求，以及掌握这些知识点需要完成的习题编号，以利于自学考试人员安排学习时间。

"结构力学"是一门讲授结构内力和位移的计算方法的课程，必须做一定量的习题才能掌握。为此，除第1章外，各章均提供了较多的习题及拓展习题，习题有单项选择题、填空题和计算题三种类型，并附有较详细的参考答案，读者可扫描习题后的二维码查看。

本教材给出了三套模拟试卷，测验的内容、题型与难度均按自学考试的形式安排，并附有试卷的参考答案和讲解视频，读者可扫描下方二维码查看。

本教材由哈尔滨工业大学马晓儒副教授和张金生教授担任主编。

本教材由福州大学祁皑教授担任主审，北京建筑大学罗健副教授、河海大学张旭明副教授参审。他们在审稿过程中提出了许多指导性和具体的意见。

在此对参与本教材编写和审稿工作的同人表示诚挚的感谢！

由于编者水平有限，教材中难免有不足之处，敬请读者批评指正。

编　者
2023 年 5 月

# 第1章 绪 论

## 知识结构图

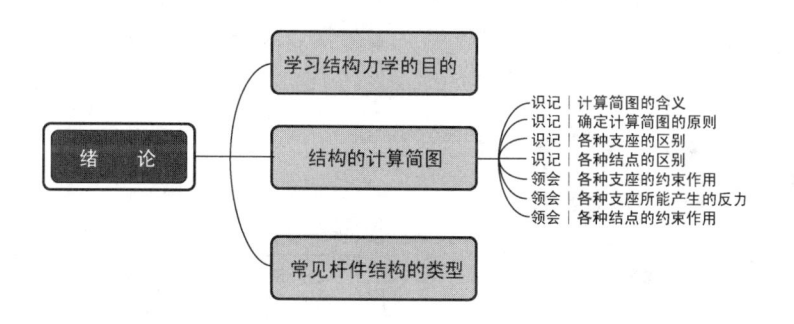

```
                    ┌─ 学习结构力学的目的
                    │
                    │                      ┌─ 识记 │ 计算简图的含义
                    │                      ├─ 识记 │ 确定计算简图的原则
   绪  论 ──────────┼─ 结构的计算简图 ─────┤─ 识记 │ 各种支座的区别
                    │                      ├─ 识记 │ 各种结点的区别
                    │                      ├─ 领会 │ 各种支座的约束作用
                    │                      ├─ 领会 │ 各种支座所能产生的反力
                    │                      └─ 领会 │ 各种结点的约束作用
                    │
                    └─ 常见杆件结构的类型
```

# 1.1 学习结构力学的目的

**1. 为什么要学习结构力学**

要回答这个问题，先要说明什么是结构。建造一幢住宅楼，先是建造由基础、柱、梁、墙和楼板等构件构成的骨架，再根据使用功能设置隔墙、安装门窗等。其中的骨架部分起到承担重力（荷载）并把重力传递到地基的作用，我们称其为结构。图1.1（a）所示即为由基础、柱、梁等构成的工业厂房结构。

从几何角度，结构可以分为以下三类。

（1）板壳结构：也称薄壁结构，是指厚度比长度和宽度小许多的结构，如油罐等。

（2）实体结构：长、宽、厚三个方向尺寸相差不大的结构，如挡土墙、块式基础等。

（3）杆件结构：由杆件组成的结构。所谓杆件是指细长的构件，如梁、柱等。墙、楼板不是杆件，但在建筑结构的计算简图中通常被简化为杆件。

其中，杆件结构是结构力学的研究对象，另两类结构是弹性力学的研究对象。

如果要保证结构安全，就要在设计时对结构做力学分析，了解结构各部分的受力情况，而结构力学就是研究结构受力规律、受力分析方法的一门课程。因此，无论是高职高专还是本科的土木工程专业均将结构力学作为必修课，不掌握结构力学就不能做建筑结构设计。

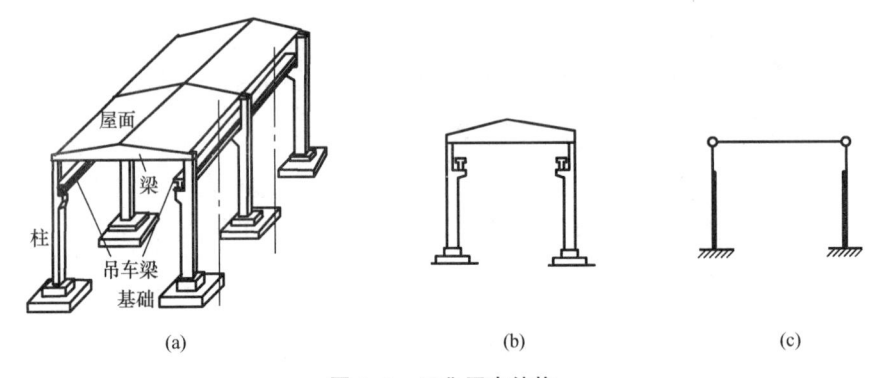

图 1.1 工业厂房结构

**2. 结构力学的内容**

无论设计何种结构，都要保证结构的坚固性、经济性和功能性，这就要对结构做强度和刚度的校核。强度是指结构抵抗破坏的能力，强度过小结构会不安全，强度过大又会增加结构的建造成本；刚度是指结构抵抗变形的能力，刚度过小会导致结构发生较大变形而影响其使用功能。结构强度和刚度的校核需要计算结构的内力和位移，在工程力学的材料力学部分已经学习了单个构件的内力计算和位移计算，在结构力学中将接着学习如何计算由若干构件组成的结构的内力和位移。结构的内力计算方法与结构的组成有关，因此还需了解结构的组成等。所以本教材所讲述的结构力学内容为：结构的几何组成分析、结构内力的计算方法和结构位移的计算方法等。

3. 结构力学与其他课程的关系

数学为结构力学提供计算、分析工具，如代数方程组的解算、微分、积分等。工程力学中的理论力学部分讨论物体机械运动的基本规律，为结构力学提供力学原理，如平衡方程等；而材料力学部分所研究的单个杆件的内力、应力、变形等是结构力学研究杆件结构的基础。结构力学又为后续课程，如钢筋混凝土结构等提供计算方法。

4. 如何学习结构力学

工程力学是本课程的基础，本课程主要用到力系的平衡理论和梁的内力计算方法，因此要求熟练掌握。因为结构力学的核心是各种结构的受力分析方法，而方法的掌握主要靠使用它解决问题，这就要求学习时要做一定的习题。结构力学各部分之间关系紧密，学习顺序不能改变，只有掌握前面的内容才能顺利学习后面的内容。

# 1.2 结构的计算简图

实际生活中的结构是很复杂的，要严格按照实际情况进行力学分析不太可能，也没有必要，结构力学一般是通过计算简图来对结构进行研究的。结构的计算简图是指用于代替实际结构进行结构分析的计算模型或图形，是根据要解决的问题而对实际结构做的某些简化和理想化，它保留了实际结构的主要受力和变形性能，略去了次要因素的结果。

确定计算简图的原则有以下两点。

(1) 计算简图要能反映实际结构的主要受力性能，满足结构设计需要的足够精度。

(2) 便于计算分析。

对于工程中常见的结构，已有成熟的计算简图可以利用。对于新型结构，确定其计算简图则需要进行试验、实测和理论分析，并要经受多次实践的检验。下面简要说明从实际结构到计算简图的简化要点和结果。

1. 体系的简化

实际结构都是空间结构，多数情况下，为了简化计算可以将其简化为平面结构。如图 1.1（a）所示的工业厂房，其主体结构排架 [图 1.1（b）] 的计算简图如图 1.1（c）所示。

本教材只讲述平面结构的计算。掌握了平面结构的分析方法，就可将其扩展到空间结构中去。

2. 杆件的简化

在计算简图中，杆件用其轴线表示。如在工程力学中计算单跨梁内力时，无论梁的截面如何，均用梁的轴线来表示梁。

3. 结点的简化

在计算简图中，将杆件连接在一起的连接装置简化为结点。根据连接方式的不同，连接装置通常可简化为铰结点、刚结点、组合结点等。

（1）铰结点。铰结点所连接的各杆杆端截面可以发生相对转动，如图 1.2（a）所示。

（2）刚结点。刚结点所连接的各杆杆端截面不能发生相对转动，如图 1.2（b）中的 $A$ 结点所连接的杆端，变形前夹角为 90°，变形后夹角仍为 90°。

（3）组合结点。组合结点也称半铰结点。在组合结点处，有些杆端刚结，有些杆端铰结。如图 1.2（c）中的 $AB$ 杆与 $AC$ 杆在 $A$ 点刚结，$AD$ 杆与其他两杆在 $A$ 点铰结。

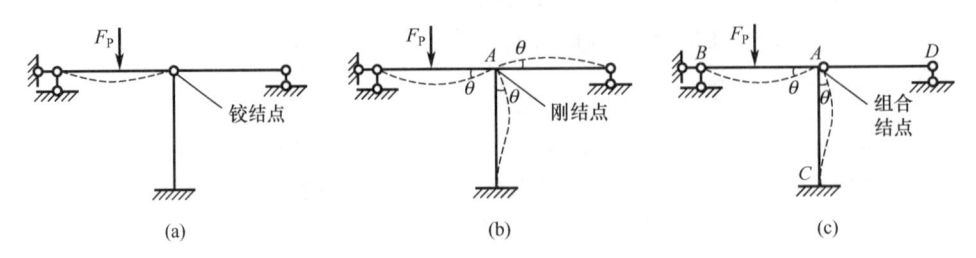

图 1.2　结点的分类

需要注意：画计算简图时，千万不要将铰结点画成半铰结点，或将半铰结点画成铰结点。若画错了，受力情况就完全变了。初学者常常容易画错，因此需引起注意。

4．支座的简化

在计算简图中，将结构与地面或支承物连接在一起的装置简化为支座。根据连接方式的不同，支座有可动铰支座、固定铰支座、固定支座、滑动支座等。

（1）图 1.3（a）所示为可动铰支座，其连接的杆端可沿水平方向自由移动，可自由转动，但不能竖向移动，可产生竖向支座反力。

（2）图 1.3（b）所示为固定铰支座，其连接的杆端可自由转动，但不能发生移动，可产生水平和竖向支座反力。

（3）图 1.3（c）所示为固定支座，其连接的杆端既不能移动也不能转动，可产生水平和竖向支座反力及支座反力矩。

（4）图 1.3（d）所示为滑动支座，其连接的杆端不能转动，不能发生水平移动，可发生竖向移动，可产生一个水平支座反力和支座反力矩。

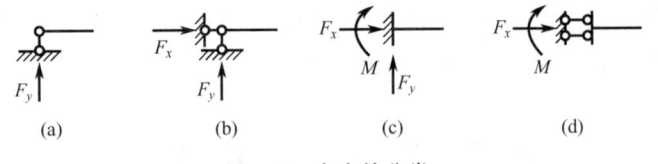

图 1.3　支座的分类

# 1.3　常见杆件结构的类型

根据结构计算简图的特征和受力特点，常见杆件结构可分为以下 5 类。

（1）梁。梁是指在竖向荷载作用下不能产生水平反力的结构，其杆轴线通常为直线，如图 1.4（a）所示。

（2）拱。拱是指在竖向荷载作用下能产生水平反力的结构，其杆轴线通常为曲线，如

图 1.4（b）所示。

（3）桁架。桁架是指结点均为铰结点，内力只有轴力的结构，如图 1.4（c）所示。

（4）刚架。刚架是指由梁、柱组成的结构，其结点通常为刚结点，如图 1.4（d）所示。

（5）组合结构。组合结构是指由梁式构件和桁架构件组合而成的结构，如图 1.4（e）所示。

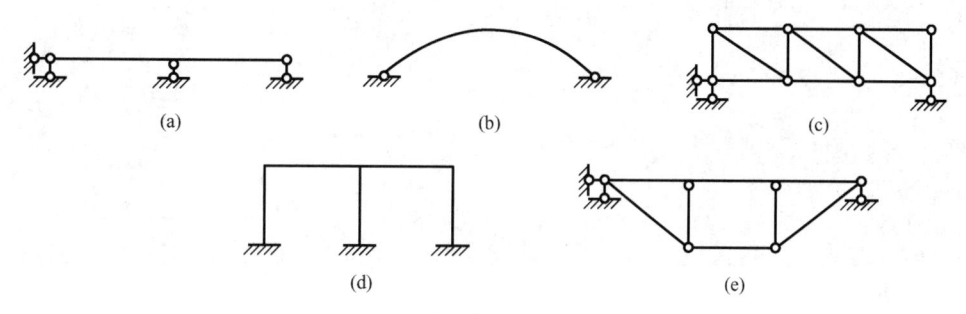

**图 1.4 常见杆件结构的分类**

以上杆件结构在外力作用下的内力和位移的计算方法是后续章节的主要内容，故这里不做进一步的说明。

**学习指导**：通过本章的学习，应了解结构力学的研究对象和研究内容，了解结构的计算简图，理解各种结点和支座的约束特点，了解常见杆件结构的分类。本章重点是掌握各种支座的约束作用，能画出各种支座的支座反力。

# 第2章 结构的几何组成分析

## 知识结构图

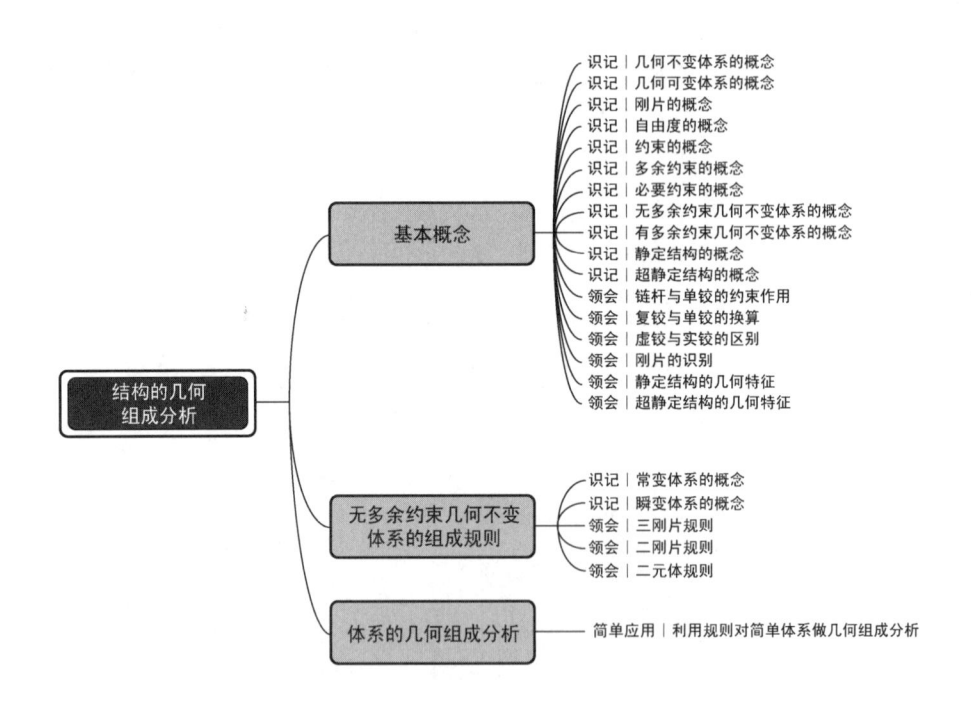

```
结构的几何组成分析
├── 基本概念
│   ├── 识记 | 几何不变体系的概念
│   ├── 识记 | 几何可变体系的概念
│   ├── 识记 | 刚片的概念
│   ├── 识记 | 自由度的概念
│   ├── 识记 | 约束的概念
│   ├── 识记 | 多余约束的概念
│   ├── 识记 | 必要约束的概念
│   ├── 识记 | 无多余约束几何不变体系的概念
│   ├── 识记 | 有多余约束几何不变体系的概念
│   ├── 识记 | 静定结构的概念
│   ├── 识记 | 超静定结构的概念
│   ├── 领会 | 链杆与单铰的约束作用
│   ├── 领会 | 复铰与单铰的换算
│   ├── 领会 | 虚铰与实铰的区别
│   ├── 领会 | 刚片的识别
│   ├── 领会 | 静定结构的几何特征
│   └── 领会 | 超静定结构的几何特征
├── 无多余约束几何不变体系的组成规则
│   ├── 识记 | 常变体系的概念
│   ├── 识记 | 瞬变体系的概念
│   ├── 领会 | 三刚片规则
│   ├── 领会 | 二刚片规则
│   └── 领会 | 二元体规则
└── 体系的几何组成分析
    └── 简单应用 | 利用规则对简单体系做几何组成分析
```

第2章 结构的几何组成分析

在学习结构内力和位移的计算方法之前,我们先来学习结构的几何组成。结构的几何组成不同,计算方法也不同,掌握了结构的几何组成才能正确选择计算方法。另外,结构的受力分析过程也会用到结构的几何组成的一些知识。

在结构的几何组成分析中不考虑杆件本身的变形,即假设所有杆件均为刚体。

## 2.1 基本概念

1. 几何不变体系、几何可变体系

几何形状和位置不能发生变化的体系称为几何不变体系。图 2.1(a)所示体系,其形状(三角形)不变,支座保证其不能上下、左右移动和转动,故该体系为几何不变体系。几何形状或位置能发生变化的体系称为几何可变体系。图 2.1(b)所示体系,虽然其形状不变但位置可变;图 2.1(c)所示体系,虽然其位置不变但形状(四边形)可变,故它们均为几何可变体系。

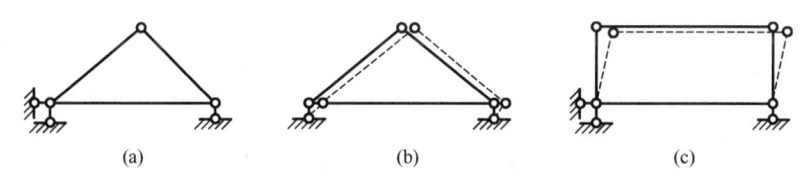

**图 2.1 几何不变体系与几何可变体系**

可直观地看出图 2.2 所示体系均为几何不变体系,图 2.3 所示体系均为几何可变体系。

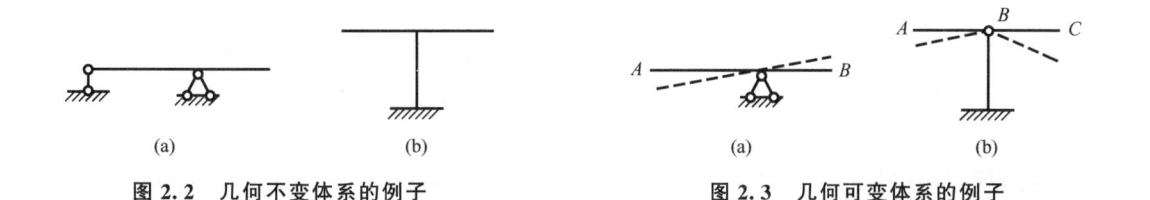

**图 2.2 几何不变体系的例子**　　　　**图 2.3 几何可变体系的例子**

在荷载作用下,几何不变体系能平衡,能起到承担荷载、传递荷载的作用,故可作为结构;而几何可变体系在一般荷载作用下不能平衡,故不能作为结构。

图 2.2、图 2.3 所示的简单体系可以直观地看出其能否作为结构,而较复杂的体系则需要通过几何组成分析来确定。接下来我们将介绍几个几何组成分析中会用到的概念。

2. 自由度

体系运动时确定体系位置所需要的独立坐标的个数,称为体系的自由度。如平面上的一个点有两个自由度,因为确定点的位置需要两个坐标 $x$、$y$,这两个坐标可以独立变化,如图 2.4(a)所示,若自由度用 $W$ 表示,则平面上点的自由度 $W=2$;平面上一个杆件的自由度 $W=3$,因为确定其位置需要 3 个独立坐标,如图 2.4(b)所示。

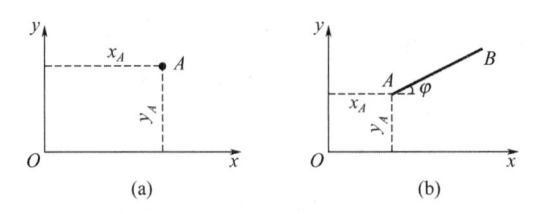

图 2.4 点与杆件的自由度

平面上的一个杆件可看作一个刚片。刚片是指形状不变的平面物体，即平面上的刚体，如图 2.5（a）、(b) 所示体系为刚片，而图 2.5（c）所示体系不是刚片（因为其形状能变化），通常刚片用图 2.5（d）所示图形表示。平面上的一个刚片与一个杆件的自由度相同，即自由度 $W=3$；如图 2.5（e）所示，刚片上的直线段 $AB$ 的位置确定了，刚片的位置也就确定了。

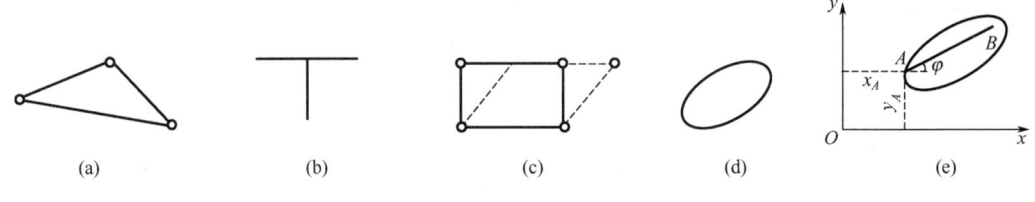

图 2.5 刚片与非刚片

根据自由度的定义可知，几何不变体系的自由度等于零，几何可变体系的自由度大于零。图 2.3（a）所示体系的自由度 $W=1$，即确定体系的位置仅需夹角一个参数；图 2.3（b）所示体系的自由度 $W=2$，即确定体系的位置需要两个夹角。

3. 约束

能减少自由度的装置称为约束。能减少一个自由度的装置称为一个约束，能减少两个自由度的装置称为两个约束。常见的约束有铰、链杆等。

（1）铰。

铰也称铰链，是将两个或多个刚片连在一起的一种连接装置。如图 2.6（a）所示，两个刚片连接后不能发生相对线位移但可以发生相对转动，通常可按图 2.6（b）所示那样画铰。一般将连接两个刚片的铰称为单铰，连接两个以上刚片的铰称为复铰。

① 单铰。

图 2.6（b）所示体系是用一个单铰将两个刚片连在一起组成的。未加铰之前，两个刚片在平面上可自由移动，有 6 个自由度；加铰后，两个刚片不能发生相对水平移动和相对竖向移动，而只能发生整体的水平平动、竖向平动、转动及两个刚片间的相对转动，即有 4 个自由度（$x_A$、$y_A$、$\varphi_1$、$\varphi_2$ 确定了两个刚片在平面上的位置）。因此一个单铰能减少两个自由度，相当于两个约束。

② 复铰。

图 2.6（c）所示体系是 3 个刚片用一个复铰连接而成的体系。未加铰之前，3 个刚片在平面上有 9 个自由度；加铰后有 5 个自由度（可用 $A$ 点的两个坐标和 3 个刚片与 $x$ 轴的 3 个夹角来确定其位置）。该复铰能减少 4 个自由度，相当于 4 个约束。

复铰上连接的刚片越多，形成的约束个数就越多。若一个复铰连接了 $N$ 个刚片，则该复铰相当于 $(N-1)\times 2$ 个约束，或相当于 $(N-1)$ 个单铰。

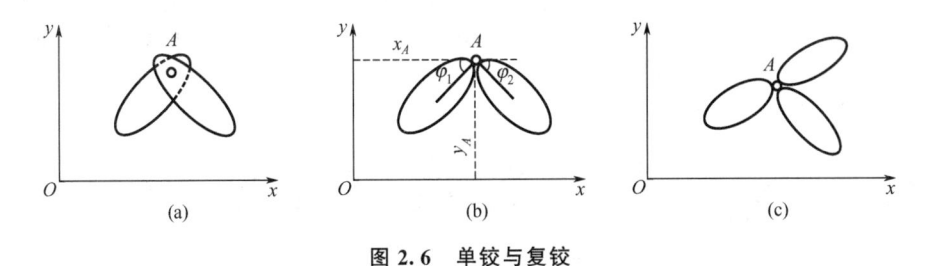

图 2.6　单铰与复铰

(2) 链杆。

两端用铰与其他刚片相连的杆件称为链杆，图 2.7 (a) 中的 $AB$ 杆即为链杆。未加链杆时，刚片相对于地面可以自由移动和转动，有 3 个自由度；加链杆后，确定刚片位置只需 $\varphi_1$ 和 $\varphi_2$ 两个参数，因此刚片只有两个自由度，一个是垂直于 $AB$ 杆的平动，另一个是绕 $B$ 点的转动，沿 $AB$ 方向的移动不能发生。故一个链杆能减少一个自由度，相当于一个约束。如果把链杆 $AB$ 换成曲杆或折杆，如图 2.7 (b) 所示，则其约束作用与连接 $A$、$B$ 两点的直杆相同。

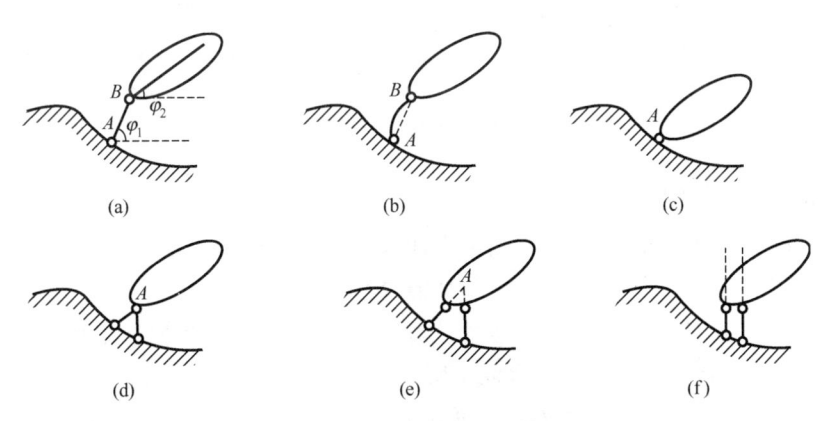

图 2.7　链杆及链杆与单铰的关系

一个单铰能减少两个自由度 [图 2.7 (c)]，两个链杆也能减少两个自由度，那么一个单铰的作用是否与两个链杆的作用相同呢？为了说明这个问题，观察图 2.7 (d)、(e)、(f) 所示的用两个链杆连接刚片和地面的 3 种情况：图 2.7 (d) 中两个链杆的作用与图 2.7 (c) 中的单铰相同；图 2.7 (e) 中两个链杆的延长线在 $A$ 点相交，在当前位置刚片可发生相对于地面的转动，转动中心在 $A$ 点，因此在当前位置，两个链杆与一个在 $A$ 点的铰作用相同，将 $A$ 点称为虚铰 [图 2.7 (c)、(d) 中的铰称为实铰]；图 2.7 (f) 中的两个链杆平行，可看成是在无穷远处的一个虚铰，刚片可做与链杆垂直方向的平动，相当于绕无穷远点做转动。总之，在当前位置，连接刚片的两个链杆与一个单铰的作用可以看成是相同的，均使所连接的刚片绕一点做相对转动。

4. 必要约束、多余约束

在体系中能起到减少自由度作用的约束称为必要约束，不能起到减少自由度作用的约束称为多余约束。图 2.8（a）中的 $a$ 链杆去掉后，体系会发生水平平动，如图 2.8（b）所示，因此图 2.8（a）中的 $a$ 链杆是必要约束；图 2.8（a）中 $b$ 链杆若去掉，体系会发生转动，如图 2.8（c）所示，因此 $b$ 链杆也是必要约束。图 2.8（d）中的 $c$ 链杆，无论它是否存在，体系均为几何不变，它并不能减少体系的自由度，因此 $c$ 链杆是多余约束。

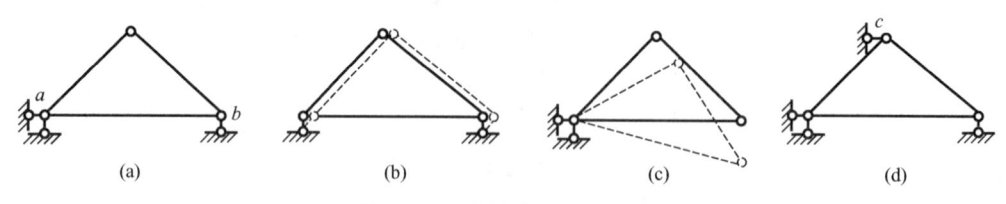

图 2.8  必要约束与多余约束

一个几何不变体系，若其上的所有约束均是必要约束，则称其为无多余约束的几何不变体系，否则称为有多余约束的几何不变体系。图 2.9（a）所示简支梁是无多余约束的几何不变体系；图 2.9（b）所示连续梁是有多余约束的几何不变体系。

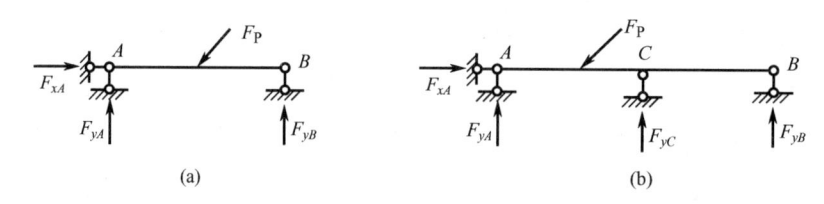

图 2.9  简支梁与连续梁

5. 静定结构、超静定结构

仅由静力平衡条件可以求出所有约束力和内力的结构称为静定结构，仅由静力平衡条件不能求出所有约束力和内力的结构称为超静定结构。

如果一个无多余约束的几何不变体系是由 $N$ 个杆件组成的，那么未加约束时共有 $3N$ 个自由度；因为所有约束均为必要约束，所以约束个数为 $3N$，在荷载作用下会产生 $3N$ 个约束力。分别取 $N$ 个杆件为隔离体，可列出 $3N$ 个平衡方程，从而解出所有 $3N$ 个约束力。约束力求出后，再用截面法结合平衡条件即可求出内力。因此无多余约束的几何不变体系为静定结构，或者说无多余约束并且几何不变是静定结构的几何特征。图 2.9（a）所示简支梁为无多余约束的几何不变体系，它由一个杆件和 3 个约束组成，在荷载作用下产生 3 个约束力。取梁为隔离体，可列 3 个平衡方程，求解 3 个约束力。约束力求出后，再用截面法可求出任一截面的内力，故简支梁为静定结构。

对于有多余约束的几何不变体系，所能列出的独立平衡方程的个数少于约束个数，故不能用平衡条件求出所有约束力。因此有多余约束的几何不变体系为超静定结构，有多余约束并且几何不变是超静定结构的几何特征。若要确定超静定结构的约束力和内力，还需考虑变形条件。图 2.9（b）所示连续梁为有多余约束的几何不变体系，在荷载作用下会产生 4 个约束力。取梁为隔离体，可列 3 个平衡方程，不能求出所有 4 个约束力，内力也就不能求出，故连续梁为超静定结构。

静定结构与超静定结构的计算方法不同，在计算一个结构的内力时首先应确定其属于哪种结构，这样才能正确选择计算方法。判断一个结构是属于静定结构还是超静定结构，可以通过分析其几何特征获得结论。

**学习指导**：理解几何不变体系、几何可变体系、自由度、约束、必要约束、多余约束、无多余约束的几何不变体系、有多余约束的几何不变体系、静定结构、超静定结构的概念；单铰及链杆的约束作用、单铰与复铰的换算关系，静定结构与超静定结构的几何特征。请完成习题：6～12。

## 2.2 无多余约束几何不变体系的组成规则

根据静定结构和超静定结构的几何特征，在静定结构上加约束即为超静定结构，减约束即为几何可变体系。掌握了静定结构的组成规则，既可以构造静定结构，也可以判定一个体系是静定结构、超静定结构还是几何可变体系。对于超静定结构，还可以确定哪些约束可看成必要约束，哪些约束可看成多余约束。

用铰将两个杆件与地面组成一个如图 2.10（a）所示的三角形体系，根据三角形的稳定性可知其是几何不变的；又因为未加约束时，平面上的两个杆件有 6 个自由度，而所加的 3 个铰即相当于 6 个约束，故所有约束都是必要的，没有多余约束。因此这样组成的体系是无多余约束的几何不变体系，为静定结构。在此基础上有下面 3 个组成静定结构的规则。

1. 三刚片规则

若将图 2.10（a）所示静定结构中的两个杆件看作刚片，地面也看作刚片，如图 2.10（b）所示，则有规则：3 个刚片用 3 个不共线的铰两两相连，构成一个静定结构。

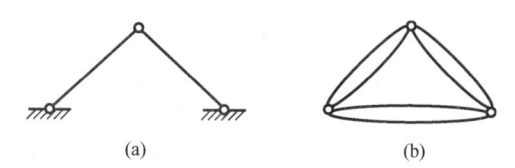

图 2.10 三角形体系

【例题 2-1】试分析图 2.11（a）、（b）、（c）所示体系，确定它们是否为静定结构。

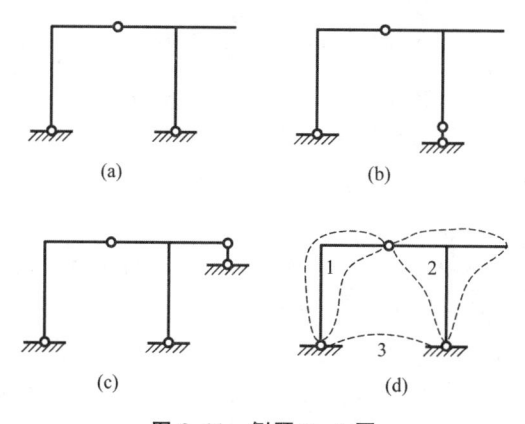

图 2.11 例题 2-1 图

【解】图 2.11 (a) 所示体系为 3 个刚片（地面看成一个刚片）组成的体系，如图 2.11 (d) 所示，连接 3 个刚片的铰不在一条直线上，根据规则可知其为静定结构。

与图 2.11 (a) 所示静定结构相比，图 2.11 (b) 所示体系少一个约束（右侧支座少一个水平链杆），属于 3 个刚片用两个铰和一个链杆组成的体系，是几何可变体系，不是静定结构。

与图 2.11 (a) 所示静定结构相比，图 2.11 (c) 所示体系多一个链杆，故为有多余约束的几何不变体系，属于超静定结构。

【例题 2-2】试分析图 2.12 (a) 所示体系，确定其是静定结构、超静定结构还是几何可变体系。

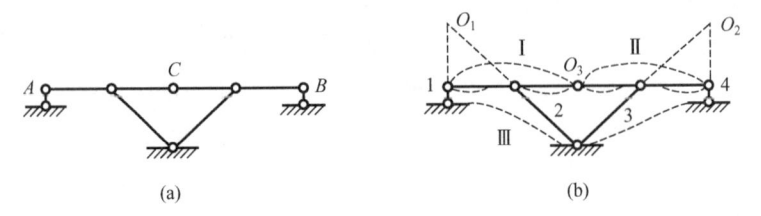

图 2.12　例题 2-2 图

【解】将 AC、CB 杆看作刚片 Ⅰ、Ⅱ，地面看作刚片 Ⅲ，如图 2.12 (b) 所示。1、2 链杆可看作连接刚片 Ⅰ、Ⅲ 的虚铰 $O_1$，3、4 链杆为连接刚片 Ⅱ、Ⅲ 的虚铰 $O_2$，刚片 Ⅰ、Ⅱ 用铰 $O_3$ 相连，$O_1$、$O_2$、$O_3$ 这 3 个铰不在一条直线上，根据规则可知其为静定结构。

【例题 2-3】试分析图 2.13 (a) 所示体系，确定其是静定结构、超静定结构还是几何可变体系。

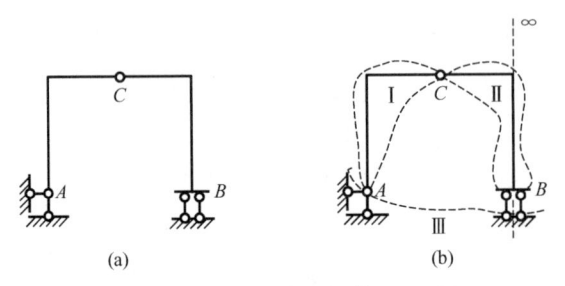

图 2.13　例题 2-3 图

【解】图 2.13 (a) 所示体系属于 3 个刚片组成的体系，如图 2.13 (b) 所示。刚片 Ⅰ、Ⅲ 用 A 处的两个链杆相连，相当于 A 点处由实铰相连；刚片 Ⅰ、Ⅱ 用铰 C 相连；连接刚片 Ⅱ、Ⅲ 的是平行的两个竖向链杆，相当于在竖向无穷远处有一个虚铰，3 个铰不共线，故原体系为静定结构。

规则中规定了 3 个刚片要构造成一个静定结构所需的约束个数和约束的布置方式，当约束个数满足规定要求，但布置方式不满足规定要求时，也不能构成静定结构。例如，图 2.14 所示体系是 3 个刚片用在同一条直线上的 3 个铰连接的，图中虚线为 AB、BC 杆无铰相连时可以发生的杆端运动轨迹，在图示位置，B 点可上下移动；加铰后，铰并不约束 B 点的竖向运动，该竖向运动仅受刚性杆杆长不变的约束。若杆件可以伸长，则可以证

明当 $B$ 点的竖向位移为微量时,杆的伸长量为二阶微量。若不计二阶微量,则在杆长不变的条件下 $B$ 点可发生竖向微量位移。当 $B$ 点偏离原位置后,两个杆与地面构成三角形而成为几何不变体系。将这样的在原位置上可以发生微小运动,运动后成为几何不变体系的体系称为瞬变体系。由于瞬变体系在较小的荷载作用下会产生较大的内力,因此不能作为结构。在任意位置均能运动的体系称为常变体系。瞬变体系和常变体系均为几何可变体系。

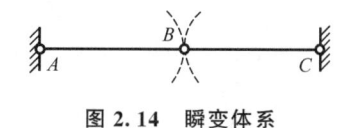

图 2.14 瞬变体系

**学习指导**:掌握三刚片规则,理解瞬变体系的概念,能用三刚片规则判定一个体系属于静定结构、超静定结构还是几何可变体系。请完成习题:1、2、13、14。

2. 二刚片规则

将图 2.10(b)中的一个刚片看作链杆,如图 2.15(a)所示,则由三刚片规则得到二刚片规则,即两个刚片用一个铰和一个不通过该铰的链杆相连构成静定结构。

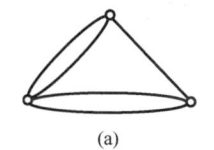

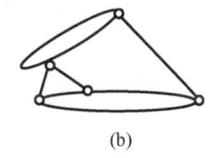

图 2.15 两个刚片组成的体系

在工程力学中讲述的简支梁即是由两个刚片组成的静定结构。悬臂梁也是由两个刚片组成的静定结构,不同的是悬臂梁的两个刚片用固定支座相连,固定支座相当于 3 个约束。

因为两个链杆相当于一个单铰,所以可将图 2.15(a)中连接两个刚片的铰用两个链杆代替,如图 2.15(b)所示,可见两个刚片用不平行也不交于一点的 3 个链杆相连构成静定结构。

【例题 2-4】试分析图 2.16(a)所示体系,确定其是否为静定结构。

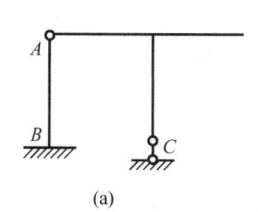

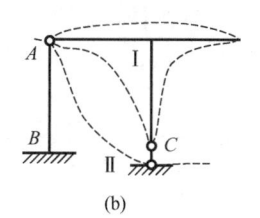

图 2.16 例题 2-4 图

【解】将 $AB$ 杆看作地面的一部分,则图 2.16(a)所示体系属于两个刚片组成的体系,如图 2.16(b)所示。连接两个刚片的是铰 $A$ 和链杆 $C$,链杆不通过铰,根据规则可知该体系为静定结构。

【例题 2-5】试分析图 2.17（a）所示体系，确定其是否为静定结构。

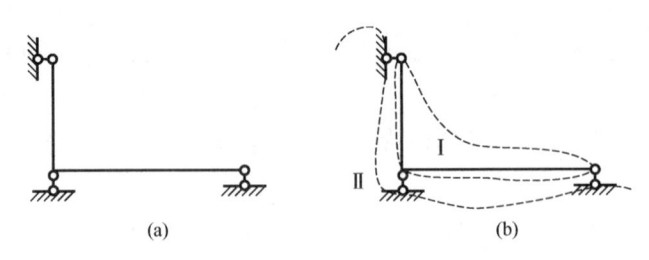

图 2.17　例题 2-5 图

【解】将地面和折杆看作两个刚片，如图 2.17（b）所示，连接两个刚片的是不平行也不交于一点的 3 个链杆，根据规则可知该体系为静定结构。

【例题 2-6】试分析图 2.18（a）所示体系，确定其是否为静定结构（体系中间的交叉点不是刚结点，在此点杆件只是前后叠放，并不相连）。

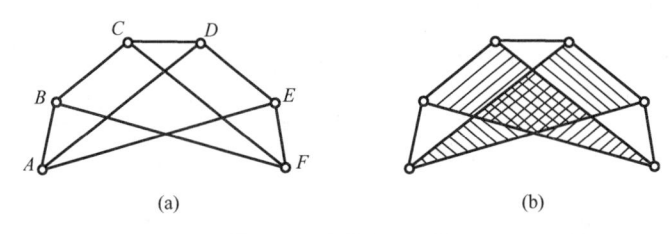

图 2.18　例题 2-6 图

【解】此体系无支座，只要形状不变即为几何不变体系。将三角形 $CBF$ 和三角形 $ADE$ 看作前后叠放的两个刚片，如图 2.18（b）所示，连接两个刚片的是不平行也不交于一点的 3 个链杆，根据规则可知该体系为静定结构。

与三刚片规则类似，两个刚片组成的体系若约束布置不当也不能构成静定结构。两个刚片由一个铰和一个通过铰的链杆相连，如图 2.19（a）所示，该体系为瞬变体系，刚片绕 $A$ 点发生微小转动后，链杆不再通过铰 $A$。两个刚片由相交的 3 个链杆相连，有两种情况：若 3 个链杆直接相交，则体系为常变体系；若 3 个链杆的延长线相交，则体系为瞬变体系，如图 2.19（b）所示，因为绕 $A$ 点发生微小转动后，3 个链杆不再交于一点。两个刚片用平行的 3 个链杆相连，也有两种情况：若 3 个链杆长度相等，则体系为常变体系，如图 2.19（c）所示，因为在任何位置 3 个链杆均平行；若 3 个链杆不等长，则体系为瞬变体系，如图 2.19（d）所示，因为水平杆发生微小水平位移后，3 个链杆就不再平行了。

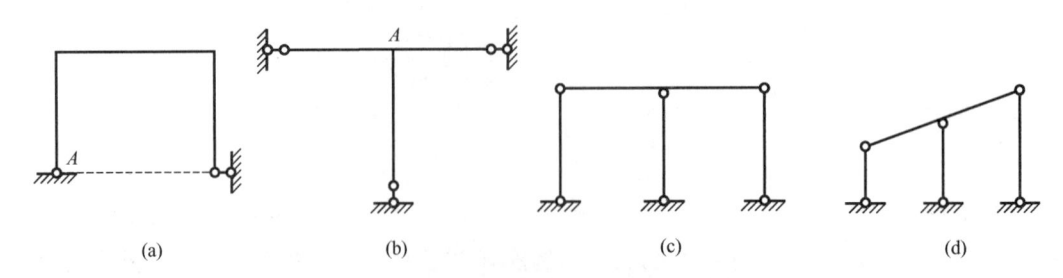

图 2.19　两个刚片构成的常变体系和瞬变体系

**学习指导**：掌握二刚片规则，能用二刚片规则判断一个由两个刚片组成的体系是否为静定结构。请完成习题：3、4。

3. 二元体规则

把图 2.10（b）中的两个刚片看作两个链杆，如图 2.20 所示，并把这样由铰相连且不共线的两个链杆叫作二元体。可以看出，在刚片上增加一个二元体后仍为刚片。由于增加一个二元体相当于在增加两个刚片的同时增加了 3 个单铰（两个刚片有 6 个自由度，3 个单铰相当于 6 个约束），增加二元体既不会增加自由度也不会增加多余约束，因此在静定结构上增加二元体结构仍为静定结构，在几何可变体系上增加二元体，体系仍为几何可变体系。同样的道理，在一个体系上减除一个二元体也不会改变体系的自由度和多余约束的个数。二元体规则：在一个体系上增加或减除二元体不会改变原体系的自由度和多余约束的个数，即不会改变原体系的几何组成性质。

图 2.21（a）所示可变体系，去掉二元体后，如图 2.21（b）所示，体系仍为可变体系；图 2.22（a）所示几何不变体系，增加二元体后，如图 2.22（b）所示，体系仍为几何不变体系。

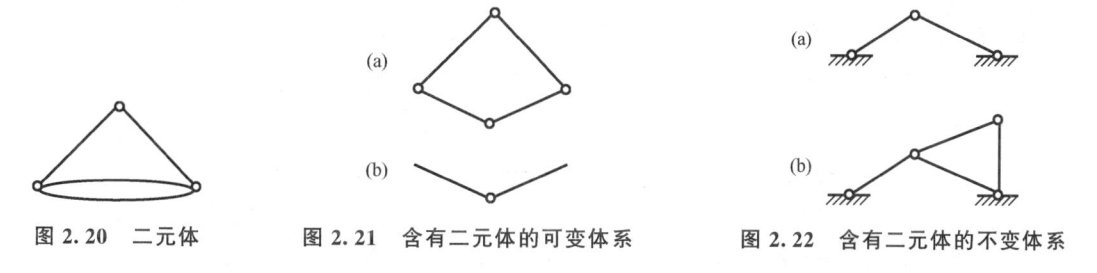

图 2.20　二元体　　　图 2.21　含有二元体的可变体系　　　图 2.22　含有二元体的不变体系

【例题 2-7】试分析图 2.23（a）所示体系，确定其是否为静定结构。

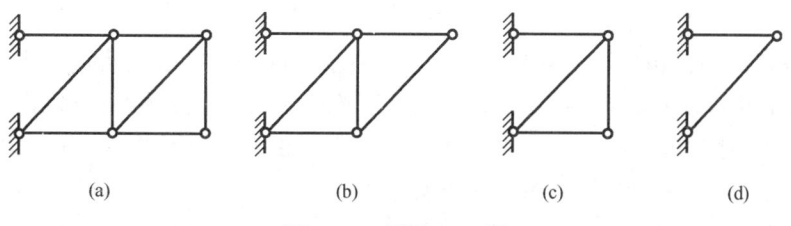

图 2.23　例题 2-7 图

【解】去掉图 2.23（a）所示体系的一个二元体后得图 2.23（b）所示体系，去掉图 2.23（b）所示体系的一个二元体后得图 2.23（c）所示体系，去掉图 2.23（c）所示体系的一个二元体后得图 2.23（d）所示体系，图 2.23（d）所示体系为 3 个刚片由 3 个铰相连组成的体系，为静定结构，故原体系为静定结构。

**学习指导**：理解二元体的概念，能从体系中找出二元体。请完成习题：5、15。

以上 3 个规则的核心是三刚片规则，3 个规则之间的关系如图 2.24 所示。

利用这些规则可以组成各式各样的静定结构，但不是所有静定结构都是这样组成的，对于不能用这些规则分析的结构已超出本书讨论的范围，故在此不做讨论。

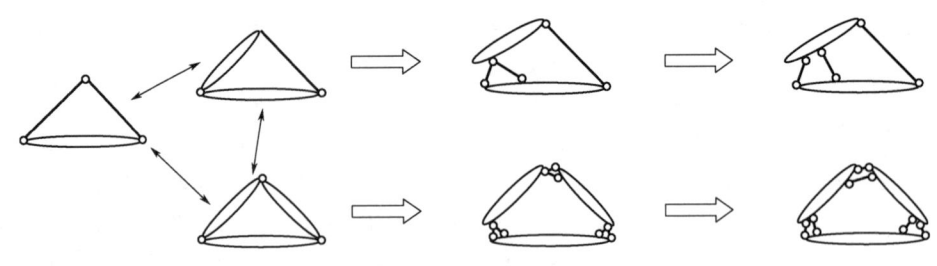

图 2.24　3 个规则之间的关系

## 2.3　体系的几何组成分析

静定结构的组成规则即是无多余约束几何不变体系的组成规则。对于简单体系，一般情况下利用一个规则即可判断出一个体系是否可变、有无多余约束；当体系较复杂时，可能需要多次利用规则或利用几个规则才能完成分析。将分析一个体系是否可变、有无多余约束、是按什么规则组成的过程称为体系的几何组成分析或几何构造分析。下面通过例题介绍体系的几何组成分析的方法。

【例题 2-8】试对图 2.25（a）所示体系做几何组成分析。

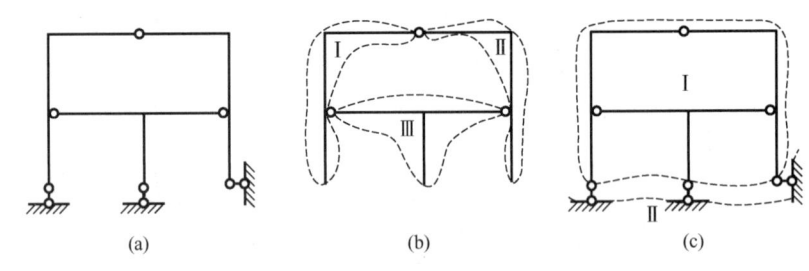

(a)　　　(b)　　　(c)

图 2.25　例题 2-8 图

【解】体系与地面用 3 个链杆相连，去掉链杆后如图 2.25（b）所示。图 2.25（b）所示为 3 个刚片用不共线的 3 个铰相连，为无多余约束的几何不变体系，可看作一个大刚片 I。将地面看作刚片 II，刚片 I 与刚片 II 用 3 个链杆相连，如图 2.25（c）所示，满足二刚片规则，故体系为无多余约束的几何不变体系。

通过例题 2-8 可知，当体系上部分与地面仅用 3 个不平行也不交于一点的链杆相连时，可只分析去掉链杆后的部分。

【例题 2-9】试对图 2.26（a）所示体系做几何组成分析。

(a)　　　(b)

图 2.26　例题 2-9 图

【解】体系与地面用 3 个链杆相连，去掉链杆后如图 2.26（b）所示。图 2.26（b）所示为两个刚片用 4 个链杆相连，用其中任意 3 个链杆即可构成一个无多余约束的几何不变体系，故原体系为有一个多余约束的几何不变体系。

具体把哪一个约束作为多余约束不是唯一的，这4个链杆中的任何一个均可看作多余约束，但只有一个多余约束。即是说，只能确定有一个多余约束，但不能具体确定哪个约束是多余的。在图2.8（d）中，为了理解多余约束而把 $c$ 链杆说成是多余约束，实际上图中所有链杆中的任意一个均可看成多余约束。

【例题2-10】试对图2.27（a）所示体系做几何组成分析（注：图中斜杆的交叉点不是刚结点，两个杆在此处只是前后叠放，并不相连）。

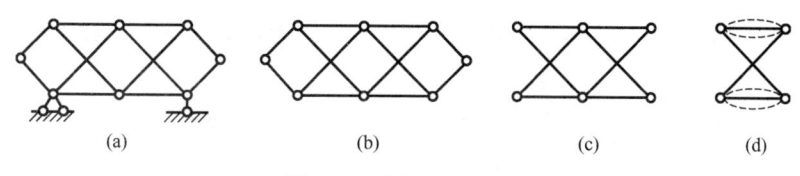

图2.27 例题2-10图

【解】体系与地面用3个链杆相连，去掉链杆后如图2.27（b）所示。将图2.27（b）两侧的二元体去掉后得图2.27（c）所示体系，再去掉两个二元体后得图2.27（d）所示体系。图2.27（d）所示体系为两个刚片通过两个链杆相连，该体系几何常变，故原体系为常变体系。

需要注意：若体系中有二元体，应先将二元体去掉后再进行分析。

【例题2-11】试对图2.28（a）所示体系做几何组成分析。

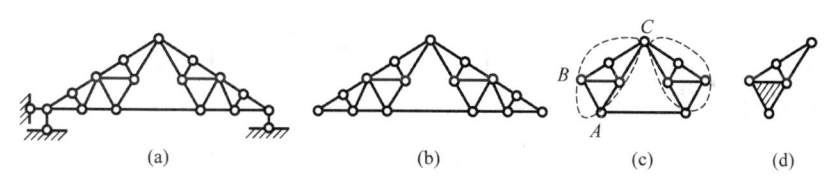

图2.28 例题2-11图

【解】将图2.28（a）所示体系去掉支座，如图2.28（b）所示；再去掉两侧二元体，如图2.28（c）所示。图2.28（c）中的 $ABC$ 部分是在一个铰结三角形上两次加二元体构成的无多余约束的刚片，如图2.28（d）所示。则图2.28（c）是两个刚片由一个铰和一个链杆组成的体系，该体系为无多余约束的几何不变体系，故原体系为无多余约束的几何不变体系。

可以看到，对于杆件较多的体系，可从一个几何不变部分开始按照规则逐步扩大刚片的范围，从而减少刚片的数量，最终化成两三个刚片的连接问题。

【例题2-12】试对图2.29（a）所示体系做几何组成分析。

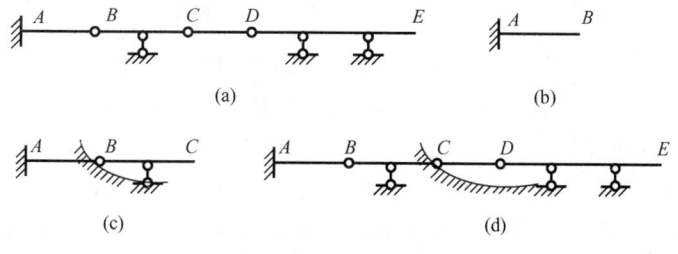

图2.29 例题2-12图

**【解】** 图 2.29（b）所示体系是无多余约束的几何不变体系，故可将 AB 杆看成地面的一部分，再用一个铰和一个链杆连接刚片 BC，如图 2.29（c）所示，根据二刚片规则可知其为无多余约束的几何不变体系；再将 BC 部分看成地面的一部分，然后用 3 个链杆与刚片 DE 相连，如图 2.29（d）所示，体系仍为无多余约束的几何不变体系，故原体系为无多余约束的几何不变体系。

**【例题 2-13】** 试对图 2.30（a）所示体系做几何组成分析。

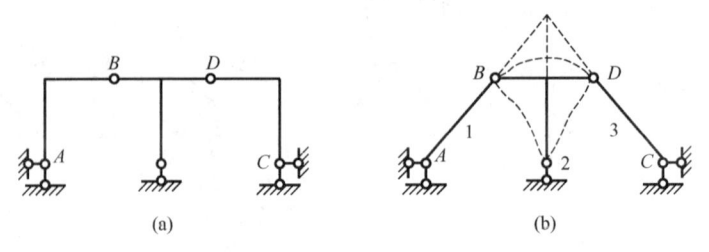

图 2.30 例题 2-13 图

**【解】** 将刚片 AB、CD 分别用等效链杆 1、3 代替，如图 2.30（b）所示。图 2.30（b）所示体系是两个刚片用 3 个链杆相连，3 个链杆交于一点，故体系为瞬变体系。

通过例题 2-13 可见，将只用两个铰与其他部分相连的刚片用连接这两个铰的链杆代替会减少刚片数量。

**【例题 2-14】** 试对图 2.31（a）所示体系做几何组成分析。

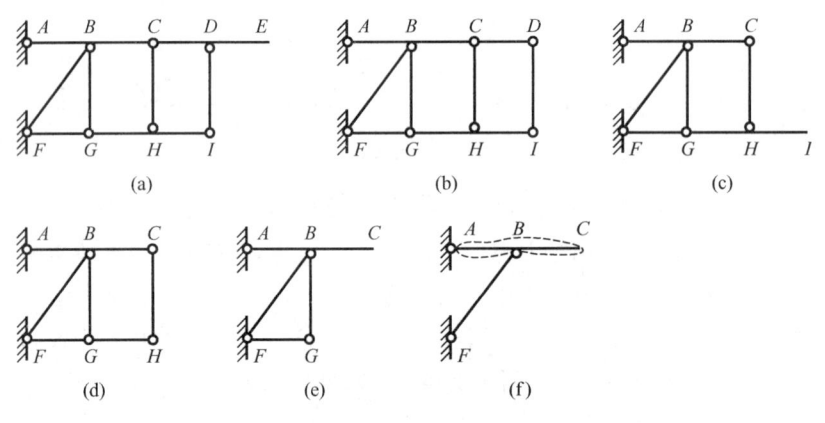

图 2.31 例题 2-14 图

**【解】** 刚片 CDE 上面只有两个铰，可用链杆代替，如图 2.31（b）所示。图 2.31（b）中的 CD 杆和 ID 杆构成二元体，去掉二元体后如图 2.31（c）所示。图 2.31（c）中的刚片 GHI 又可以用链杆代替，如图 2.31（d）所示。去掉图 2.31（d）中的二元体，如图 2.31（e）所示，再去掉图 2.31（e）中的二元体，如图 2.31（f）所示。图 2.31（f）中的体系为两个刚片用一个铰和一个链杆相连，该体系几何不变且无多余约束，故原体系是无多余约束的几何不变体系。

上面是按拆体系的过程进行分析的，也可按搭体系的过程进行分析。先找到几何不变部分，如图 2.31（f）所示，然后在其上依次增加二元体，即可得到原体系。

总结以上例题的解题过程，可知体系的几何组成分析的步骤如下。

… 第2章 结构的几何组成分析

（1）如果体系与基础用一个铰和一个链杆相连（链杆不通过铰），或3个链杆相连（3个链杆不平行也不交于一点），可去掉支座后进行分析，否则可将基础作为一个刚片。

（2）找出二元体并去掉。

（3）确定刚片及刚片间的约束。

（4）比照规则给出结论。

当刚片数多于3个时，可将小刚片扩展成大刚片，或将一些刚片（只用两个铰与其他部分相连的刚片）按链杆考虑。

**学习指导**：掌握体系的几何组成分析方法。请完成习题：16。

## 习 题

**一、单项选择题**

1. 对图 2.32 所示体系进行几何组成分析，结论为（　　）。
   A. 无多余约束几何不变体系  B. 有多余约束几何不变体系
   C. 常变体系           D. 瞬变体系

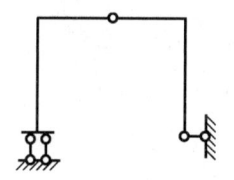

图 2.32　题 1 图

2. 对图 2.33 所示体系进行几何组成分析，结论为（　　）。
   A. 无多余约束几何不变体系  B. 有多余约束几何不变体系
   C. 常变体系           D. 瞬变体系

图 2.33　题 2 图

3. 对图 2.34 所示体系进行几何组成分析，结论为（　　）。
   A. 无多余约束几何不变体系  B. 有多余约束几何不变体系
   C. 常变体系           D. 瞬变体系

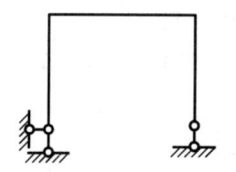

图 2.34　题 3 图

4. 对图 2.35 所示体系进行几何组成分析，结论为（　　）。
　　A. 无多余约束几何不变体系　　B. 有多余约束几何不变体系
　　C. 常变体系　　　　　　　　　D. 瞬变体系

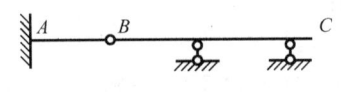

图 2.35　题 4 图

5. 对图 2.36 所示体系进行几何组成分析，结论为（　　）。
　　A. 无多余约束几何不变体系　　B. 有多余约束几何不变体系
　　C. 常变体系　　　　　　　　　D. 瞬变体系

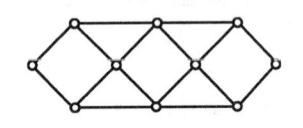

图 2.36　题 5 图

二、填空题
6. 几何不变体系是指_____的体系，几何可变体系是指_____的体系。
7. 能用作建筑结构的体系是_____体系。
8. 图 2.37 所示体系中，可看成刚片的体系有_____。

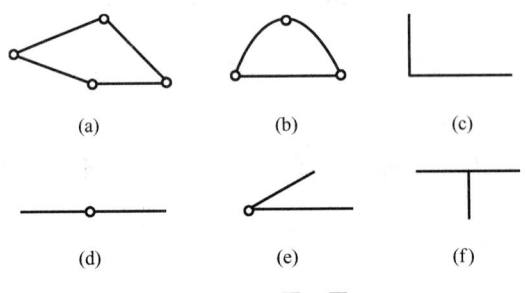

图 2.37　题 8 图

9. 图 2.38（a）所示体系有_____个自由度，图 2.38（b）所示体系有_____个自由度。

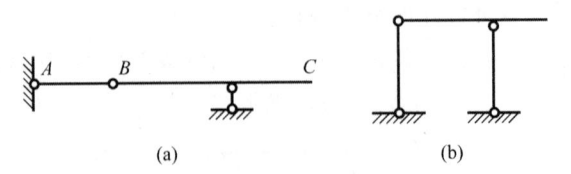

图 2.38　题 9 图

10. 连接 5 个刚片的复铰相当于_____个单铰。
11. 静定结构是_____的结构，其几何特征是_____。
12. 超静定结构是_____的结构，其几何特征是_____。
13. 瞬变体系不能作结构的原因是_____。

14. 3个刚片要组成一个几何不变体系至少要用_____个约束将它们连接在一起。

15. 具有一个多余约束的超静定结构，拆去一个二元体后为_____体系，有_____个多余约束。

三、计算题

16. 试对图 2.39 所示体系做几何组成分析。

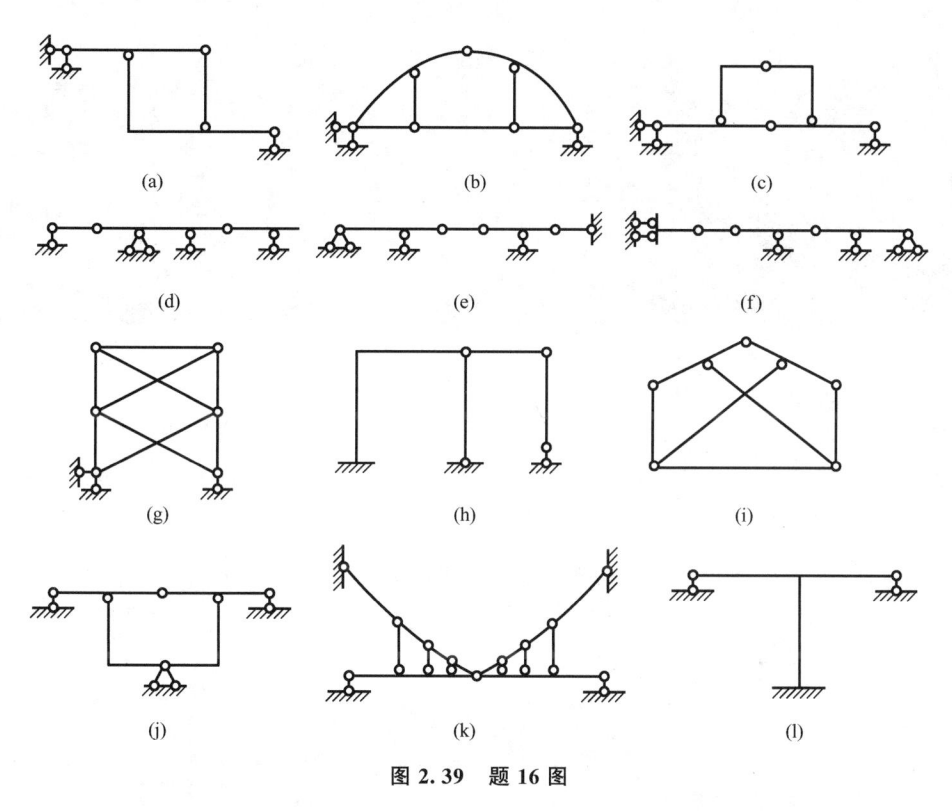

图 2.39 题 16 图

# 第3章 静定梁与静定刚架

## 知识结构图

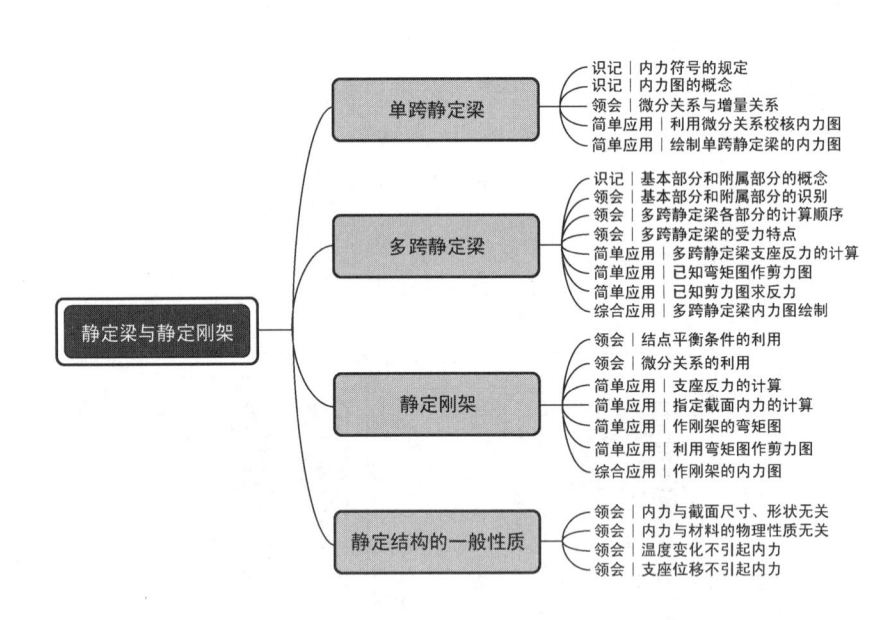

- 静定梁与静定刚架
  - 单跨静定梁
    - 识记｜内力符号的规定
    - 识记｜内力图的概念
    - 领会｜微分关系与增量关系
    - 简单应用｜利用微分关系校核内力图
    - 简单应用｜绘制单跨静定梁的内力图
  - 多跨静定梁
    - 识记｜基本部分和附属部分的概念
    - 领会｜基本部分和附属部分的识别
    - 领会｜多跨静定梁各部分的计算顺序
    - 领会｜多跨静定梁的受力特点
    - 简单应用｜多跨静定梁支座反力的计算
    - 简单应用｜已知弯矩图作剪力图
    - 简单应用｜已知剪力图求反力
    - 综合应用｜多跨静定梁内力图绘制
  - 静定刚架
    - 领会｜结点平衡条件的利用
    - 领会｜微分关系的利用
    - 简单应用｜支座反力的计算
    - 简单应用｜指定截面内力的计算
    - 简单应用｜作刚架的弯矩图
    - 简单应用｜利用弯矩图作剪力图
    - 综合应用｜作刚架的内力图
  - 静定结构的一般性质
    - 领会｜内力与截面尺寸、形状无关
    - 领会｜内力与材料的物理性质无关
    - 领会｜温度变化不引起内力
    - 领会｜支座位移不引起内力

从本章开始到第 5 章将讲述静定结构的内力计算方法。静定结构不仅可以直接用于实际工程，静定结构的内力计算还是计算结构位移和超静定结构内力的基础，因此掌握静定结构的内力计算非常重要。

静定结构是指由静力平衡条件即可确定内力和约束力的结构。

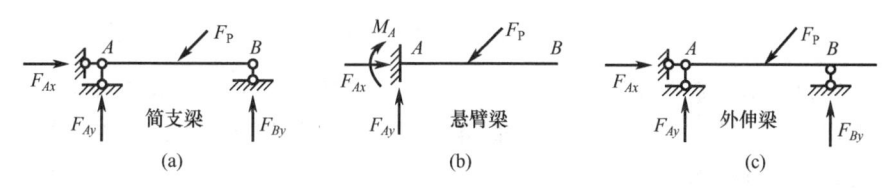

## 3.1 单跨静定梁

静定梁分为单跨静定梁和多跨静定梁。尽管单跨静定梁我们已在工程力学中详细学习过，但因为梁是构造各种结构的基本构件之一，它的计算分析方法还是计算其他结构的基础，所以在学习其他类型结构的内力计算之前，先复习单跨静定梁的计算是十分必要的。

单跨静定梁的计算包括支座反力的计算、指定截面内力的计算和作内力图等。

**1. 支座反力的计算**

单跨静定梁分为简支梁、悬臂梁和外伸梁，如图 3.1 所示。无论其中的哪种梁，取整体作隔离体均会暴露出 3 个支座反力，它们与外荷载构成平面一般力系，由隔离体的 3 个平衡方程即可将它们求出。

图 3.1　单跨静定梁

【**例题 3-1**】试求图 3.2（a）所示外伸梁的支座反力。

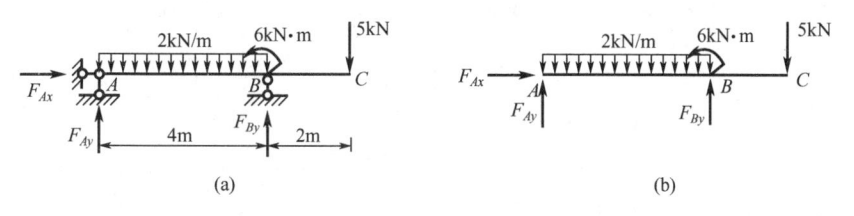

图 3.2　例题 3-1 图

【**解**】假设反力方向，如图 3.2（a）所示。取 AC 杆件作隔离体，如图 3.2（b）所示。隔离体图 3.2（b）可不必画出，但要知道取隔离体后，支座已经去掉并暴露出反力。列平衡方程如下。

$$\sum F_x = 0 \quad F_{Ax} = 0$$

$$\sum M_A = 0 \quad F_{By} \times 4\text{m} - 2\text{kN/m} \times 4\text{m} \times 2\text{m} + 6\text{kN} \cdot \text{m} - 5\text{kN} \times 6\text{m} = 0$$

$$F_{By} = 10\text{kN}(\uparrow)$$

$$\sum M_B = 0 \quad F_{Ay} \times 4\text{m} - 2\text{kN/m} \times 4\text{m} \times 2\text{m} - 6\text{kN} \cdot \text{m} + 5\text{kN} \times 2\text{m} = 0$$

$$F_{Ay} = 3\text{kN}(\uparrow)$$

47

求出的反力值为正,表示反力方向与假设的方向相同。后一个力矩方程也可以用竖向投影方程代替,但列出的 3 个平衡方程中至少要有一个力矩方程,求某力的力矩方程的矩心一般选在其他未知力通过的点上。

2. 指定截面内力的计算

计算截面内力一般采用截面法,即用假想的横截面将杆件切断,暴露出截面上的内力,取出一部分作隔离体,列隔离体的平衡方程计算截面内力。列平衡方程的方法与求支座反力相同。

截面上一般有 3 个内力分量,即轴力、剪力和弯矩。工程力学中规定轴力以拉力为正,剪力以使截开部分产生顺时针方向转动者为正,弯矩以使杆件下侧受拉为正,内力符号规定如图 3.3 所示。注意,若将表示弯矩的旋转箭头的凹向画在截面外侧对着杆端,则箭头尾部对着的一侧为受拉侧。

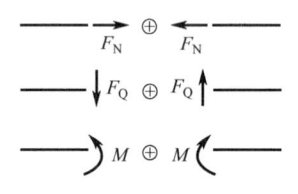

图 3.3 内力符号规定

因为在结构力学中除了要计算梁的内力,还要计算刚架的内力,刚架中除了有梁还有柱,对梁中弯矩规定的正负号对柱却不适用,所以结构力学中对截面弯矩不做正负号规定,但要确定使杆件哪侧受拉。弯矩图要画在受拉侧。

【例题 3-2】试计算图 3.4(a)所示简支梁跨中 $C$ 截面的内力。

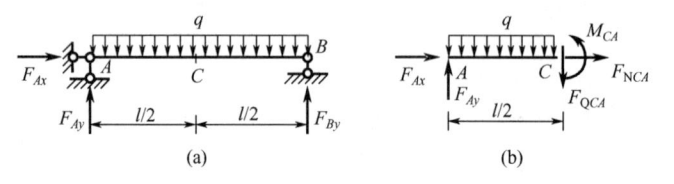

图 3.4 例题 3-2 图

【解】先求出结构的支座反力。

$$F_{Ax}=0, \quad F_{Ay}=\frac{ql}{2}(\uparrow), \quad F_{By}=\frac{ql}{2}(\uparrow)$$

将简支梁从跨中 $C$ 点处切开,取 $AC$ 段为隔离体,如图 3.4(b)所示,在 $C$ 截面上标出正的轴力 $F_{NCA}$ 和剪力 $F_{QCA}$,设弯矩 $M_{CA}$ 使简支梁下侧受拉。截面内力的下角标 $CA$ 表示该内力为 $AC$ 段 $C$ 端的截面内力。

由隔离体的平衡,得

$$\sum F_x = 0 \qquad F_{NCA} = 0$$

$$\sum F_y = 0 \qquad F_{Ay} - q \times \frac{l}{2} - F_{QCA} = 0 \qquad F_{QCA} = 0$$

$$\sum M_C = 0 \qquad F_{Ay} \times \frac{l}{2} - q \times \frac{l}{2} \times \frac{l}{4} - M_{CA} = 0 \qquad M_{CA} = \frac{1}{8}ql^2 \text{(下侧受拉)}$$

求得的弯矩为正，表明假设的截面弯矩方向是正确的，即使简支梁下侧受拉。

若取简支梁的 CB 段作隔离体，也会得到相同的结果。

根据隔离体的平衡可以得出如下结论。

① 截面轴力等于截面一侧所有外力（包括支座反力）沿轴线方向投影的代数和。

② 截面剪力等于截面一侧所有外力沿截面方向投影的代数和。

③ 截面弯矩等于截面一侧所有外力对截面形心力矩的代数和。

以上结论对于任何杆件结构均是成立的。

### 3. 作内力图的基本方法

荷载作用下，不同截面的内力是不同的，将表示内力随截面位置变化的表达式称为内力方程，而将表示该变化的图形称为内力图。内力图分为轴力图、剪力图和弯矩图，作内力图的基本方法是先用截面法写出内力方程，然后根据内力方程作内力图。

轴力图和剪力图上需标出正负号，弯矩图不标正负号，但要画在受拉侧。

**【例题 3-3】** 作图 3.5（a）所示简支梁的内力图。

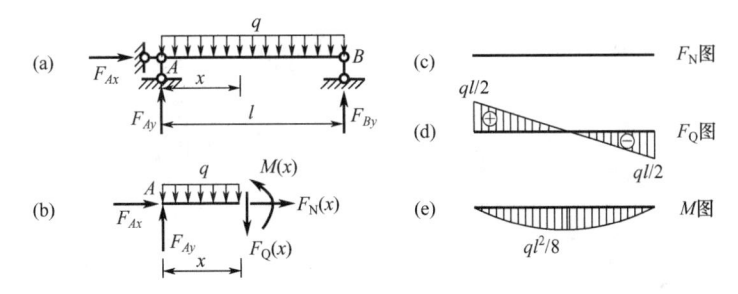

图 3.5 例题 3-3 图

**【解】** 支座反力计算同例题 3-2。设 A 点为坐标原点，在坐标为 $x$ 处将梁截断，取简支梁左侧为隔离体，标出正的轴力与剪力，并设弯矩使简支梁下侧受拉，如图 3.5（b）所示。由隔离体的平衡，可得内力方程

$$\sum F_x = 0 \quad F_N(x) = 0$$

$$\sum F_y = 0 \quad F_Q(x) = F_{Ay} - qx = \frac{1}{2}ql - qx$$

$$\sum M_A = 0 \quad M(x) = F_{Ay} \times x - qx \times \frac{x}{2} = \frac{1}{2}q(lx - x^2)$$

由内力方程作出轴力图、剪力图和弯矩图，分别如图 3.5（c）、（d）、（e）所示。

### 4. 内力与荷载之间的微分关系和增量关系

梁通常是直杆，上面的荷载一般为横向荷载和力偶。在梁上取长度为 $dx$ 的微段，如图 3.6 所示。由微段的平衡可得

图 3.6 微段受力图

$$\sum F_y = 0 \quad \frac{\mathrm{d}F_Q}{\mathrm{d}x} = -q \qquad (3-1)$$

$$\sum M_A = 0 \quad \frac{\mathrm{d}M}{\mathrm{d}x} = F_Q \qquad (3-2)$$

此即为内力与荷载之间的微分关系，由此可得出下面的结论。

(1) 无荷载作用的杆段，$q=0$，由内力与荷载之间的微分关系可知，该段杆的剪力图为与轴线平行的直线，弯矩图为斜直线。

图 3.7 (a) 所示的悬臂梁，杆中间无荷载，剪力图为水平线，弯矩图为斜直线。斜直线可根据杆两端截面的弯矩值画出。为了求杆两端的截面弯矩，取隔离体如图 3.7 (b)、(c) 所示，可求出杆固定端（左端）截面的弯矩为 $-F_P l$，杆自由端（右端）截面的弯矩为 0，弯矩图，如图 3.7 (d) 所示。由隔离体的平衡也可求出剪力 $F_Q = F_P$，由此画出剪力图，如图 3.7 (e) 所示。剪力图也可由内力与荷载之间的微分关系式 (3-2) 根据弯矩图作出，剪力值等于弯矩图的斜率 $F_P l/l$，剪力图的正负号由将杆轴转向弯矩图的旋转方向确定，顺时针方向为正，如图 3.7 (f) 所示。

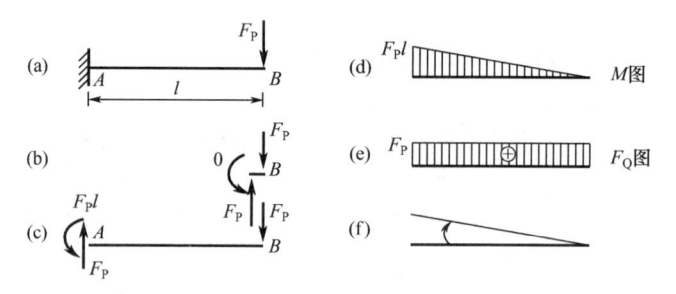

图 3.7　集中力引起的悬臂梁内力图

由此例还可得到这样的结论：当悬臂梁自由端无力偶作用时，自由端截面的弯矩为零。

(2) 均布荷载作用的杆段，$q=$ 常数，弯矩图为二次抛物线，剪力图为斜直线。抛物线顶点的斜率为 0，因为斜率等于剪力，所以顶点对应截面的剪力为 0。

图 3.8 (a) 所示的悬臂梁上有均布荷载，弯矩图为二次抛物线。自由端无集中力偶作用，弯矩为 0，固定端弯矩由图 3.8 (b) 所示的隔离体求出为 $ql^2/2$，自由端截面的剪力为 0，也是弯矩图抛物线的顶点，据此画出弯矩图如图 3.8 (c) 所示。悬臂梁两端的剪力可用截面法求出，固定端剪力为 $ql$，自由端剪力为 0，据此画出剪力图如图 3.8 (d) 所示。

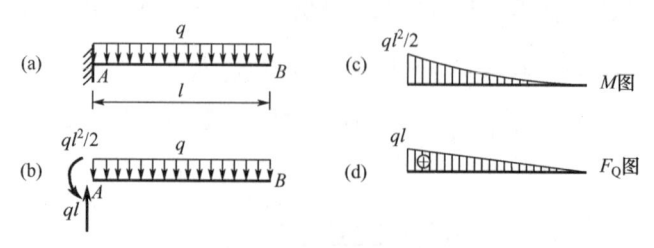

图 3.8　均布荷载引起的悬臂梁内力图

通过此例，可以得出这样的结论：当悬臂梁自由端无集中力时，自由端截面剪力为 0；

弯矩图曲线的凸向与分布力方向相同，这一结论也可从例题 3-3 中看到。同样也可像图 3.7 那样根据弯矩图曲线上各点的切线来确定对应截面剪力的正负号。

（3）集中力作用截面，剪力图有突变，突变量等于集中力；弯矩图有尖点，尖点方向与集中力方向相同。

图 3.9（a）所示简支梁，作弯矩图时可分两段来作。先求出支座反力，如图 3.9（a）所示。在集中力作用点 C 点左侧临近截面切断，取左侧部分作隔离体；在 C 点右侧临近截面切断，取右侧部分作隔离体，如图 3.9（b）所示。这两段内力图的作法与图 3.7 中梁的作法相同。可见弯矩图［图 3.9（c）］在集中力作用点有一个与力的方向相同的向下的尖点，剪力图［图 3.9（d）］有突变，突变量等于集中力。

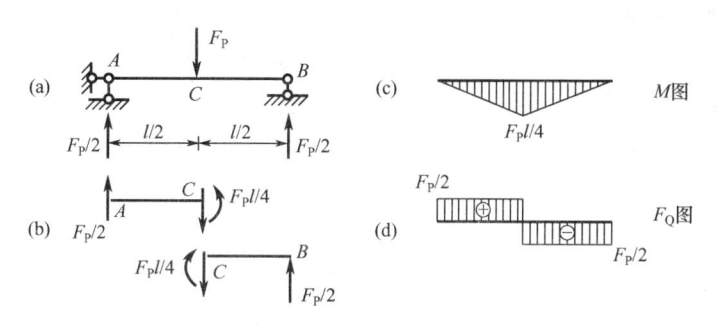

**图 3.9 跨中集中荷载引起的简支梁内力图**

A、B 截面是铰所连接的截面，当 A、B 截面无力偶作用时，其截面弯矩为 0。

（4）力偶作用截面，弯矩图有突变，突变量等于外力偶，该截面两侧的弯矩图斜率相同。

图 3.10 所示简支梁，在力偶作用下的内力图分两段来作，作法同图 3.9。可见力偶作用截面的弯矩有突变，突变量等于力偶值，两侧的弯矩图斜线平行，剪力图是水平线。

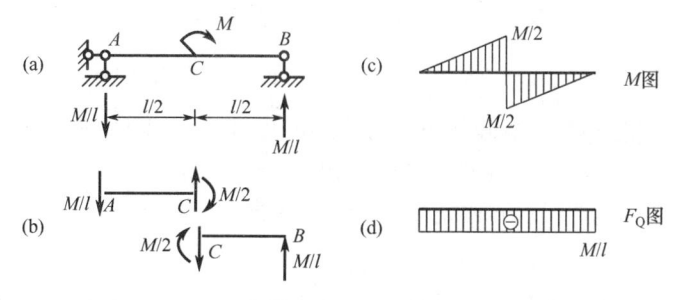

**图 3.10 跨中集中力偶引起的简支梁内力图**

根据以上结论，结合截面法可不用写出内力方程而作出内力图。

【**例题 3-4**】作图 3.11（a）所示外伸梁的内力图。

【**解**】BC 杆的内力图的作法同图 3.8 所示悬臂梁。AB 杆上无外力，弯矩图为斜直线。A 端截面铰结，弯矩为 0；由结点 B 的平衡，如图 3.11（b）所示，可求得 AB 杆右端截面弯矩为 $M_{BA}=ql^2/2$（上侧受拉），将 A、B 两截面的弯矩连以直线得 AB 段弯矩图。作出的弯矩图如图 3.11（c）所示。AB 段弯矩图的斜率为 $ql/2$，故 AB 段的剪力为 $ql/2$；杆轴逆时针方向转向弯矩图，故剪力为负。作出的剪力图如图 3.11（d）所示。

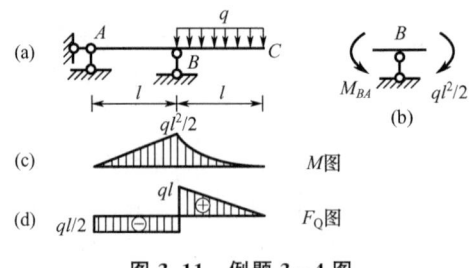

图 3.11　例题 3-4 图

**【例题 3-5】** 作图 3.12（a）所示外伸梁的内力图。

**【解】** 先从两端的杆件作起，作法同前面的悬臂梁。BC 杆的弯矩图为斜直线，根据结点力矩平衡，BC 杆 B 端截面的弯矩等于 AB 杆 B 端截面的弯矩，BC 杆 C 端截面的弯矩等于 CD 杆 C 端截面的弯矩，将两端弯矩连以直线即得 BC 杆弯矩图。作出的弯矩图如图 3.12（b）所示。BC 杆弯矩图的斜率为 $(ql^2-ql^2/2)/l$，故 BC 杆的剪力为 $ql/2$，杆轴顺时针方向转向弯矩图，故剪力为正。作出的剪力图如图 3.12（c）所示。

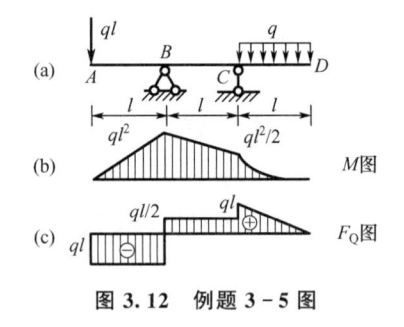

图 3.12　例题 3-5 图

**学习指导**：熟练掌握截面法计算单跨静定梁的支座反力和指定截面内力，熟练掌握内力图的绘制，掌握内力与荷载之间的微分关系。请完成习题：1～9。

5. 叠加法作弯矩图

根据叠加原理，作多个荷载作用下的弯矩图时可分别作出每个荷载单独作用下的弯矩图，然后将各弯矩图在各截面处的竖标值相加即得最终弯矩图。

**【例题 3-6】** 作图 3.13（a）所示简支梁的弯矩图。

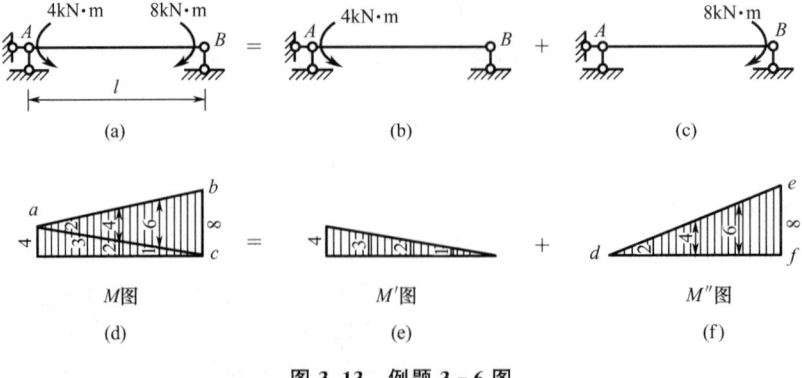

图 3.13　例题 3-6 图

【解】图 3.13 (a) 的荷载等于图 3.13 (b) 和图 3.13 (c) 荷载相加。分别作出图 3.13 (b) 和图 3.13 (c) 情况下的弯矩图,如图 3.13 (e)、(f) 所示。将 $M'$ 图和 $M''$ 图叠加,得原体系弯矩图,如图 3.13 (d) 所示。

需要注意:弯矩图叠加是将弯矩图的竖标值相加,而不是两个弯矩图图形的简单拼合。图 3.13 (d) $M$ 图中三角形 $abc$ 即是 $M''$ 图,尽管形状不同但各点的竖标值相同,面积也相同。

用截面法可以验证:当铰所连接的杆端有力偶作用时,杆端截面的弯矩等于力偶;当铰所连接的杆端无力偶作用时,杆端截面的弯矩为零。据此可作出图 3.13 (b)、(c) 荷载情况下的弯矩图,图 3.13 (a) 荷载情况下的弯矩图也可将两端弯矩直接连线画出。例题 3-6 中没有这样作图是为了说明弯矩图叠加的实质。

【例题 3-7】作图 3.14 (a) 所示简支梁的弯矩图。

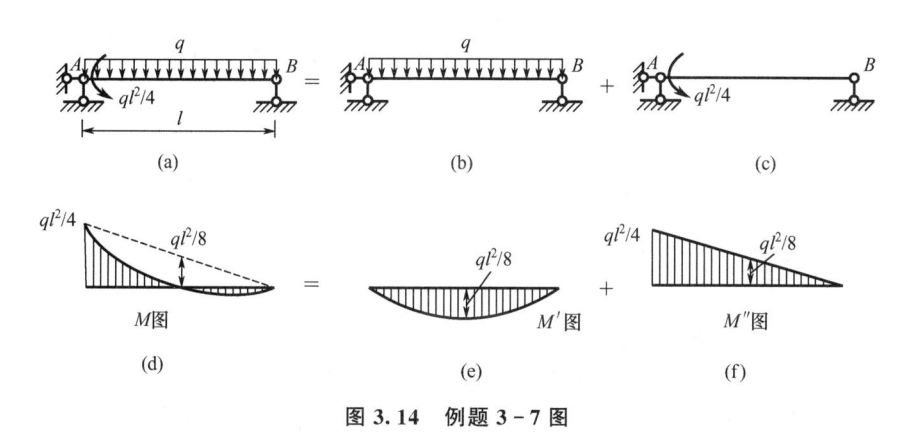

图 3.14 例题 3-7 图

【解】先作出图 3.14 (b)、(c) 所示荷载情况下的弯矩图,如图 3.14 (e)、(f) 所示。$M$ 图 [图 3.14 (d)] 中抛物线和斜直线围成的面积与 $M'$ 图 [图 3.14 (e)] 的面积相同,因为竖标值相同。实际作弯矩图时,图 3.14 (e) 和图 3.14 (f) 所示的 $M'$ 图和 $M''$ 图不需画出,可先在结构上画出 $M''$ 图的斜直线,然后以该直线为基线(各点竖标值为 0 的线)叠加上抛物线,将两个图形重叠部分去掉后即为最终弯矩图 [图 3.14 (d)]。

6. 分段叠加法作弯矩图

杆件中任意一段杆,只要两个杆端的弯矩是已知的,即可将其取出作为简支梁,用叠加法作弯矩图。

【例题 3-8】试作图 3.15 (a) 所示简支梁的弯矩图。

【解】求出支座反力如图 3.15 (a) 所示。将简支梁分成 $AC$、$CB$ 两段作弯矩图。先作 $CB$ 段的弯矩图,作法同前。取隔离体 $AC$ 并求出 $C$ 截面内力,如图 3.15 (b) 所示。在隔离体上加支座如图 3.15 (c) 所示,用平衡条件可以验证,图 3.15 (c) 与图 3.15 (b) 的受力相同,故弯矩图也相同,作图 3.15 (b) 的弯矩图可用作图 3.15 (c) 的弯矩图替代。图 3.15 (c) 情况下的弯矩图作法如图 3.15 (d)、(e)、(f) 所示。实际作弯矩图时可直接在结构上作,如图 3.15 (g) 所示,先作出 $CB$ 杆的弯矩图,然后从 $D$ 点向弯矩为 0 的 $A$ 截面画直线,最后以 $AD$ 作基线把均布荷载引起的简支梁的弯矩图画在基线上。

图 3.15 例题 3-8 图

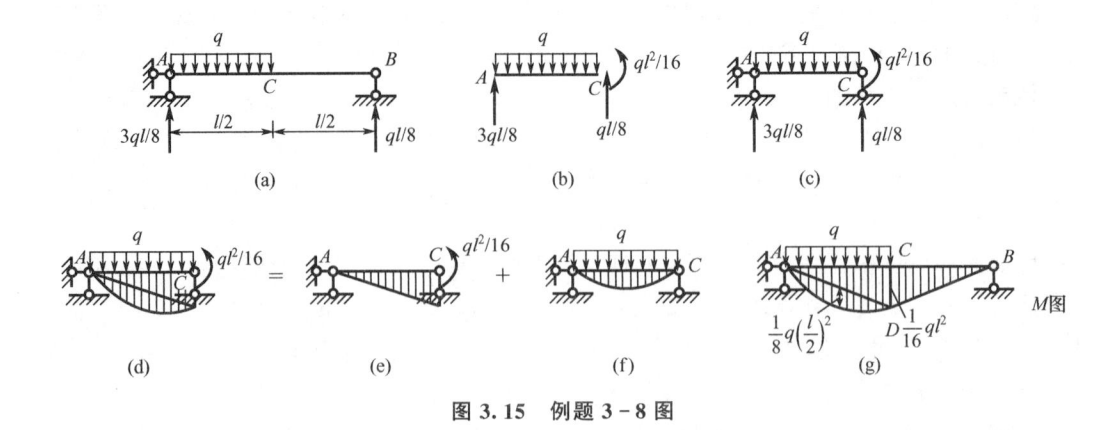

**学习指导**：熟练掌握叠加法、分段叠加法作弯矩图。请完成习题：10。

以上作梁的内力图，特别是作弯矩图的方法很重要，只有熟练掌握才能学好后续内容，望读者重视。

## 3.2 多跨静定梁

1. 多跨静定梁的组成

某公路桥梁如图 3.16（a）所示，其计算简图如图 3.16（b）所示。图 3.16（b）所示结构是由若干单跨静定梁组成的静定梁式结构，称为多跨静定梁。将梁上能独立承载的部分称为基本部分，不能独立承载的部分称为附属部分，附属部分只有依靠基本部分才能承载。在图 3.16（b）所示结构中，AB 部分是几何不变部分，可以独立承载，为基本部分；若荷载是竖向荷载，则 CD 部分也能独立承载，故为基本部分；BC 不能独立承载，为附属部分。

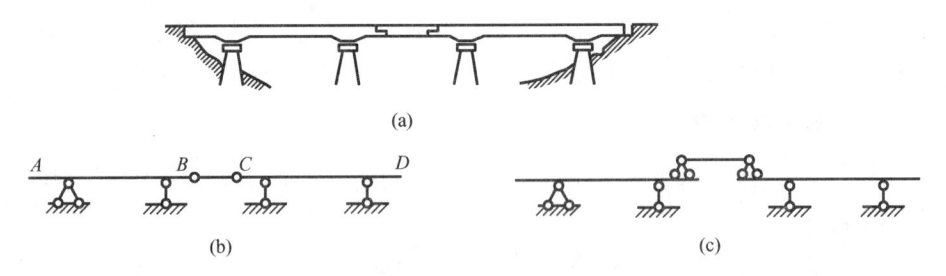

图 3.16 多跨静定梁

为了清楚地表示各部分之间的关系，一般将附属部分画在基本部分上面，如图 3.16（c）所示，并将这种图称为层次图。从层次图中可清楚地看到各部分的依附关系和构造的先后顺序。图 3.17（a）、（c）所示多跨静定梁的层次图分别如图 3.17（b）、（d）所示。

2. 多跨静定梁内力的计算

多跨静定梁内力计算的方法是将其拆成单跨静定梁计算。计算顺序是，先算附属部分，后算基本部分。计算附属部分时，基本部分可看成附属部分的支座；计算基本部分时

(a)

(b)

(c)

(d)

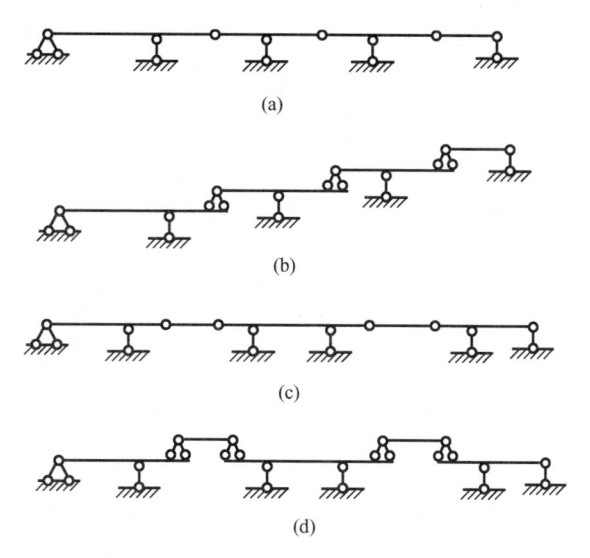

图 3.17 多跨静定梁的层次图

要将附属部分的支座反力反方向加在基本部分上。下面举例说明。

【例题 3-9】试计算图 3.18（a）所示多跨静定梁，作内力图。

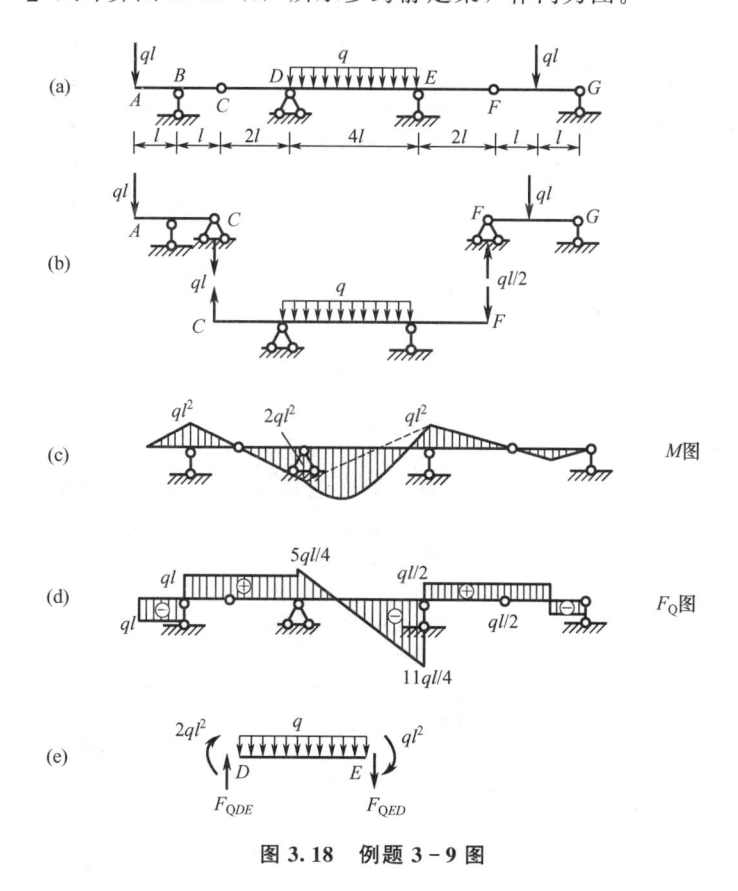

图 3.18 例题 3-9 图

【解】该多跨静定梁的 AC 杆和 FG 杆为附属部分，CF 杆为基本部分。先算附属部分，后算基本部分，如图 3.18（b）所示。作出的弯矩图和剪力图如图 3.18（c）、（d）所示。其中 DE 杆的弯矩图是用叠加法作出的，DE 杆两端的剪力可用截面法由 DE 杆的平衡计算。取 DE 杆为隔离体，如图 3.18（e）所示，列平衡方程，得

$$\sum M_D = 0 \quad 2ql^2 + 4ql \times 2l + ql^2 + F_{QED} \times 4l = 0 \quad F_{QED} = -\frac{11}{4}ql$$

$$\sum F_y = 0 \quad F_{QDE} - F_{QED} - 4ql = 0 \quad F_{QDE} = \frac{5}{4}ql$$

**3. 多跨静定梁的受力特点**

当力作用于基本部分时，附属部分不受力，只有基本部分受力；当力作用于附属部分时，基本部分和附属部分均受力。

**学习指导**：掌握多跨静定梁的内力计算。请完成习题：11、12。

## 3.3 静定刚架

静定刚架是由梁、柱组成，具有刚结点的杆件结构，是建筑结构中用得最多的结构形式，可以分为悬臂刚架、简支刚架、三铰刚架和复合刚架，如图 3.19 所示。

悬臂刚架　　　简支刚架　　　三铰刚架　　　复合刚架
(a)　　　　　(b)　　　　　(c)　　　　　(d)

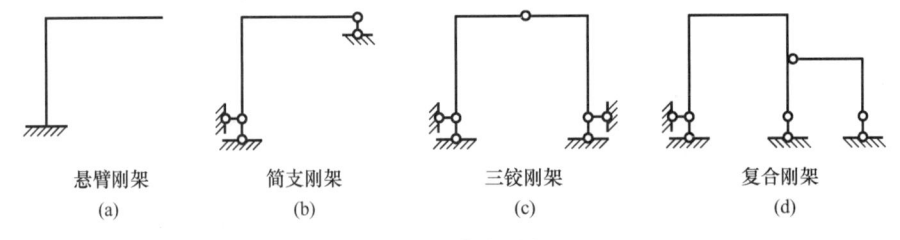

图 3.19　静定刚架

静定刚架（以下简称"刚架"）的计算包括支座反力的计算、指定截面内力的计算和作内力图。

**1. 支座反力的计算**

（1）悬臂刚架和简支刚架。

从几何组成来看，悬臂刚架和简支刚架属于二刚片体系，两个刚片之间有 3 个约束，取一个刚片作隔离体，由隔离体的 3 个平衡方程可求解 3 个约束力。具体计算方法与单跨静定梁相同。

【**例题 3 - 10**】试求图 3.20 所示刚架的支座反力。

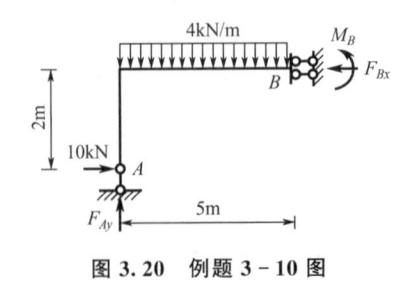

图 3.20　例题 3 - 10 图

【解】假设反力方向，如图 3.20 所示。由整体的平衡条件，有

$$\sum F_x = 0 \quad 10\text{kN} - F_{Bx} = 0 \quad F_{Bx} = 10\text{kN}(\leftarrow)$$

$$\sum F_y = 0 \quad F_{Ay} - 4\text{kN/m} \times 5\text{m} = 0 \quad F_{Ay} = 20\text{kN}(\uparrow)$$

$$\sum M_A = 0 \quad 4\text{kN/m} \times 5\text{m} \times 2.5\text{m} - F_{Bx} \times 2\text{m} - M_B = 0 \quad M_B = 30\text{kN} \cdot \text{m}(\circlearrowright)$$

（2）三铰刚架。

三铰刚架属于三刚片体系，刚片之间有 6 个约束，需取两个隔离体，列 6 个平衡方程求解约束力。

【例题 3-11】试求图 3.21（a）所示刚架的支座反力。

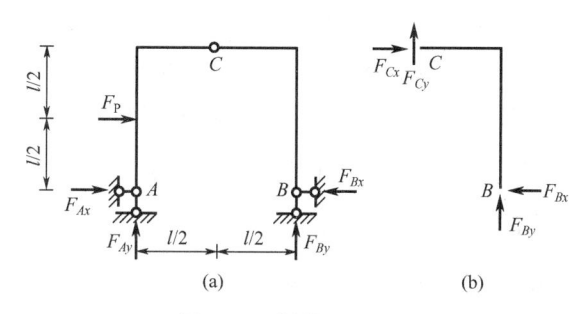

图 3.21 例题 3-11 图

【解】假设反力方向如图 3.21（a）所示。由整体平衡条件，有

$$\sum M_A = 0 \quad F_P \times l/2 - F_{By} \times l = 0 \quad F_{By} = F_P/2(\uparrow)$$

$$\sum F_y = 0 \quad F_{Ay} + F_{By} = 0 \quad F_{Ay} = -F_P/2(\downarrow)$$

$$\sum F_x = 0 \quad F_{Ax} + F_P - F_{Bx} = 0$$

因为整体只可以列出 3 个独立平衡方程，不能全部解出 4 个反力，所以要再取另一个隔离体，比如取 CB 部分作隔离体，又可列出 3 个方程，与原有的 3 个方程合在一起共可列出 6 个方程，而新的隔离体上仅新增两个未知约束力，与原有的未知力合在一起共 6 个未知力。由图 3.21（b）隔离体的平衡，有

$$\sum M_C = 0 \quad F_{Bx} \times l - F_{By} \times l/2 = 0 \quad F_{Bx} = F_P/4(\leftarrow)$$

$$\sum F_y = 0 \quad F_{Cy} + F_{By} = 0 \quad F_{Cy} = -F_P/2(\downarrow)$$

$$\sum F_x = 0 \quad F_{Cx} - F_{Bx} = 0 \quad F_{Cx} = F_P/4(\rightarrow)$$

将 $F_{Bx} = F_P/4$ 代入整体方程中的第三个方程，可得 $F_{Ax} = -3F_P/4$（←）。

（3）复合刚架。

复合刚架是由前 3 种刚架按静定结构组成规则组成的刚架。与多跨静定梁一样，将其中可以独立承载的部分称作基本部分，不能独立承载的部分称作附属部分。计算时也与多跨静定梁一样，先算附属部分，后算基本部分。

【例题 3-12】试求图 3.22（a）所示刚架的支座反力。

【解】刚架左侧为基本部分，右侧为附属部分，均为简支刚架，如图 3.22（b）、（c）所示。先算附属部分的支座反力，为

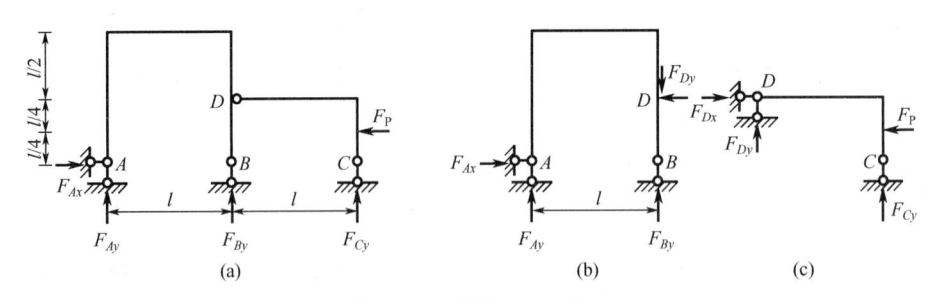

图 3.22 例题 3-12 图

$$F_{Dx}=F_P(\rightarrow),\ F_{Cy}=F_P/4(\uparrow),\ F_{Dy}=-F_P/4(\downarrow)$$

再由基本部分算得

$$F_{Ax}=F_P(\rightarrow),\ F_{Ay}=F_P/2(\uparrow),\ F_{By}=-3F_P/4(\downarrow)$$

因为复合刚架可拆成简支刚架、悬臂刚架和三铰刚架来计算，只要掌握了这些刚架的内力计算并能将复合刚架拆成这些刚架，即能确定复合刚架的内力，所以后面不再介绍复合刚架的内力计算。

**学习指导**：熟练掌握刚架的支座反力计算。请完成习题：13。

2. 指定截面内力的计算

刚架中的剪力和轴力的正负号规定与梁相同，截面弯矩不规定正负号，但需确定弯矩使杆件哪侧受拉。刚架中指定截面的内力计算方法与单跨静定梁相同，也是采用截面法，具体作法如下。

（1）将待求内力的截面截开，结构被分割为两部分，任取其中一部分作为隔离体。

（2）作隔离体受力图，设轴力和剪力为正，按正向标出；自行假设弯矩正向，并按正向标出。

（3）用投影方程（或力矩方程）求剪力和轴力，用力矩方程求弯矩。

**【例题 3-13】** 试求图 3.23（a）所示刚架 $CB$ 杆 $C$ 端截面和 $AC$ 杆 $C$ 端截面的内力。

**【解】** 求解出支座反力为

$$F_{Ax}=-16\text{kN}(\leftarrow),\ F_{By}=8\text{kN}(\uparrow),\ F_{Ay}=-8\text{kN}(\downarrow)$$

为求 $CB$ 杆 $C$ 端截面的内力，将 $CB$ 杆 $C$ 端截开，结构分成两部分，由于右侧部分受力简单，故取右侧 $CB$ 杆作隔离体，标出截面的正向轴力、剪力，并设弯矩使杆件下侧受拉为正，如图 3.23（b）所示。由隔离体的平衡可求出 $CB$ 杆 $C$ 端截面的内力为

$$\sum F_x = 0 \qquad F_{NCB} = 0$$
$$\sum F_y = 0 \qquad F_{QCB} + F_{By} = 0 \qquad F_{QCB} = -F_{By} = -8\text{kN}(\downarrow)$$
$$\sum M_C = 0 \qquad M_{CB} - F_{By} \times 4\text{m} = 0 \qquad M_{CB} = 32\text{kN·m}(下侧受拉)$$

取左侧部分为隔离体，如图 3.23（c）所示，会得到相同结果。

为求 $AC$ 杆 $C$ 端截面的内力，将 $AC$ 杆 $C$ 端截开，取右侧部分为隔离体，如图 3.23（d）所示，由隔离体的平衡可求出 $AC$ 杆 $C$ 端截面的内力为

# 第3章 静定梁与静定刚架

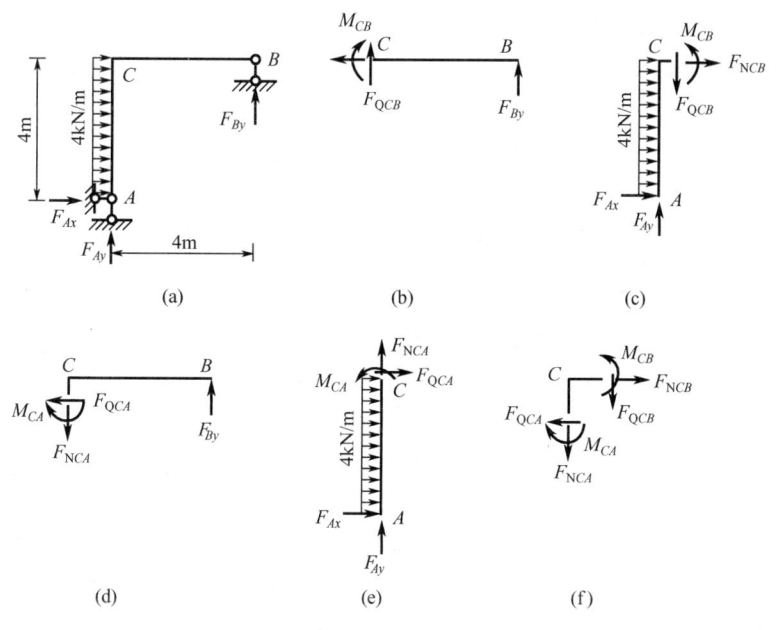

**图 3.23** 例题 3-13 图

$$\sum F_x = 0 \qquad F_{QCA} = 0$$

$$\sum F_y = 0 \qquad F_{By} - F_{NCA} = 0 \qquad F_{NCA} = F_{By} = 8 \text{kN}(\downarrow)$$

$$\sum M_C = 0 \qquad M_{CA} - F_{By} \times 4\text{m} = 0 \qquad M_{CA} = 32 \text{kN} \cdot \text{m}（右侧受拉）$$

取左侧部分为隔离体，如图 3.23（e）所示，会得到相同的结果。

也可取 $C$ 结点作隔离体，如图 3.23（f）所示。由结点平衡求得 $AC$ 杆上端截面的内力为

$$\sum F_x = 0 \qquad F_{NCB} - F_{QCA} = 0 \qquad F_{QCA} = F_{NCB} = 0$$

$$\sum F_y = 0 \qquad -F_{NCA} - F_{QCB} = 0 \qquad F_{NCA} = -F_{QCB} = 8 \text{kN}(\downarrow)$$

$$\sum M_C = 0 \qquad M_{CA} - M_{CB} = 0 \qquad M_{CA} = M_{CB} = 32 \text{kN} \cdot \text{m}（右侧受拉）$$

**学习指导**：熟练掌握指定截面内力的计算。请完成习题：14。

3. 作内力图

作刚架内力图的基本方法是求出每个杆件两端的截面内力，按作梁的内力图的方法作每个杆件的内力图。

**【例题 3-14】** 作图 3.24（a）所示刚架的内力图。

**【解】** 该例题的杆端内力已在例题 3-13 中求出，如图 3.24（b）、（c）所示。按梁的内力图的作法作出内力图，如图 3.24（d）、（e）、（f）所示。

由结点 $C$ 的力矩平衡可知在连接两个杆的刚结点上若无外力偶作用，则与该结点相连的两个杆端截面的弯矩等值反向，要么都使杆的里侧受拉，要么都使杆的外侧受拉。

3 种内力图中，弯矩图更常用一些，而且当作出弯矩图后也可方便地由其作出剪力图和轴力图，因此下面着重介绍弯矩图的作法。

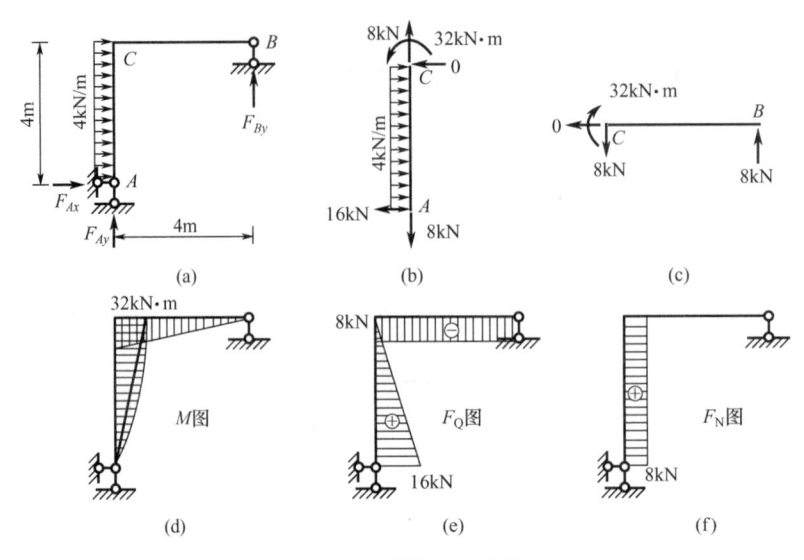

图 3.24 例题 3-14 图

(1) 弯矩图的作法。

利用结点的力矩平衡条件、微分关系、叠加法及在前面得到的一些杆端截面弯矩的特点可比较快捷地作出弯矩图。有人将其总结为"分段、定点、连线"六个字,"分段"是指逐段作图,"定点"是指确定杆段两端的弯矩值,"连线"是指按微分关系、叠加法作弯矩图。逐段作图的顺序一般是先作边界处的杆,后作中间处的杆;先作受力简单的杆,后作受力复杂的杆。"定点"时可采用如下办法:某截面的弯矩等于该截面一侧的所有外力对该截面的力矩之和,有时利用结点力矩平衡会使确定杆端弯矩更快捷一些。下面结合例题加以说明。

【例题 3-15】试作图 3.25 (a) 所示刚架的弯矩图。

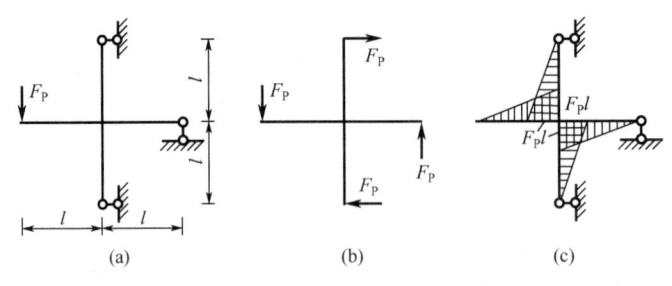

图 3.25 例题 3-15 图

【解】求出支座反力如图 3.25 (b) 所示。分别作每段杆的弯矩图,作每段杆的弯矩图与作悬臂梁弯矩图的作法相同。最终的弯矩图如图 3.25 (c) 所示。

【例题 3-16】试作图 3.26 (a) 所示刚架的弯矩图。

【解】$BC$ 杆的弯矩图与悬臂梁的弯矩图相同。$AB$ 杆上无外力,弯矩图为直线。由 $B$ 结点的平衡可知,$AB$ 杆上端截面的弯矩等于 $BC$ 杆左端截面的弯矩 $ql^2/2$,均使杆的外侧受拉;由整体平衡可求得 $A$ 端截面的弯矩亦为 $ql^2/2$,使杆的左侧受拉。将两端弯矩连以直线即为 $AB$ 杆的弯矩图。最终的刚架弯矩图如图 3.26 (b) 所示。

## 第3章 静定梁与静定刚架

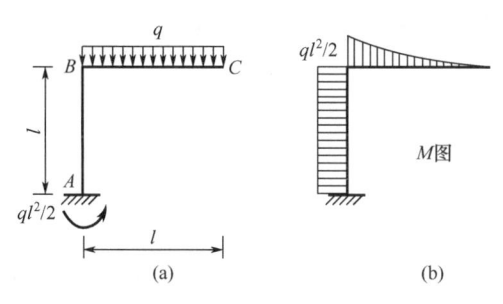

**图 3.26 例题 3-16 图**

从整体受力可看出 AB 杆无剪力，弯矩应为常数。当能判断出某杆件无剪力时，由杆件一个截面的弯矩即可画出该杆件的弯矩图。

**学习指导**：熟练掌握作刚架弯矩图的方法。请完成习题：15、16。

【**例题 3-17**】试作图 3.27（a）所示刚架的弯矩图。

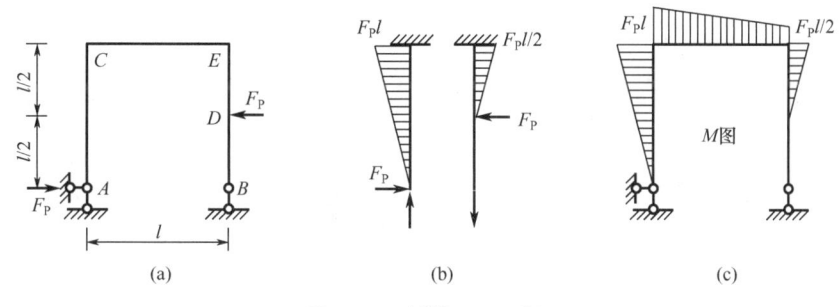

**图 3.27 例题 3-17 图**

【**解**】A 支座的水平反力先由整体平衡条件求出，然后将刚架分成 3 段杆作弯矩图。先作 AC、BE 杆的弯矩图，作法见图 3.27（b）；再由 C、E 结点的力矩平衡条件求出 CE 杆两端截面的弯矩，连线即为 CE 杆的弯矩图。最终的刚架弯矩图如图 3.27（c）所示。

【**例题 3-18**】试作图 3.28（a）所示刚架的弯矩图。

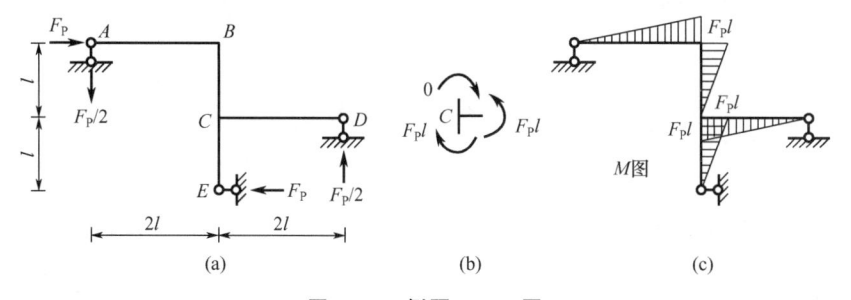

**图 3.28 例题 3-18 图**

【**解**】首先求出支座反力，如图 3.28（a）所示。先作 AB、CE、CD 杆的弯矩图，作法同前面的例子，最后作 CB 杆的弯矩图。由结点 B 可求出 CB 杆 B 端截面的弯矩，由结点 C 的平衡 [图 3.28（b）] 可求出 CB 杆 C 端截面的弯矩为 0，连线得 CB 杆的弯矩图。最终的刚架弯矩图如图 3.28（c）所示。

【**例题 3-19**】试作图 3.29（a）所示刚架的弯矩图。

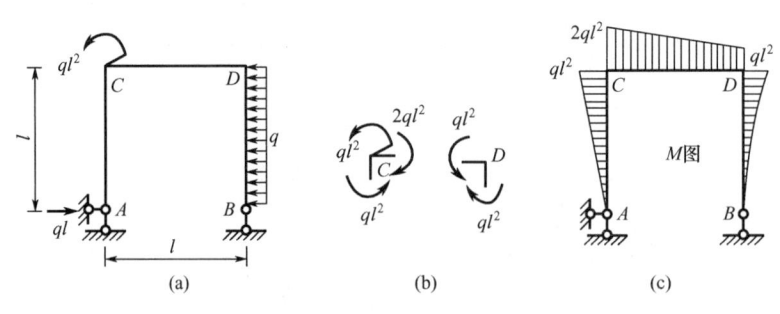

图 3.29　例题 3-19 图

**【解】** 求出 $A$ 支座的水平反力如图 3.29（a）所示。先作 $AC$、$BD$ 杆的弯矩图，作法同前。取 $C$、$D$ 结点作隔离体，如图 3.29（b）所示，求出 $CD$ 杆两端截面的弯矩，将 $CD$ 杆两端截面的弯矩连线得 $CD$ 杆的弯矩图。最终的刚架弯矩图如图 3.29（c）所示。

**【例题 3-20】** 试作图 3.30（a）所示刚架的弯矩图。

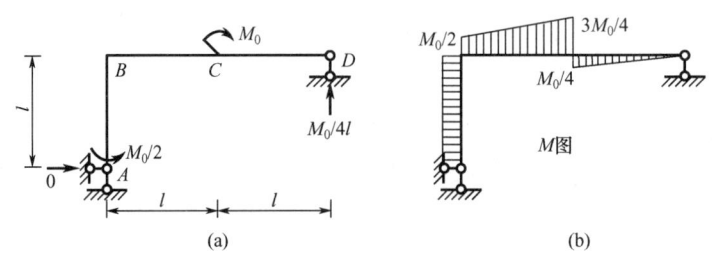

图 3.30　例题 3-20 图

**【解】** 求出支座反力如图 3.30（a）所示。先作 $AB$、$CD$ 杆的弯矩图：$AB$ 杆无剪力，弯矩为常数，$A$ 端为铰结，有力偶作用，$A$ 端截面弯矩等于外力偶，据此画出 $AB$ 杆弯矩图；$CD$ 杆作法同前。最后作 $CB$ 杆的弯矩图，由 $B$、$C$ 结点的平衡求 $CB$ 杆两端截面的弯矩，连线得 $CB$ 杆的弯矩图。最终的刚架弯矩图如图 3.30（b）所示。

**【例题 3-21】** 试作图 3.31（a）所示刚架的弯矩图。

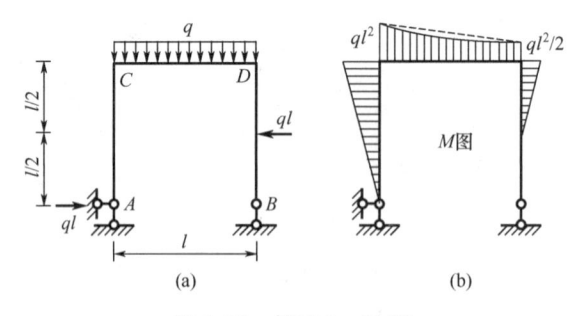

图 3.31　例题 3-21 图

**【解】** 先作 $AC$、$BD$ 杆的弯矩图，作法同前。用叠加法作 $CD$ 杆的弯矩图，由 $C$、$D$ 结点的平衡求出 $CD$ 杆两端截面的弯矩，将两端截面的弯矩连以虚线，再以该虚线作基线叠加上抛物线。最终的刚架弯矩图如图 3.31（b）所示。

**学习指导**：熟练掌握分段叠加法作刚架弯矩图的方法。请完成习题：17、18。

（2）利用弯矩图作剪力图、利用剪力图作轴力图的方法。

当弯矩图作出后，利用微分关系或杆件的平衡条件可逐杆作出剪力图。剪力图作出后，利用结点平衡条件可求出杆端轴力，据此可作出轴力图。下面举例说明。

【例题 3-22】试作图 3.32（a）所示刚架的弯矩图、剪力图、轴力图。

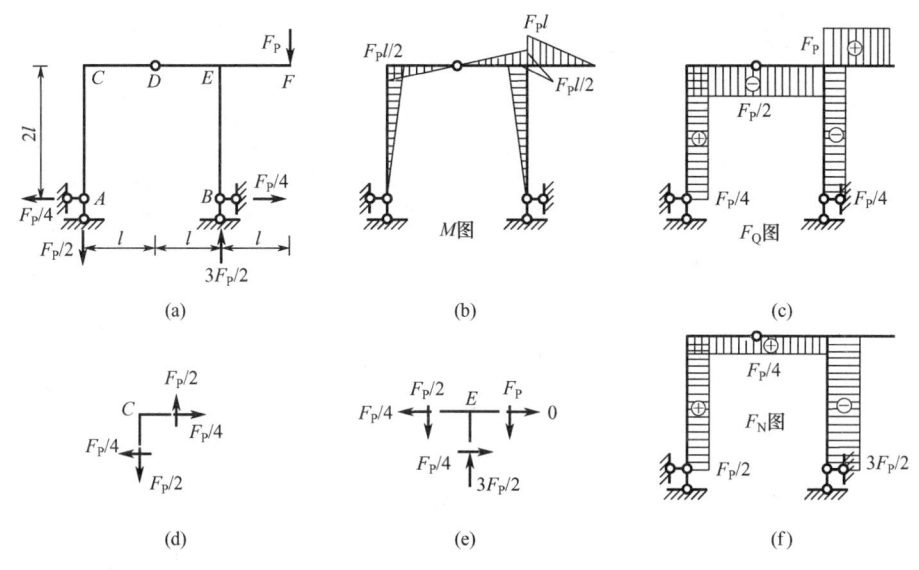

图 3.32 例题 3-22 图

【解】先作弯矩图。求出支座反力如图 3.32（a）所示，先作 AC、BE、EF 杆的弯矩图，作法同前。CD 杆 D 端为铰结点，其弯矩为 0；C 端截面的弯矩由 C 结点的力矩平衡确定。因为从 C 点到 E 点无集中力作用，剪力不变，故弯矩图的斜率不变，即 CD 杆的弯矩图的斜率与 DE 杆的弯矩图的斜率相同。作出的弯矩图如图 3.32（b）所示。

剪力图的作法与前面所介绍的单跨静定梁剪力图的作法相同，此处不再赘述。作出的剪力图如图 3.32（c）所示。

剪力图作出后取结点作隔离体，由结点平衡可求出杆端轴力，如图 3.32（d）、（e）所示。由求得的杆端轴力作出轴力图如图 3.32（f）所示。

AC 杆与 BE 杆的剪力图与轴力图也可根据 A、B 结点的平衡由支座反力所求得的杆端剪力和轴力直接作出。

**学习指导**：掌握刚架剪力图、轴力图的作法。请完成习题：19。

## 3.4 静定结构的一般性质

静定结构是无多余约束的几何不变体系，其上所有约束均是维持平衡所必需的，由静力平衡条件可以确定所有约束的约束力和内力，并且解答是唯一的和有限的。据此可以得到静定结构的一般性质。

（1）静定结构的内力与变形无关，因而与截面尺寸、截面形状及材料的物理性质无关。温度改变和支座移动不会让静定结构产生内力和反力。

（2）当结构的局部能平衡荷载时，其他部分不受力。图 3.33（a）所示结构，其上只有

$ABCD$ 部分有内力，其他部分内力为零；图 3.33（b）中只有 $BC$ 杆有轴力，$AB$ 杆内力为零。

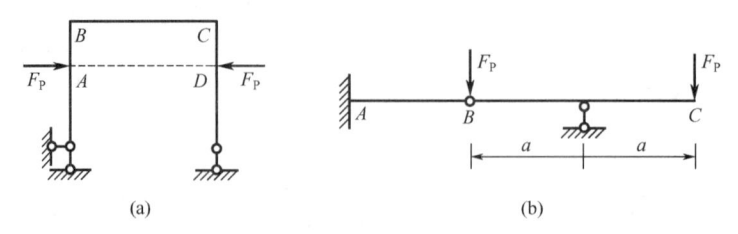

图 3.33　局部平衡示意图

（3）若将作用在结构中的一个几何不变部分上的荷载做等效变换，即用一个与其合力相同的荷载代替它，则其他部分上的内力不变。图 3.34 所示结构，两个荷载是静力等效荷载，所引起的 $AB$ 杆的内力相同。

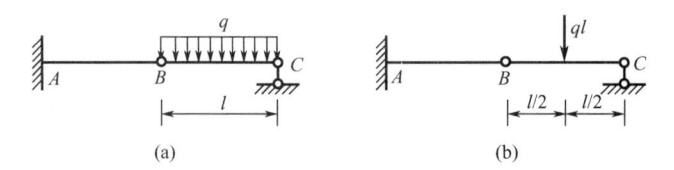

图 3.34　荷载等效变换示意图

（4）若将结构中的一个几何不变部分换成另一个几何不变部分，则其他部分的内力不变。图 3.35（a）所示三铰刚架中的几何不变部分 $BDC$ 用另一个几何不变部分 $BC$ 替换，如图 3.35（b）所示，则这两个结构中的 $AC$ 部分的内力相同。

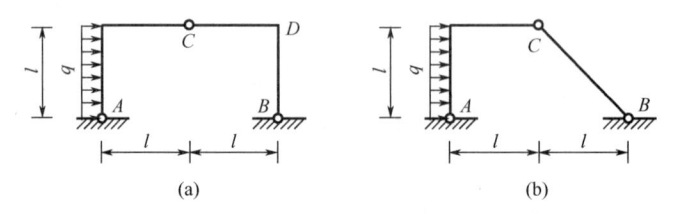

图 3.35　构造变换示意图

**学习指导**：了解静定结构的一般性质。

## 习　题

一、单项选择题

1. 某梁中的 $AB$ 杆段的剪力图如图 3.36 所示，该梁不可能的弯矩图为（　　）。

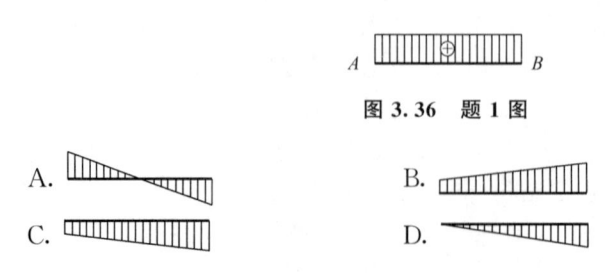

图 3.36　题 1 图

A.　　　　　　　　　　　B.

C.　　　　　　　　　　　D.

2. 某梁中的 AB 杆段上有集中力如图 3.37 所示，该梁可能的弯矩图为（　　）。

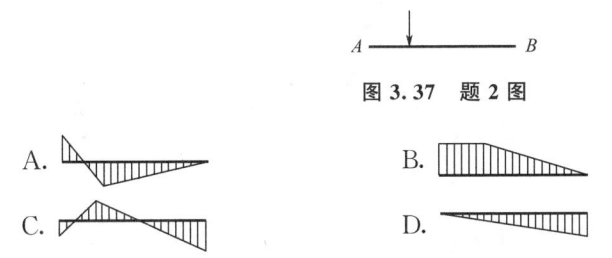

图 3.37　题 2 图

A.　　　　　　　　　　B.

C.　　　　　　　　　　D.

3. 梁中某部分 AB 上作用均布荷载如图 3.38 所示，该梁可能的弯矩图为（　　）。

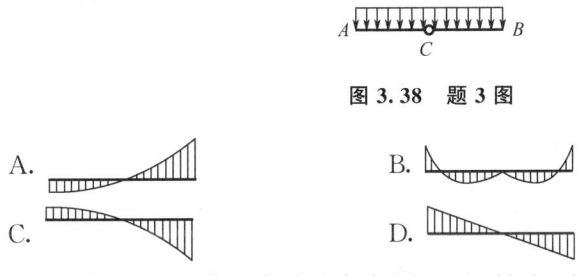

图 3.38　题 3 图

A.　　　　　　　　　　B.

C.　　　　　　　　　　D.

4. 梁中某部分 AB 上作用集中力偶如图 3.39 所示，该梁不可能的弯矩图为（　　）。

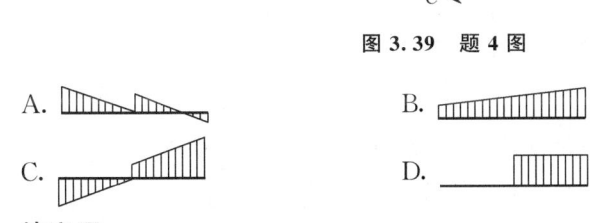

图 3.39　题 4 图

A.　　　　　　　　　　B.

C.　　　　　　　　　　D.

二、填空题

5. 图 3.40 所示梁 A 支座的反力 $F_{Ay}=$ ＿＿＿＿＿＿，$M_A=$ ＿＿＿＿＿＿。

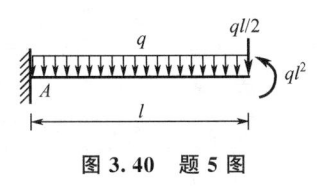

图 3.40　题 5 图

6. 图 3.41 所示梁支座反力 $F_{Ay}=$ ＿＿＿＿＿＿，$F_{By}=$ ＿＿＿＿＿＿。

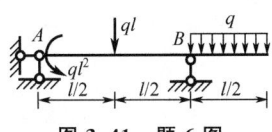

图 3.41　题 6 图

7. 题 5 中，跨中点截面的弯矩 $M=$ ＿＿＿＿＿＿，剪力 $F_Q=$ ＿＿＿＿＿＿。

8. 题 6 中，集中力作用点截面的弯矩 $M=$ ＿＿＿＿＿＿，$B$ 支座左侧截面的剪力 $F_Q^L=$ ＿＿＿＿＿＿，$B$ 支座右侧截面的剪力 $F_Q^R=$ ＿＿＿＿＿＿。

## 三、计算题

9. 不求支座反力直接作图 3.42 所示梁的弯矩图和剪力图。

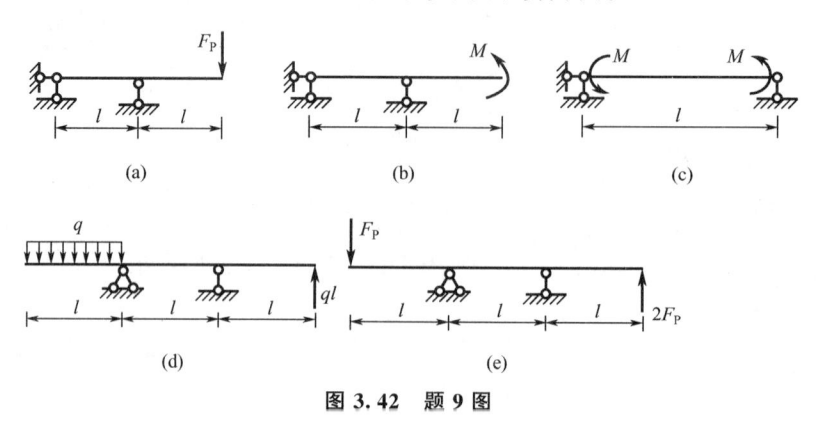

图 3.42 题 9 图

10. 试作图 3.43 所示梁的弯矩图。

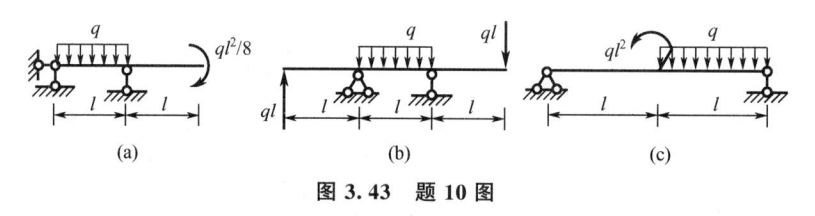

图 3.43 题 10 图

11. 试作图 3.44 所示多跨静定梁的弯矩图和剪力图。

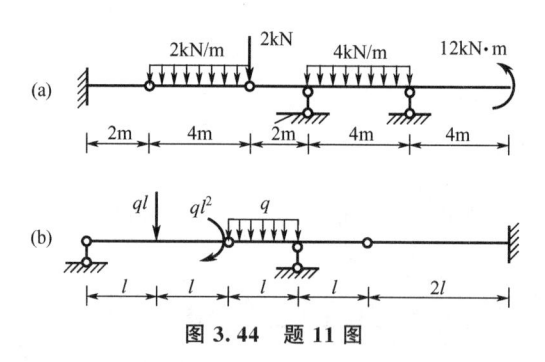

图 3.44 题 11 图

12. 不求支座反力直接作图 3.45 所示多跨静定梁的弯矩图。

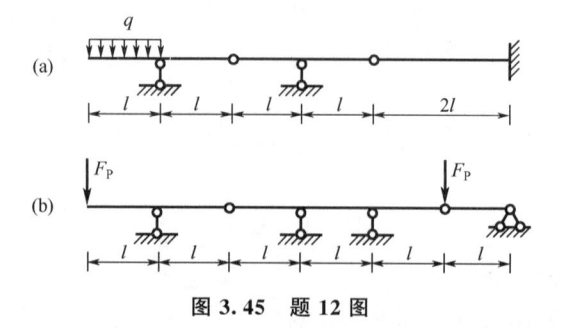

图 3.45 题 12 图

13. 试求图 3.46 所示结构的支座反力。

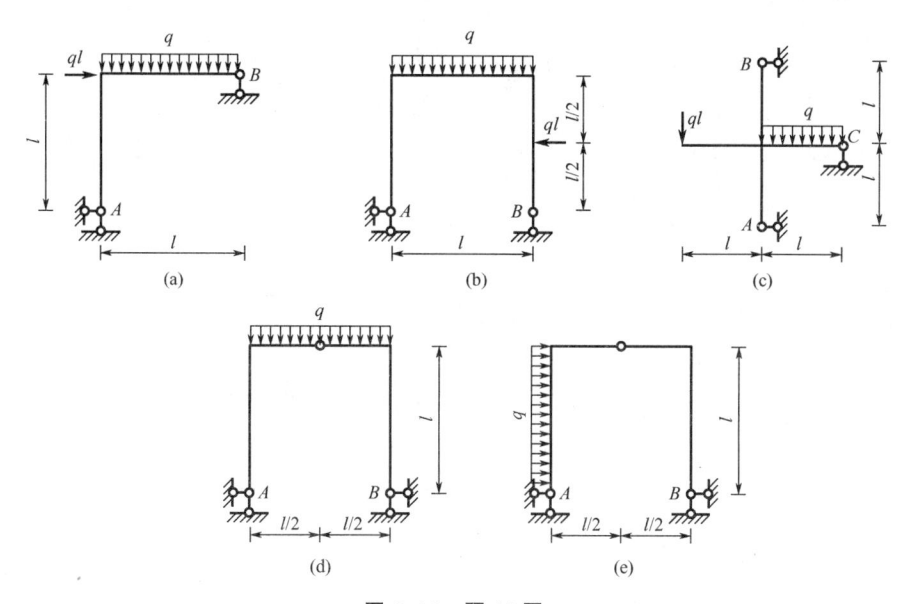

图 3.46 题 13 图

14. 试求图 3.47 所示结构 K 截面的弯矩、剪力和轴力。

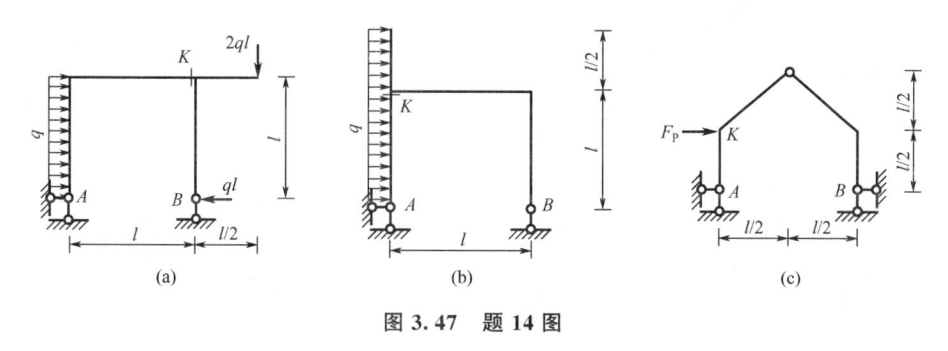

图 3.47 题 14 图

15. 试作图 3.48 所示结构（杆长均为 $l$）的弯矩图。

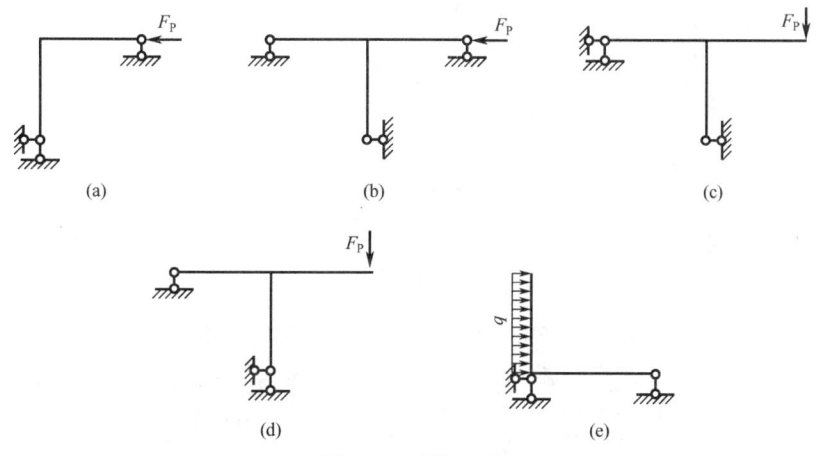

图 3.48 题 15 图

16. 试作图 3.49 所示结构（杆长均为 $l$）的弯矩图。

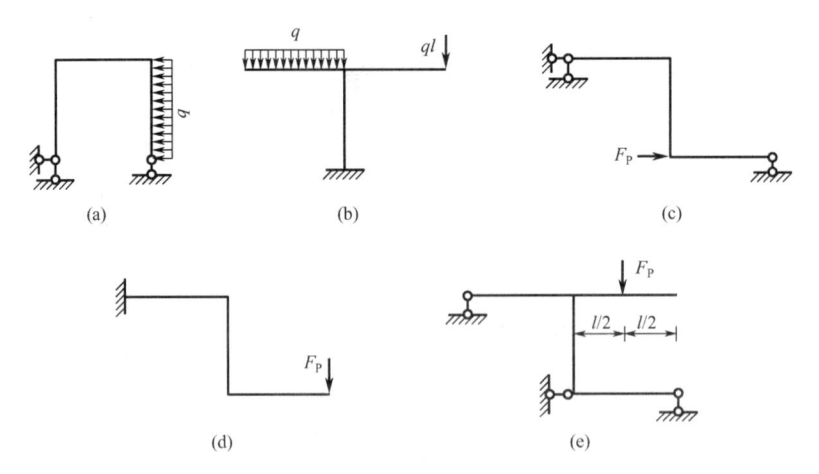

图 3.49 题 16 图

**17.** 试作题 13 中各结构的弯矩图。

**18.** 试找出图 3.50 所示结构弯矩图的错误。

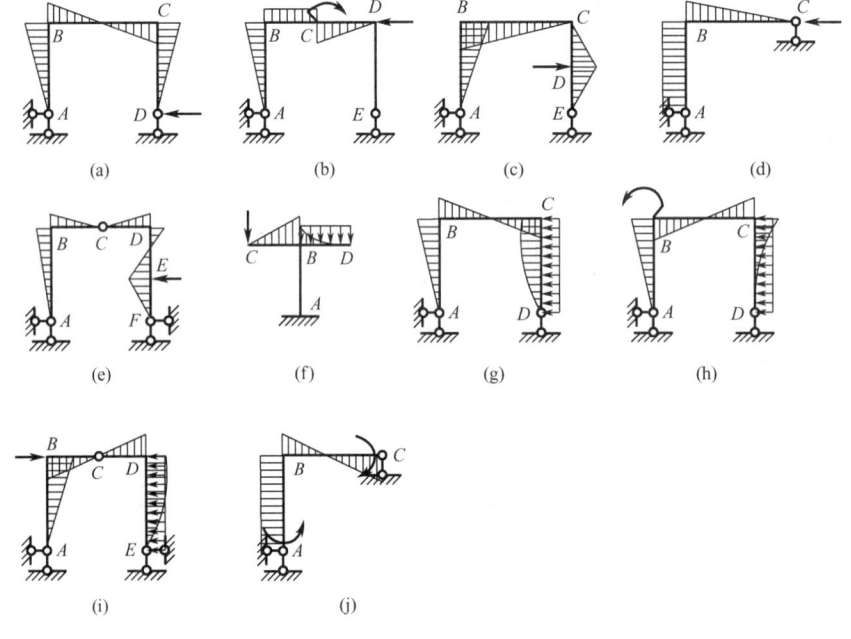

图 3.50 题 18 图

**19.** 试作题 16 中（a）、（b）、（c）3 个结构的剪力图、轴力图。

# 第4章 三铰拱

## 知识结构图

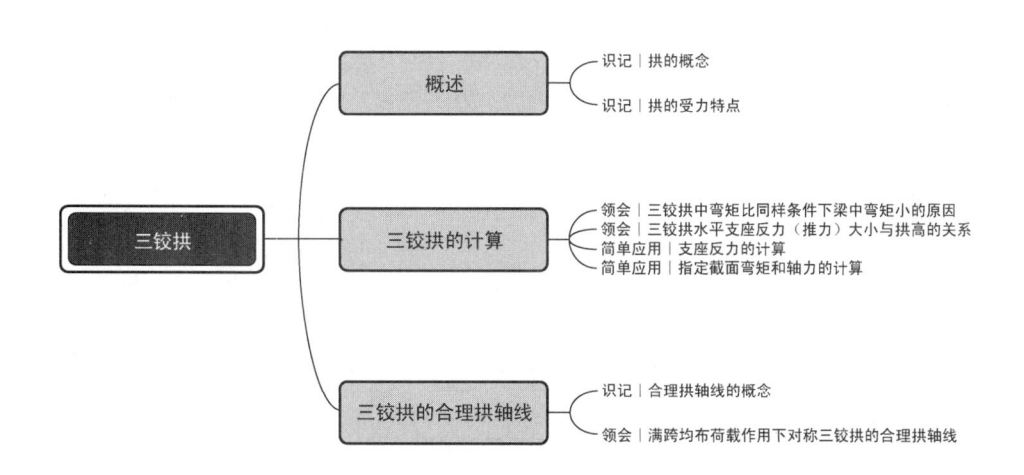

```
                    ┌─ 概述 ─────────────┬─ 识记│拱的概念
                    │                    └─ 识记│拱的受力特点
                    │
                    │                    ┌─ 领会│三铰拱中弯矩比同样条件下梁中弯矩小的原因
三铰拱 ──────────── ┼─ 三铰拱的计算 ──── ┼─ 领会│三铰拱水平支座反力（推力）大小与拱高的关系
                    │                    ├─ 简单应用│支座反力的计算
                    │                    └─ 简单应用│指定截面弯矩和轴力的计算
                    │
                    └─ 三铰拱的合理拱轴线 ┬─ 识记│合理拱轴线的概念
                                         └─ 领会│满跨均布荷载作用下对称三铰拱的合理拱轴线
```

## 4.1 概　　述

**1. 拱的概念**

拱是在竖向荷载作用下会产生水平反力的曲杆结构，如图 4.1（a）所示，称为三铰拱。当拱用作屋顶时，为了减少水平推力对墙体或柱子的作用，常用带拉杆的三铰拱，如图 4.1（b）所示，拉杆的拉力代替了支座的推力，其受力特点和计算方法与不带拉杆的三铰拱相同。

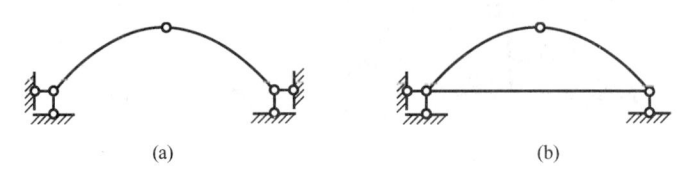

图 4.1　三铰拱

图 4.2（a）所示结构，虽然在外形上是曲杆结构，但在竖向荷载作用下水平反力等于零，所以不是拱，其弯矩图与图 4.2（b）所示的同跨同荷载的简支梁完全相同，故称其为曲梁。该曲梁在荷载作用下右侧支座处会产生水平位移。若加载前将右侧支座增加水平链杆变成图 4.2（c）所示结构，则加载后水平位移会受到约束，位移受到约束的同时水平链杆中会产生指向中间的水平反力（也称水平推力），根据定义可知图 4.2（c）所示结构为拱。

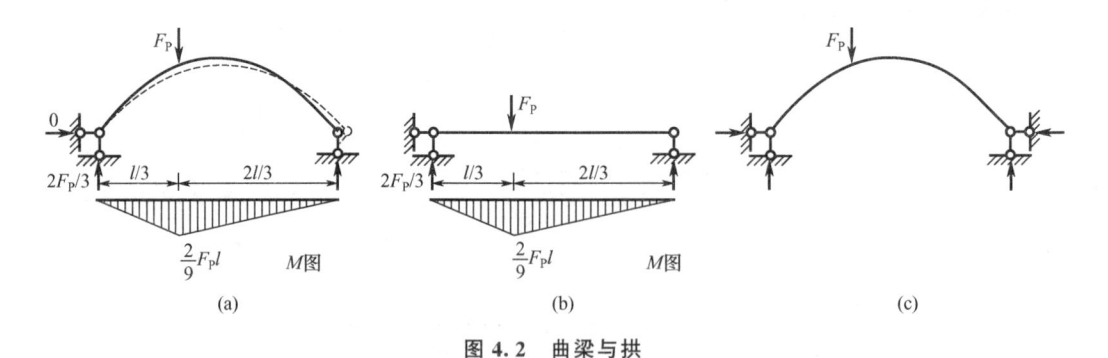

图 4.2　曲梁与拱

**2. 拱的受力特点**

图 4.2（c）所示拱所受外力（包括支座反力）及弯矩图如图 4.3（a）所示。将其分为两组，竖向力使拱的下侧受拉，其弯矩图如图 4.3（b）所示；竖直向下的荷载使水平推力指向中间，它使拱的上侧受拉，如图 4.3（c）所示；从而使拱的弯矩比曲梁的弯矩小许多。拱的弯矩比曲梁的弯矩小，轴力要比曲梁的轴力大，拱主要承受轴力。拱的轴力大、弯矩小，使得截面上的应力分布比较均匀，因而可以节省材料，同时也能减轻结构自重，适合于大跨结构。

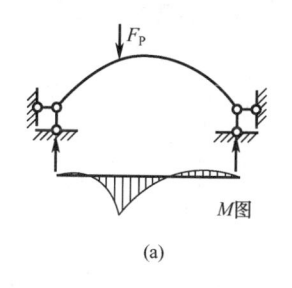

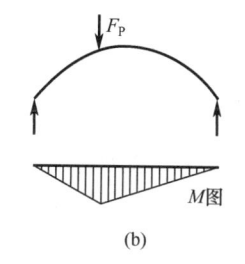

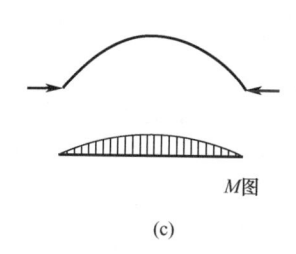

图 4.3 拱的受力特点

## 4.2 三铰拱的计算

下面仅介绍对称三铰拱在竖直向下荷载作用下的内力计算。

1. 支座反力计算及特点

三铰拱属于三刚片体系,求支座反力需截取两个隔离体。对于图 4.4 (a) 所示三铰拱,先取整体为隔离体,有

$$\sum M_B = 0 \qquad -F_{P1}(l-a_1) - F_{P2}a_3 + F_{Ay}l = 0$$

解方程,得 A 支座竖向反力

$$F_{Ay} = \frac{1}{l}[F_{P1}(l-a_1) + F_{P2}a_3]$$

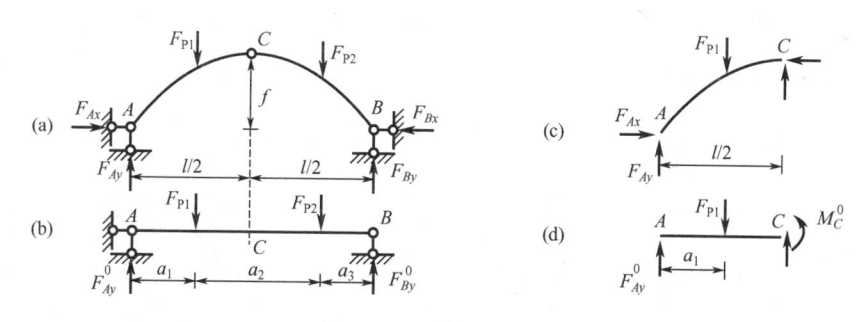

图 4.4 三铰拱的反力

对于图 4.4 (b) 所示相应简支梁(跨度相同、荷载相同),列同样的方程,可得简支梁左侧支座的竖向反力,为

$$F_{Ay}^0 = \frac{1}{l}[F_{P1}(l-a_1) + F_{P2}a_3]$$

可见,$F_{Ay} = F_{Ay}^0$,对于右侧支座也有 $F_{By} = F_{By}^0$,即三铰拱的竖向反力与简支梁的竖向反力相同,而与三铰拱的高度和形状无关。再取左半部分为隔离体,如图 4.4 (c) 所示,列力矩方程,得

$$\sum M_C = 0 \qquad F_{Ay} \times \frac{l}{2} - F_{P1}\left(\frac{l}{2} - a_1\right) - F_{Ax}f = 0$$

$$F_{Ax} = \frac{1}{f}\left[F_{Ay} \times \frac{l}{2} - F_{P1}\left(\frac{l}{2} - a_1\right)\right]$$

(4-1)

在简支梁的对应截面截开,取左侧为隔离体,如图 4.4(d)所示,列同样的方程,得

$$M_C^0 = F_{Ay}^0 \times \frac{l}{2} - F_{P1}\left(\frac{l}{2} - a_1\right)$$

代入式(4-1),得

$$F_{Ax} = \frac{1}{f}M_C^0$$

由整体平衡,可得

$$F_{Bx} = F_{Ax} = F_H = \frac{1}{f}M_C^0 \qquad (4-2)$$

可见,三铰拱的左右水平推力是相等的,推力 $F_H$ 等于简支梁跨中截面的弯矩除以三铰拱的高度。因为在竖直向下荷载作用下简支梁跨中截面弯矩 $M_C^0$ 总是正的(下侧受拉),所以水平推力 $F_H$ 总是正的,即与假设相同,指向中间。当荷载与三铰拱的跨度确定后,推力与三铰拱的高度成反比,即三铰拱愈扁平推力愈大,并且与三铰拱的拱轴线的形状无关。

2. 指定截面内力计算

三铰拱内任一截面的弯矩、剪力和轴力可采用截面法计算,也可以利用对应的简支梁来计算。下面来推导三铰拱内力与对应简支梁内力的关系。

以求图 4.5(a)中 $D$ 截面的内力为例,$D$ 截面距坐标原点的水平距离为 $x$,竖向距离为 $y$,$D$ 点的切线与 $x$ 轴的夹角为 $\varphi$,如图 4.5(a)所示。将 $D$ 截面截开,取 $D$ 截面左侧为隔离体,如图 4.5(b)所示,弯矩以下侧受拉为正,剪力以绕隔离体顺时针方向转动为正,由于拱中轴力一般为压力,故规定轴力以压力为正。列力矩方程,得

$$\sum M_D = 0 \qquad F_{Ay}x - F_H y - F_{P1}(x - a_1) - M = 0 \qquad (4-3)$$

$$M = F_{Ay}x - F_H y - F_{P1}(x - a_1)$$

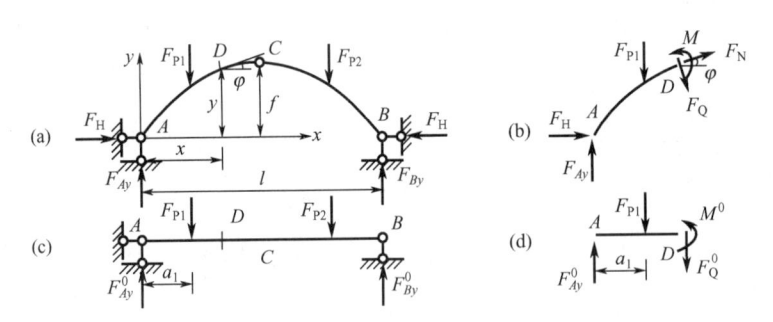

图 4.5 三铰拱的内力

对图 4.5(c)所示相应简支梁,也取 $D$ 截面左侧为隔离体,如图 4.5(d)所示,列同样的方程,得

$$M^0 = F_{Ay}^0 x - F_{P1}(x - a_1)$$

代入式(4-3),得

$$M = M^0 - F_H y \qquad (4-4)$$

此即为三铰拱的弯矩计算公式。此式表明,由于水平推力的存在,三铰拱中的弯矩 $M$ 小于简支梁相应截面的弯矩 $M^0$。

对图 4.5（b）所示隔离体列投影方程，得

$$F_Q = (F_{Ay} - F_{P1})\cos\varphi - F_H\sin\varphi \tag{4-5}$$

$$F_N = (F_{Ay} - F_{P1})\sin\varphi + F_H\cos\varphi \tag{4-6}$$

对图 4.5（d）所示相应简支梁的隔离体列竖向投影方程，得

$$F_Q^0 = F_{Ay}^0 - F_{P1}$$

代入式(4-5)、式(4-6)，得

$$F_Q = F_Q^0\cos\varphi - F_H\sin\varphi \tag{4-7}$$

$$F_N = F_Q^0\sin\varphi + F_H\cos\varphi \tag{4-8}$$

这是三铰拱截面剪力和轴力的计算公式。式中的 $\varphi$ 根据给定的三铰拱的拱轴线方程来算，当截面在三铰拱的右半部分时，取负值。

**【例题 4-1】** 求图 4.6（a）所示三铰拱的支座反力及 $K$ 截面的弯矩、剪力和轴力。已知：跨度 $l=16\text{m}$，三铰拱的高度 $f=4\text{m}$，三铰拱的拱轴线方程为 $y=\dfrac{4f}{l^2}(lx-x^2)$，其他数据如图 4.6 所示。

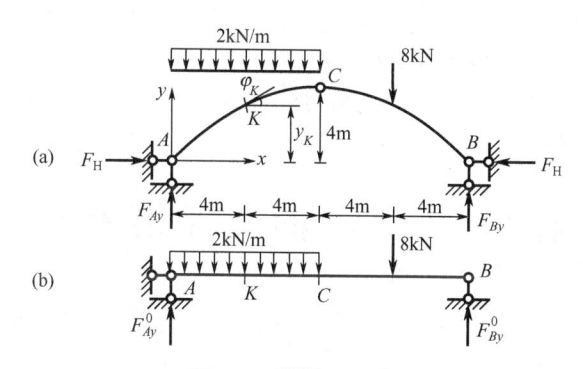

图 4.6 例题 4-1 图

**【解】**（1）求相应简支梁［图 4.6（b）］的支座反力、$C$ 截面弯矩、$K$ 截面弯矩和剪力。

$$\sum M_B = 0 \qquad F_{Ay}^0 \times 16\text{m} - 2\text{kN/m} \times 8\text{m} \times 12\text{m} - 8\text{kN} \times 4\text{m} = 0$$

解得

$$F_{Ay}^0 = 14\text{kN}(\uparrow)$$

$$\sum F_y = 0 \qquad F_{Ay}^0 + F_{By}^0 - 2\text{kN/m} \times 8\text{m} - 8\text{kN} = 0$$

解得

$$F_{By}^0 = 10\text{kN}(\uparrow)$$

用截面法求得 $C$ 截面弯矩、$K$ 截面弯矩和剪力分别为

$$M_C^0 = 48\text{kN}\cdot\text{m} \quad M_K^0 = 40\text{kN}\cdot\text{m} \quad F_{QK}^0 = 6\text{kN}$$

（2）求三铰拱的支座反力。

三铰拱的竖向反力与相应简支梁相同，即

$$F_{Ay} = F_{Ay}^0 = 14\text{kN}(\uparrow) \qquad F_{By} = F_{By}^0 = 10\text{kN}(\uparrow)$$

水平反力，即推力为

$$F_H = M_C^0/f = 48\text{kN}\cdot\text{m}/4\text{m} = 12\text{kN}$$

（3）求三铰拱 $K$ 截面的弯矩、剪力和轴力。

将 $x=4\mathrm{m}$ 代入三铰拱的拱轴线方程，得 $K$ 点的竖标

$$y_K = \frac{4 \times 4\mathrm{m}}{(16\mathrm{m})^2} \times [16\mathrm{m} \times 4\mathrm{m} - (4\mathrm{m})^2] = 3\mathrm{m}$$

根据三铰拱的拱轴线方程确定轴线斜率，为

$$\frac{\mathrm{d}y}{\mathrm{d}x} = \tan\varphi_K = \frac{4f}{l^2}(l-2x)$$

将 $x=4\mathrm{m}$ 代入上式，得

$$\tan\varphi_K = 0.5$$

因此，$\varphi_K = 26.565°$，$\cos\varphi_K = 0.894$，$\sin\varphi_K = 0.447$。

利用式(4-4)、式(4-7)、式(4-8) 计算三铰拱 $K$ 截面的弯矩、剪力和轴力，分别为

$$M_K = M_K^0 - F_H y_K = 40\mathrm{kN\cdot m} - 12\mathrm{kN} \times 3\mathrm{m} = 4\mathrm{kN\cdot m}$$

$$F_{QK} = F_{QK}^0 \cos\varphi_K - F_H \sin\varphi_K = 6\mathrm{kN} \times 0.894 - 12\mathrm{kN} \times 0.447 = 0$$

$$F_{NK} = F_{QK}^0 \sin\varphi_K + F_H \cos\varphi_K = 6\mathrm{kN} \times 0.447 + 12\mathrm{kN} \times 0.894 = 13.41\mathrm{kN}$$

3. 绘制内力图

在式(4-7)、式(4-7)、式(4-8) 中，三铰拱的拱轴线竖标 $y$ 及 $\cos\varphi$、$\sin\varphi$ 都是 $x$ 的非线性函数，因此三铰拱的内力图均为曲线图形。可以采用描点法绘制内力图，通常将跨度分成若干等份，在三铰拱的拱轴线上得到一系列分点；按例题 4-1 的步骤计算各分点截面的内力，最后将算得的各截面内力用光滑的曲线相连，并标出正负号和竖标，即得内力图。

## 4.3 三铰拱的合理拱轴线

根据 4.2 节所述，三铰拱中的内力随其形状而变。若调整三铰拱的拱轴线的形状使其中各截面弯矩等于零，此时三铰拱则处于最佳受力状态，这时各截面上只有轴力而无弯矩，正应力沿截面均匀分布，材料可以得到充分利用。将这种使三铰拱处于无弯矩状态的拱轴线称为三铰拱的合理拱轴线。

竖向荷载作用下，三铰拱的弯矩由式(4-4) 确定，即

$$M = M^0 - F_H y$$

当荷载和三铰拱的高度确定后，$F_H$ 是与三铰拱的拱轴线方程无关的常数，$M^0$ 是与三铰拱的拱轴线方程无关的确定函数，因而三铰拱的弯矩 $M$ 仅与三铰拱的拱轴线方程有关。若使三铰拱各截面的弯矩等于零，即 $M=0$，则有

$$y(x) = \frac{M^0(x)}{F_H} \tag{4-9}$$

此即三铰拱的合理拱轴线方程。其中，$M^0(x)$ 是简支梁的弯矩方程，$F_H$ 是三铰拱的水平推力。此式表明，三铰拱的合理拱轴线的竖标与简支梁弯矩图的竖标成比例，三铰拱的合理拱轴线的形状与简支梁弯矩图的形状相同。

【**例题 4-2**】已知三铰拱 [图 4.7（a）] 的高度为 $f$，跨度为 $l$，试求在满跨竖向均布荷载（荷载分布集度为 $q$）作用下三铰拱的合理拱轴线。

【**解**】列出图 4.7（b）所示简支梁的弯矩方程（已在例题 3-3 中列出）为

$$M^0(x) = \frac{1}{2}q(lx - x^2)$$

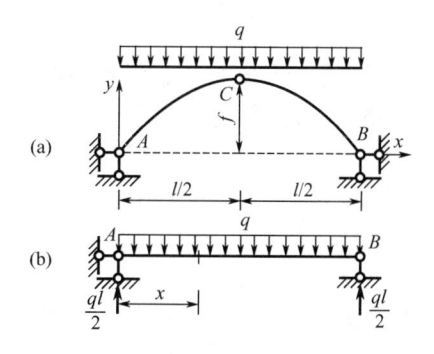

图 4.7 例题 4-2 图

简支梁跨中截面弯矩为 $ql^2/8$，由式（4-2）可求得三铰拱的水平推力

$$F_H = \frac{ql^2}{8f}$$

代入式（4-9），得三铰拱的合理拱轴线方程

$$y(x) = \frac{4f}{l^2}(lx - x^2)$$

这是一条二次抛物线。跨度 $l$ 给定后，由不同三铰拱的高度确定的二次抛物线均为满跨竖向均布荷载的三铰拱的合理拱轴线。

需要指出的是，在三铰拱中，一条合理拱轴线只对应一种荷载，当荷载发生变化时，合理拱轴线也将随之改变，比如在均匀静水压力作用下的合理拱轴线是圆弧线。结构在使用过程中会受到不同荷载的作用，针对一种荷载设计的合理拱轴线并不能保证在任何荷载作用下均处于无弯矩状态，这就要求在设计时应找出三铰拱将要承受的主要荷载，并按该荷载设计合理拱轴线。

采用合理拱轴线后，三铰拱内各截面无弯矩、剪力，只有轴力，这时式（4-7）成为

$$0 = F_Q^0 \cos\varphi - F_H \sin\varphi$$

或

$$F_Q^0 = F_H \sin\varphi / \cos\varphi$$

代入式（4-8），得到采用合理拱轴线时的轴力计算公式

$$F_N = F_Q^0 \sin\varphi + F_H \cos\varphi = F_H \sin^2\varphi / \cos\varphi + F_H \cos\varphi$$

$$F_N = F_H / \cos\varphi$$

此式表明，对于合理拱轴线，支座处（$\varphi$ 值最大）轴力最大；拱顶处（$\varphi = 0$）轴力最小，并等于推力。

**学习指导**：理解拱的受力特点，掌握用截面法计算支座反力和截面内力，理解三铰拱的合理拱轴线的概念。请完成习题：1～10。

## 习　题

### 一、单项选择题

1. 拱是杆轴线为（　　）并且在竖向荷载作用下会产生（　　）的结构。

　　A. 直线，水平支座反力　　　B. 直线，竖向支座反力

　　C. 曲线，水平支座反力　　　D. 曲线，竖向支座反力

二、填空题

2. 三铰拱在竖向荷载作用下的截面弯矩比简支梁弯矩小的原因是_____。

3. 三铰拱在竖向荷载作用下，竖向反力与_____无关，水平反力与_____无关而与_____有关。

4. 增加三铰拱的高度，水平推力会_____。

5. 图 4.8 所示半圆三铰拱的竖向反力 $F_{Ay}=$ _____，$F_{By}=$ _____，水平推力 $F_H=$ _____。

6. 图 4.9 所示三铰拱，其拱轴线方程为 $y=4fx(l-x)/l^2$，跨度 $l=16$m，拱高 $f=4$m，推力＝_____，$C$ 铰右侧截面的弯矩＝_____、剪力＝_____、轴力＝_____。

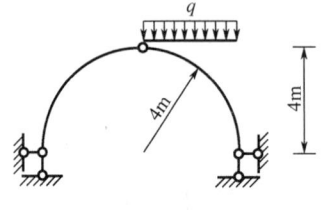

图 4.8　题 5 图

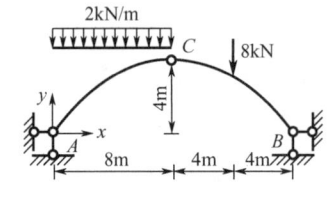

图 4.9　题 6 图

7. 图 4.10 所示三铰拱的拱轴线为半径为 $R$ 的半圆，$C$ 截面的弯矩＝_____，剪力＝_____，轴力＝_____。

8. 图 4.11 所示带拉杆抛物线三铰拱在水平分布荷载作用下的拉杆内力 $F_N=$ _____。

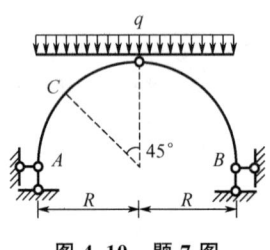

图 4.10　题 7 图

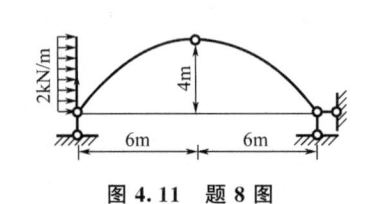

图 4.11　题 8 图

9. 在确定荷载作用下，使三铰拱处于_____状态的拱轴线称为三铰拱的合理拱轴线，当采用合理拱轴线时，三铰拱内各截面只受_____作用，正应力沿截面_____分布。

10. 三铰拱在满跨竖向均布荷载作用下，其合理拱轴线是_____线。

# 第5章
# 静定平面桁架与组合结构

## 知识结构图

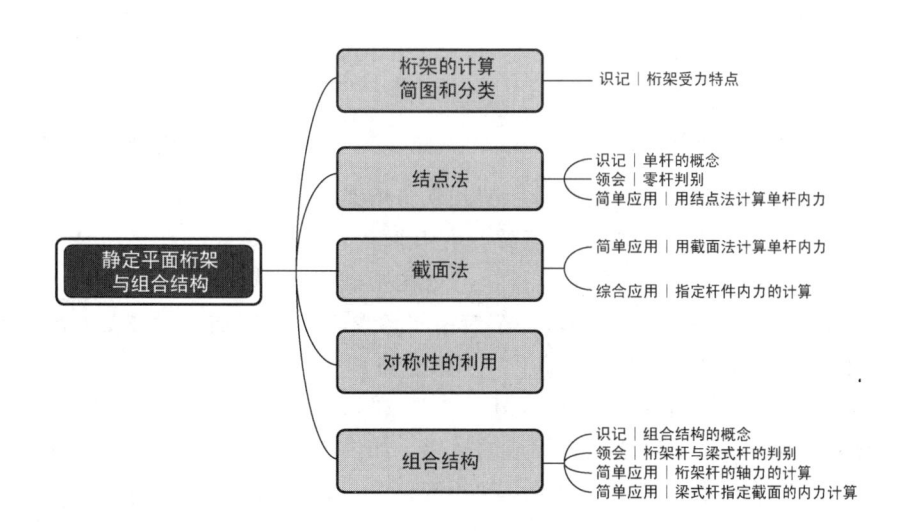

```
                    ┌─ 桁架的计算 ──── 识记│桁架受力特点
                    │   简图和分类
                    │
                    │                  ┌─ 识记│单杆的概念
                    ├─ 结点法 ─────────┼─ 领会│零杆判别
                    │                  └─ 简单应用│用结点法计算单杆内力
                    │
静定平面桁架 ───────┼─ 截面法 ─────────┬─ 简单应用│用截面法计算单杆内力
与组合结构          │                  └─ 综合应用│指定杆件内力的计算
                    │
                    ├─ 对称性的利用
                    │
                    │                  ┌─ 识记│组合结构的概念
                    └─ 组合结构 ───────┼─ 领会│桁架杆与梁式杆的判别
                                       ├─ 简单应用│桁架杆的轴力的计算
                                       └─ 简单应用│梁式杆指定截面的内力计算
```

静定平面桁架（以下简称"桁架"）是由若干直杆用铰连接而成的杆件结构，在土建工程中应用广泛，如桥梁、塔架、屋架等常用其作为承重结构。制作桁架的材料有木材、钢材和混凝土等。

# 5.1 桁架的计算简图和分类

图 5.1 所示为钢桁架桥，由前后两片主桁架组合而成。列车荷载通过纵横梁传到桁架的结点，故桁架主要受结点荷载作用。桁架的结点通常采用铆接或焊接，简化成铰接后的计算结果与实际相差不大。在竖向荷载作用下，两片桁架之间的杆件主要起连接作用，基本不受力，可取出其中一片桁架进行分析。这样，该钢桁架桥的计算简图如图 5.2 所示。对于其他桁架，计算简图与此类似，即假定桁架中的结点均为铰结点，荷载均作用于结点，所有杆件均为直杆。由于每个杆件的两端均为铰结，杆中既无外力也无弯矩，因而也无剪力，只有轴力。

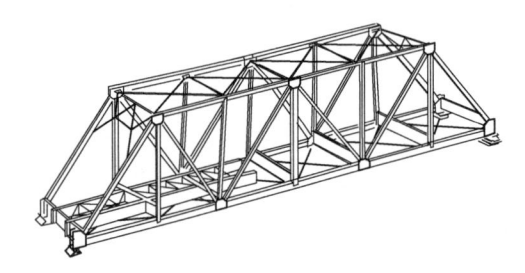

图 5.1　钢桁架桥

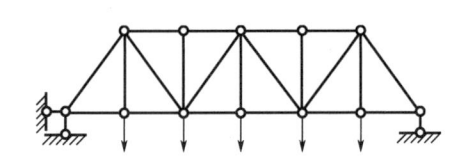

图 5.2　钢桁架桥的计算简图

按几何组成分类，桁架可分成简单桁架和联合桁架。

简单桁架是按二元体规则组成的桁架，它有两种组成方式：①在基础或支撑物上依次增加二元体构成的桁架，如图 5.3 所示，先在基础上加 AD、BD 杆，再加 AC、DC 杆，……，最后加 EG、HG 杆；②在一个铰结三角形上依次增加二元体后再与基础相连的桁架，如图 5.4 所示，先在铰结三角形 AED 上加 EC、DC 杆，再加 CF、DF 杆，接着加 FB、DB 杆，最后用 3 个链杆与基础相连。

联合桁架是由若干简单桁架联合而成的桁架，如图 5.5 所示。ADC 和 BEC 两个刚片用铰 C 和链杆 DE 连接成无多余约束的几何不变体系，每个刚片均是如图 5.4 所示的简单桁架。

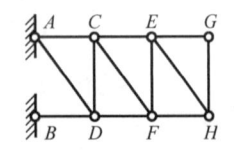

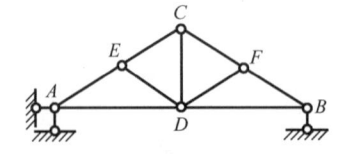

图 5.3　简单桁架一　　图 5.4　简单桁架二　　图 5.5　联合桁架

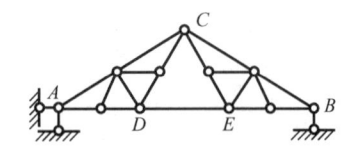

简单桁架和联合桁架均为无多余约束的几何不变体系，因为是静定结构，内力可由平衡条件求出，计算方法分结点法和截面法。

## 5.2 结 点 法

截取一个结点作为隔离体来求内力的方法称为结点法。这时隔离体上的力是平面汇交力系，独立的平衡方程只能列出两个，因此截取的隔离体上的未知力一般不能超过两个。因为简单桁架是逐次增加二元体构成的，若截取隔离体的次序与几何组成时加二元体的次序相反，则每次截取的隔离体上只有两个杆件轴力是未知的，由隔离体的平衡条件即可求出它们，并且能保证每一个平衡方程中只含有一个未知量。

**【例题 5-1】** 试求图 5.6（a）所示桁架各杆的轴力。

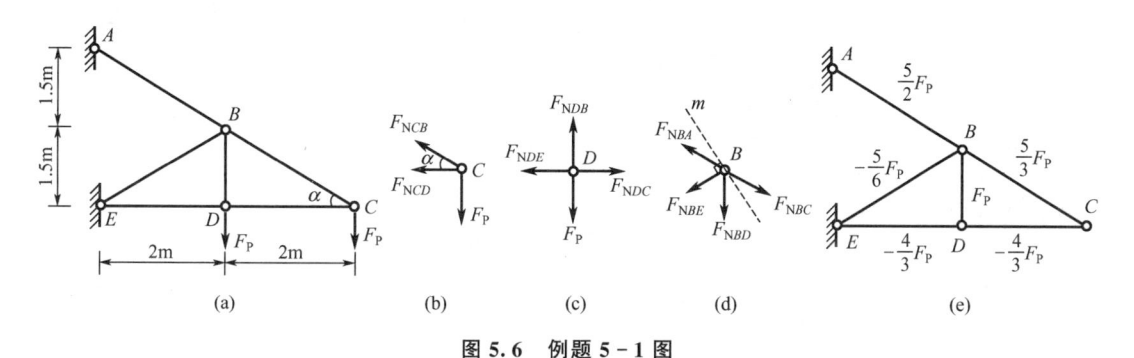

图 5.6　例题 5-1 图

**【解】** 这是一个简单桁架，是在基础上先增加二元体 ABE，再增加二元体 BDE，最后增加二元体 BCD 构成的。为避免解联立方程，一个结点上未知力的个数不应多于两个，则截取结点的顺序应与构成时的顺序相反，即先截取 C 结点，再截取 D 结点，最后截取 B 结点。

取 C 结点为隔离体，设轴力为拉力（箭头离开结点为拉力），如图 5.6（b）所示。列竖向投影方程

$$\sum F_y = 0 \qquad F_{NCB}\sin\alpha - F_P = 0$$

将 $\sin\alpha = 3/5$ 代入，得

$$F_{NCB} = 5F_P/3$$

结果为正，表明 CB 杆的轴力为拉力。列水平投影方程

$$\sum F_x = 0 \qquad F_{NCB}\cos\alpha + F_{NCD} = 0$$

将 $\cos\alpha = 4/5$ 和 $F_{NCB} = 5F_P/3$ 代入，得

$$F_{NCD} = -4F_P/3$$

结果为负，表明 CD 杆的轴力为压力。

取 D 结点为隔离体，如图 5.6（c）所示，列投影方程

$$\sum F_y = 0 \qquad F_{NDB} = F_P$$

$$\sum F_x = 0 \qquad F_{NDE} = F_{NDC} = F_{NCD} = -4F_P/3$$

取 B 结点为隔离体，如图 5.6（d）所示，列投影方程

$$\sum F_x = 0 \qquad F_{NBC}\cos\alpha - F_{NBA}\cos\alpha - F_{NBE}\cos\alpha = 0$$

$$\sum F_y = 0 \qquad F_{NBA}\sin\alpha - F_{NBC}\sin\alpha - F_{NBE}\sin\alpha - F_{NBD} = 0$$

将 $\sin\alpha=3/5$、$\cos\alpha=4/5$、$F_{NCB}=5F_P/3$、$F_{NDB}=F_P$ 代入，得

$$\frac{5}{3}F_P - F_{NBA} - F_{NBE} = 0$$

$$\frac{3}{5}F_{NBA} - \frac{3}{5}F_{NBE} - 2F_P = 0$$

解联立方程，得

$$F_{NBA} = \frac{5}{2}F_P, \quad F_{NBE} = -\frac{5}{6}F_P$$

若选取与 $F_{NBE}$ 垂直的 $m$ 轴列投影方程则可避免解联立方程。

将求得的各杆轴力标在杆件旁，如图 5.6（e）所示。

**【例题 5-2】** 试求图 5.7（a）所示桁架各杆的轴力。

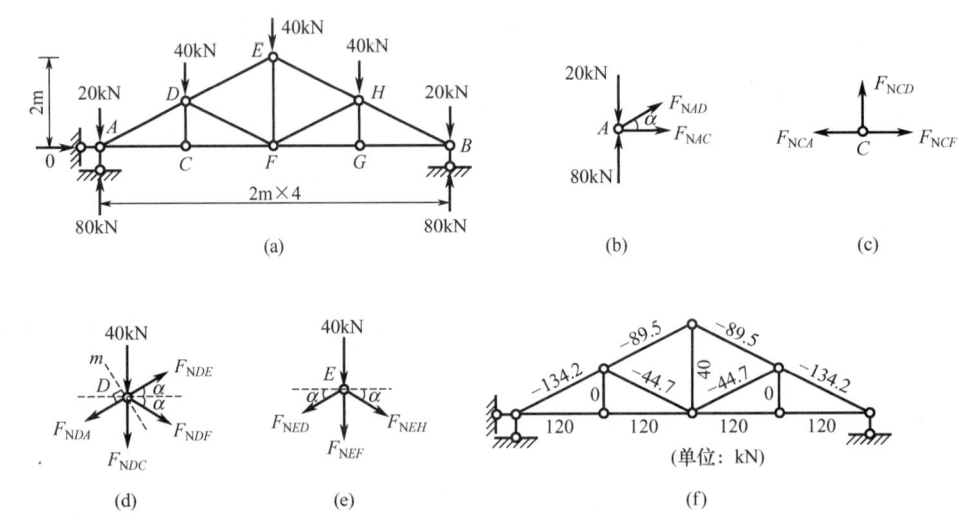

图 5.7 例题 5-2 图

**【解】** 先求出支座反力，如图 5.7（a）所示。这是一个简单桁架，可以认为是从铰结三角形 $BGH$ 上逐次加二元体构成的，最后加上去的二元体是 $CAD$，故先从 $A$ 结点开始截取结点作隔离体，然后按 $C \to D \to E \to F \to H \to G$ 的次序取结点作隔离体。

(1) 取 $A$ 结点为隔离体，在其上标出所有的力，轴力均假定为拉力，方向离开结点向外，如图 5.7（b）所示。求得的结果为正则代表轴力为拉力，结果为负则代表轴力为压力。列投影方程，得

$$\sum F_y = 0 \qquad 80\text{kN} - 20\text{kN} + F_{NAD}\sin\alpha = 0$$

$$\sum F_x = 0 \qquad F_{NAD}\cos\alpha + F_{NAC} = 0$$

将 $\sin\alpha = 1/\sqrt{5} \approx 0.447$、$\cos\alpha = 2/\sqrt{5} \approx 0.894$ 代入，得

$$F_{NAD} = -134.2\text{kN}, \quad F_{NAC} = 120\text{kN}$$

(2) 取 $C$ 结点为隔离体，如图 5.7（c）所示，列投影方程，得

$$\sum F_y = 0 \qquad F_{NCD} = 0$$

$$\sum F_x = 0 \qquad F_{NCF} = F_{NCA} = 120\text{kN}$$

（3）取 $D$ 结点为隔离体，如图 5.7（d）所示。设垂直于 $DE$ 杆的 $m$ 轴，对 $m$ 轴列投影方程，得

$$\sum F_m = 0 \quad F_{NDF}\cos(90°-2\alpha) + 40\text{kN} \times \cos\alpha + F_{NDC} \times \cos\alpha = 0$$

将 $F_{NCD}=0$，$\cos(90°-2\alpha)=\sin 2\alpha=2\sin\alpha\cos\alpha$ 代入，得

$$F_{NDF} = -44.7\text{kN}$$

$$\sum F_x = 0 \quad F_{NDE}\cos\alpha + F_{NDF}\cos\alpha - F_{NDA}\cos\alpha = 0$$

$$F_{NDE} = -F_{NDF} + F_{NDA} = -(-44.7\text{kN}) + (-134.2\text{kN}) = -89.5\text{kN}$$

（4）取 $E$ 结点为隔离体，如图 5.7（e）所示，列投影方程，得

$$\sum F_x = 0 \quad -F_{NED}\cos\alpha + F_{NEH}\cos\alpha = 0$$

$$F_{NEH} = F_{NED} = -89.5\text{kN}$$

$$\sum F_y = 0 \quad 40\text{kN} + F_{NED}\sin\alpha + F_{NEH}\sin\alpha = 0$$

$$F_{NEH} = 40\text{kN}$$

至此，求出了桁架左半部分各杆件的轴力。继续截取 $F$、$H$、$G$ 结点可求出桁架右半部分各杆件的轴力。计算出各杆件轴力后，可利用 $B$ 结点的平衡来校核计算结果。因为结构是对称的，荷载也是对称的，内力也应对称。求出对称轴左半部分各杆件内力后，右半部分各杆件的内力与左半部分对应相等，不需计算。最后将求得的杆件轴力标在杆件上，如图 5.7（f）所示。

为了讲述方便，当一个结点上除一个杆外的其他杆均共线时，将该杆称为该结点的结点单杆。结点单杆有两种情况，如图 5.8 所示。结点单杆的轴力由结点的一个平衡方程即可求出。当结点上无荷载时，结点单杆的轴力为零。

图 5.8　结点单杆

将轴力为零的杆称为零杆，具体有 3 种情况，如图 5.9 所示。在结构中去掉零杆并不会影响对其他内力的计算，因此在求解前先找出零杆并去掉，可以简化计算。

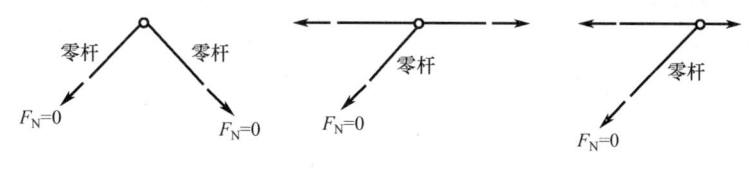

图 5.9　零杆

【例题 5-3】试计算图 5.10（a）所示桁架各杆的轴力。已知桁架高度为 $d$，跨度为 $4d$。

【解】$CD$、$HG$、$EF$ 杆分别是 $D$、$G$、$F$ 结点的结点单杆，由于这些结点上无外力，故这 3 个杆件均为零杆，去掉后如图 5.10（b）所示。图 5.10（b）所示体系中，$CB$、$HI$

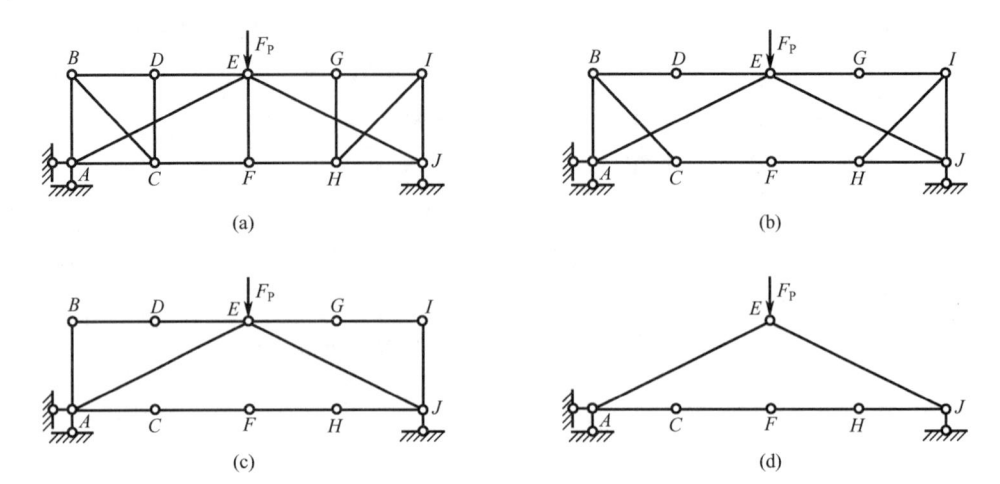

图 5.10 例题 5-3 图

杆分别是 C、H 结点的结点单杆，仍为零杆，去掉后如图 5.10（c）所示。图 5.10（c）中，B、I 结点连接的杆仍为零杆，去掉后如图 5.10（d）所示。J 支座的反力为 $F_P/2$，方向向上。由 J 结点的平衡可得

$$F_{NJE}=-\sqrt{5}F_P/2, \quad F_{NJA}=F_P$$

根据对称性，得 $F_{NAE}=F_{NJE}=-\sqrt{5}F_P/2$。

用结点法计算简单桁架的步骤如下。

（1）计算支座反力。

（2）找出零杆并去掉。

（3）依次截取具有单杆的结点，由结点平衡条件求轴力。

**学习指导**：熟练掌握结点法，熟练掌握零杆判别方法。请完成习题：1～5。

# 5.3 截 面 法

截面法是截取桁架中包含几个结点的一部分作为隔离体求内力的方法。用截面法截取的隔离体其上的力形成平面一般力系，可以列出 3 个独立的平衡方程，因此，当隔离体上暴露出的未知轴力的个数不超过 3 个时可以由该隔离体的平衡条件求解。

**【例题 5-4】** 试求图 5.11（a）所示桁架中 1、2、3 杆的轴力。

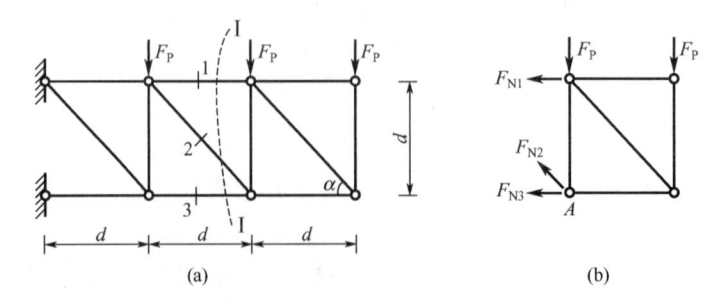

图 5.11 例题 5-4 图

## 第5章 静定平面桁架与组合结构

【解】作截面Ⅰ—Ⅰ，将桁架截开，取截面右侧部分为隔离体，设截断杆件的轴力为拉力，如图 5.11（b）所示。由隔离体的平衡可列平衡方程

$$\sum F_y = 0 \qquad 2F_P - F_{N2}\cos\alpha = 0$$

$$\sum M_A = 0 \qquad F_P d - F_{N1} d = 0$$

$$\sum F_x = 0 \qquad F_{N1} + F_{N3} + F_{N2}\cos\alpha = 0$$

将 $\alpha=45°$ 代入，求得 1、2、3 杆的轴力分别为

$$F_{N1}=F_P, \quad F_{N2}=2\sqrt{2}F_P, \quad F_{N3}=-3F_P$$

用截面法解联合桁架时，应先进行几何组成分析，找到简单桁架之间的联系，然后先用截面法将各简单桁架之间的约束力算出，再用结点法即可求出所有内力，并且在求解时能保证每一个方程只含一个未知量。

【例题 5-5】讨论求图 5.12（a）所示桁架中 1、2、3 杆的轴力的方法。

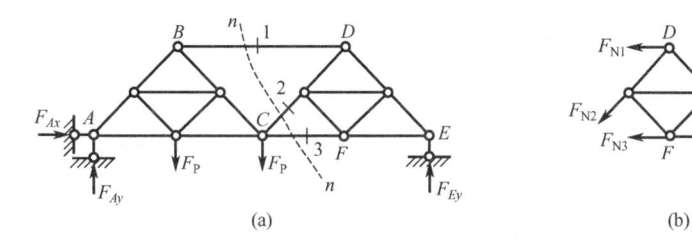

图 5.12　例题 5-5 图

【解】图 5.12（a）是一个联合桁架，先进行几何组成分析。内部 ABC 和 DEF 两个简单桁架之间通过 1、2、3 这 3 个链杆连接，组成一个刚片，再和地面简支连接。求解时如图 5.12（a）所示先求出支座反力，然后可用截面 n—n 将连接两个简单桁架的约束 1、2、3 链杆切断，取隔离体如图 5.12（b）所示，3 个未知力分别用投影法、取矩法列方程，保证一个方程一个未知数，即可求得。求出这 3 个杆件的轴力后再用结点法求其他杆件的轴力。

图 5.13（a）所示桁架，没有结点单杆，无论取哪个结点作隔离体均不能用该结点的平衡条件求出内力。若分别取所有 8 个结点作隔离体，则会得到 16 个平衡方程，联立才能求解。从几何组成角度来看，该桁架是一个由 ABCD 和 EFGH 两个刚片组成的联合桁架，若先用截面法算出 1、2、3 杆的轴力，再用结点法求解即可避免解算联立方程。

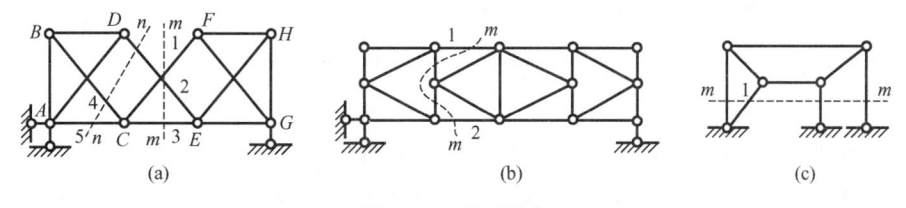

图 5.13　截面单杆

与结点单杆的概念类似，用隔离体的一个平衡方程即可求出轴力的杆件称为截面单杆。截面单杆有以下 3 种情况。

① 截面上只有 3 个被截断的杆件，如图 5.13（a）所示，对于 n—n 截面，2、4、5 杆

为截面单杆；对于 m—m 截面，1、2、3 杆为截面单杆。

② 截面上除一个杆外，其他均交于一点，如图 5.13（b）所示，对于 m—m 截面，1、2 杆为截面单杆。

③ 截面上除一个杆外，其他均平行，如图 5.13（c）所示，1 杆为截面单杆。

用截面法求指定杆件的轴力，一般情况下比用结点法方便。当所求杆件为截面单杆时，用截面法可直接求解；当所求杆件不是截面单杆时，可与结点法配合来求解。

**【例题 5-6】** 讨论图 5.14 所示的各桁架中 1 杆轴力的求解方法。

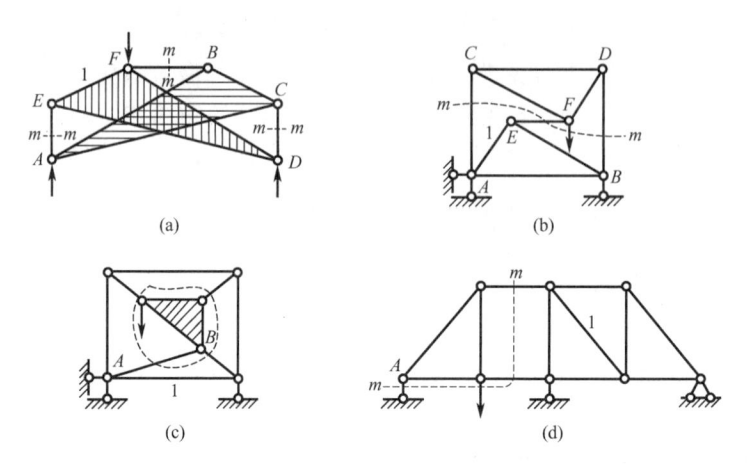

图 5.14　例题 5-6 图

**【解】** 图 5.14（a）属于联合桁架。从几何组成角度来说，它是两个刚片通过 3 个链杆相连，应选将这 3 个链杆截断的截面，如图 5.14（a）所示。取任何一个刚片作隔离体均可求出 FB 杆的轴力。再截取 F 结点作隔离体，用结点法求出 1 杆的轴力。

图 5.14（b）先选 m—m 截面，取 CDF 作隔离体，用截面法求 EF 杆的轴力，再截取 E 结点作隔离体，用结点法求出 1 杆的轴力。

图 5.14（c）先求支座反力；AB 杆是图示截面的截面单杆，用截面法求出后，再由 A 结点求出 1 杆的轴力。

图 5.14（d）右侧是基本部分，左侧是附属部分。先算附属部分，后算基本部分。取 m—m 截面，将附属部分取出隔离体，求出 A 支座反力；再取整体为隔离体，求出 B 支座反力，即可由 B 结点的平衡求出 1 杆的轴力。

**学习指导**：熟练掌握截面法，熟练掌握求指定杆件轴力的方法。请完成习题：6、7。

# 5.4　对称性的利用

将几何形式和支承情况对某轴对称的结构称为对称结构，该轴称为对称轴。图 5.15 是对称结构的一些例子。作用在对称结构上的荷载分为对称荷载、反对称荷载和一般荷载。作用在对称轴两侧、大小相等、方向和作用点对称的荷载称为对称荷载，如图 5.15（a）、（b）所示；作用在对称轴两侧、大小相等、作用点对称、方向反对称的荷载称为反对称荷载，如图 5.15（c）、（d）所示。其中图 5.15（b）、（d）中的 $F_P$ 可看成两个 $F_P/2$ 分别作用于对称轴两侧。

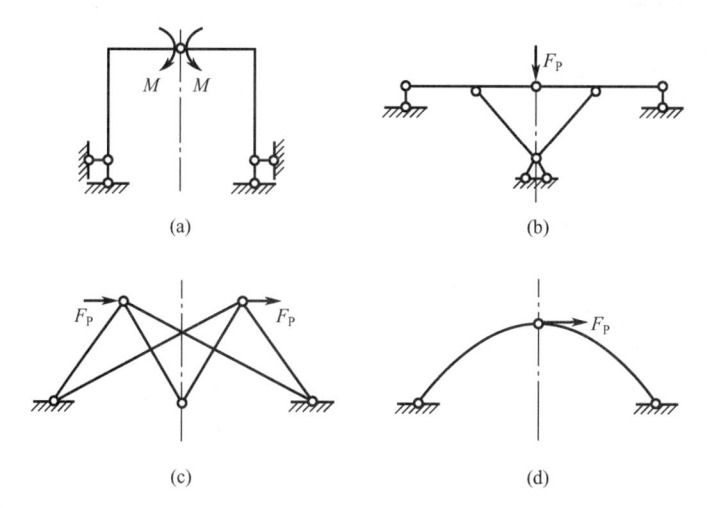

图 5.15 对称结构、对称荷载和反对称荷载

对称结构在对称荷载作用下，内力是对称的；在反对称荷载作用下，内力是反对称的。利用这一点，对称结构在对称荷载和反对称荷载作用下，可只计算半边结构的内力。对于对称桁架还可以利用对称性来判断零杆，具体有两种情况：①当荷载对称时，若对称轴上有图 5.16（a）所示结点，且该结点处无外力，则两个斜杆为零杆。原因是它们只有等于零才能既满足平衡条件又满足对称条件，如图 5.16（b）、（c）所示。②当荷载反对称时，通过并垂直对称轴的杆、与对称轴重合的杆，轴力为零，如图 5.16（d）所示。原因同上。

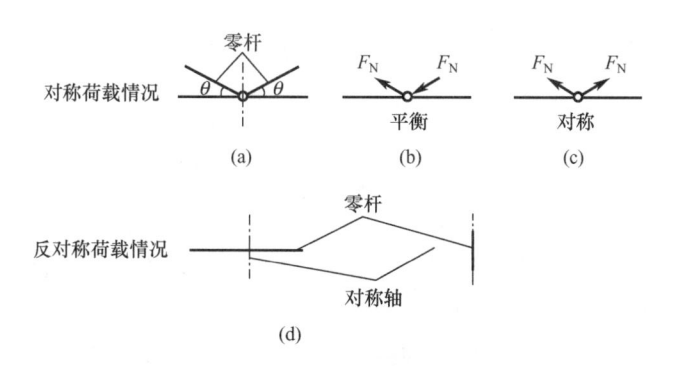

图 5.16 对称性下的零杆

【例题 5-7】试求图 5.17（a）所示桁架各杆的轴力。

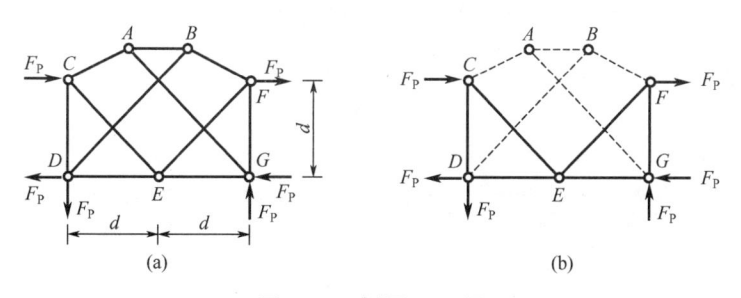

图 5.17 例题 5-7 图

【解】该桁架结构对称，荷载反对称，故 AB 杆为零杆。AB 杆去掉后又可判断出 CA、AG、BF、BD、AG 杆为零杆，如图 5.17（b）所示。用结点法解出 D 结点所连接的两个杆的轴力为

$$F_{NDE} = F_P, \quad F_{NDC} = F_P$$

由 C 结点的平衡可求出 CE 杆的轴力为

$$F_{NCE} = -\sqrt{2} F_P$$

根据对称性，桁架右侧各杆的轴力为

$$F_{NGE} = -F_{NDE} = -F_P, \quad F_{NFG} = -F_{NDC} = -F_P, \quad F_{NEF} = -F_{NCE} = \sqrt{2} F_P$$

【例题 5-8】试确定图 5.18（a）所示桁架中零杆的个数。

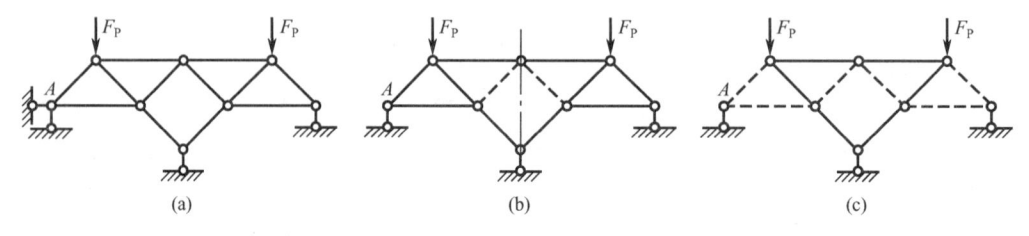

图 5.18 例题 5-8 图

【解】图 5.18（a）所示桁架是非对称结构，但在竖向荷载作用下 A 支座的水平反力等于零，去掉水平链杆后桁架成为对称结构，如图 5.18（b）所示。因为荷载是对称荷载，图 5.18（b）中虚线标明的杆件为零杆，去掉后又可判断出另外 4 个杆件为零杆，所以该桁架共有 6 个零杆，如图 5.18（c）所示。

学习指导：理解对称结构、对称荷载、反对称荷载的概念，能将一般荷载分解为对称荷载、反对称荷载，掌握利用对称性判断桁架的零杆。请完成习题：8。

## 5.5 组合结构

由链杆和梁式杆组成的结构称为组合结构。链杆只受轴力作用，也称二力杆；梁式杆是除受轴力外还承受弯矩和剪力的杆件。

计算组合结构的关键是正确区分链杆和梁式杆这两类杆件。只有无荷载作用的两端铰结的直杆才是链杆，如图 5.19（a）所示；像图 5.19（b）所示的中间与其他杆件相连的杆件，图 5.19（c）所示的杆中有荷载的杆件，图 5.19（d）所示的含有刚结点的杆件均为梁式杆。

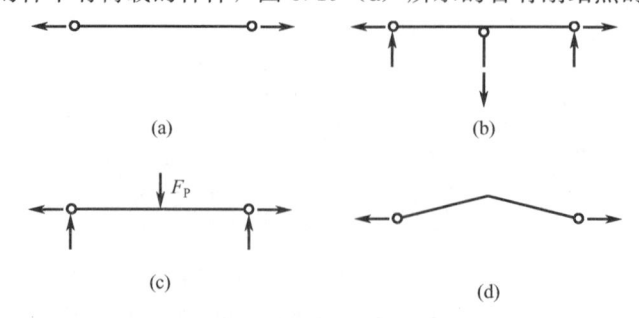

图 5.19 链杆和梁式杆

链杆被截断后，截面上只有轴力；梁式杆被截断后，截面上一般有弯矩、剪力和轴力。

计算时，一般要先计算链杆的轴力，计算方法与计算桁架相同；然后计算梁式杆的内力，计算方法与计算刚架相同。

**【例题 5-9】** 计算图 5.20（a）所示结构的内力，作内力图。

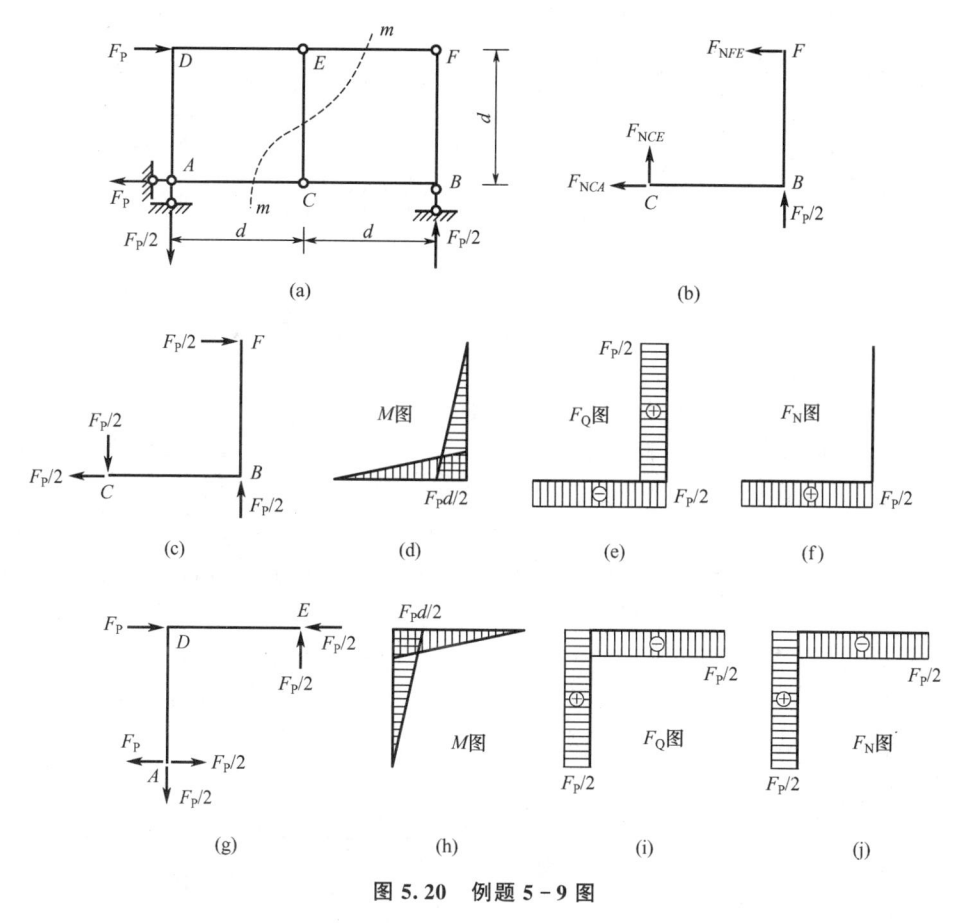

图 5.20　例题 5-9 图

**【解】** 图 5.20（a）所示结构中的 AC、CE、EF 杆为链杆，其他为梁式杆。求出支座反力如图 5.20（a）所示。它是由刚片 ADE 和刚片 CBF 用 3 个链杆组成的静定结构，计算时用 m—m 截面将两个刚片间的约束截开，取 CBF 部分为隔离体，如图 5.20（b）所示。由隔离体的平衡，得

$$F_{NEF} = -F_P/2, \quad F_{NCE} = -F_P/2, \quad F_{NCA} = F_P/2$$

CBF 部分的受力图如图 5.20（c）所示，用作刚架内力图的方法作出 CBF 部分的内力图，如图 5.20（d）、（e）、（f）所示。同理，ADE 部分的受力图如图 5.20（g）所示，用作刚架内力图的方法作出 ADE 部分的内力图，如图 5.20（h）、（i）、（j）所示。最后将各部分内力图画在一起。

对于组合结构，求解时需注意：用截面法时，一般不要将梁式杆截断，否则隔离体上暴露出的未知力会超过 3 个，如图 5.21（a）、（b）所示；用结点法时，截取的结点应是只

与链杆相连的结点，否则结点上的未知力会超过 2 个，如图 5.21（c）所示。此外，桁架中的零杆判别方法在组合结构中应用时要特别注意，图 5.21（a）所示结构中的 E 结点所连接的 3 个杆若都是链杆，则 EC 杆为零杆，实际上 ED 杆不是链杆，故不能判别 EC 杆为零杆。同样的道理，F 结点所连接的两个杆，由于 FB 杆不是链杆，故不能说这两个杆是零杆。

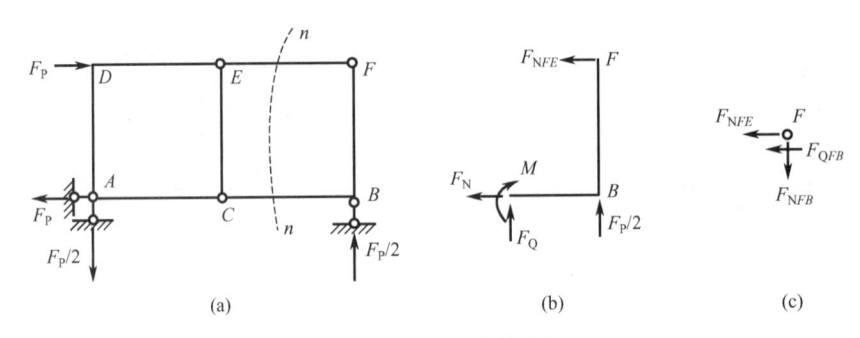

图 5.21 组合结构的求解

当在求解结构内力感到无从下手时，可从结构的几何组成分析入手。若结构是由两个刚片组成的，则应选其中一个刚片作隔离体；若结构是由 3 个刚片组成的，则一般应取两次隔离体；若结构是多次运用规则组成的，则结构计算顺序应与结构组成顺序相反。下面举例说明。

图 5.22（a）所示结构是由两个刚片组成的，用 m—m 截面将其截开，任取一个刚片为隔离体即可求解。图 5.22（b）所示结构，AB 杆上有荷载，故不是链杆，结构属于三刚片体系，用 n—n 和 m—m 截面截出两个隔离体，如图 5.22（c）、（d）所示，由隔离体 AB 杆可求出 $F_{Ay}$，再由隔离体 ACD 可求出 $F_{Dx}$、$F_{Dy}$ 和 $F_{Ax}$，再回到隔离体 AB，可求出其上的另两个约束力。

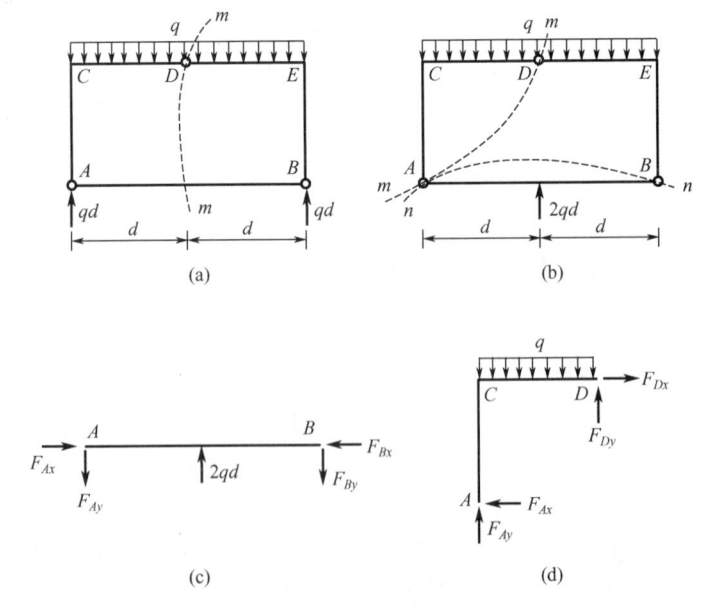

图 5.22 结合结构 1

图 5.23（a）所示结构是由两个刚片和 3 个链杆组成的，用 $m-m$ 截面将其截开，任取一个刚片为隔离体即可求解。图 5.23（b）所示结构，$DF$ 杆上有荷载，故不是链杆，结构属于多次用静定结构组成规则组成的结构，先由 $DF$、$FBE$ 两个刚片用 $F$ 铰和 $DE$ 链杆构成刚片 $DEBF$，再用 $D$ 铰和 $AE$ 链杆将其与另一个刚片 $ACD$ 相连，用 $m-m$ 截面将后加的刚片截取为隔离体，如图 5.23（c）所示。刚片 $ACD$ 计算完成后，再计算刚片 $EDFB$。刚片 $EDFB$ 又是由两个刚片组成的，可再用 $n-n$ 截面截取一个隔离体来计算。

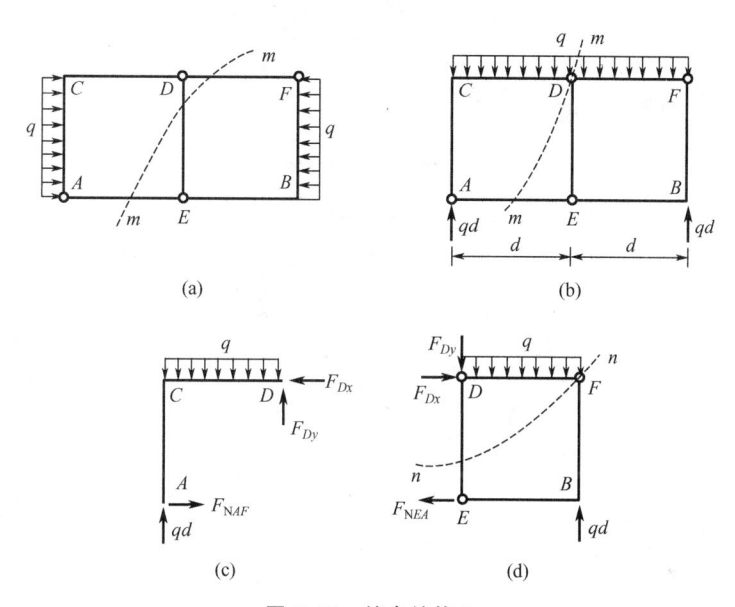

**图 5.23 结合结构 2**

**学习指导**：理解组合结构的组成，掌握组合结构的内力计算。请完成习题：9。

## 习 题

### 一、单项选择题

1. 图 5.24 所示桁架中 1 杆的轴力 $F_{N1}=$（　　）。

   A. $F_P$　　　B. $\dfrac{F_P}{2}$　　　C. 0　　　D. $-F_P$

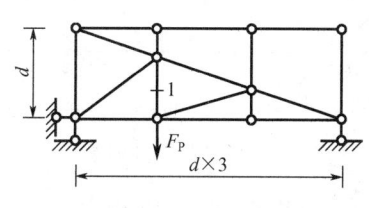

   **图 5.24 题 1 图**

2. 图 5.25 所示桁架中 1 杆的轴力 $F_{N1}=$（　　）。

A. $F_P$　　　　B. $\dfrac{\sqrt{2}F_P}{2}$　　　　C. 0　　　　D. $-F_P$

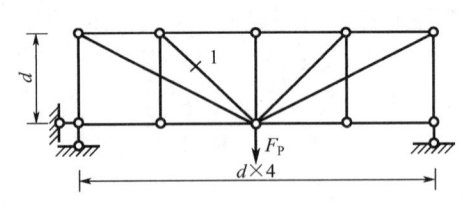

图 5.25　题 2 图

二、填空题

3. 图 5.26 所示桁架中的零杆个数为_____。

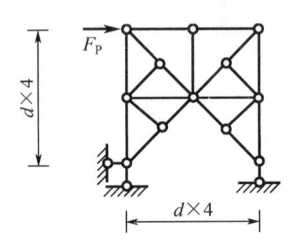

图 5.26　题 3 图

4. 图 5.27 所示桁架中的零杆个数为_____。

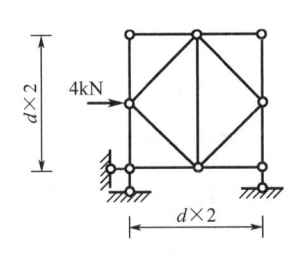

图 5.27　题 4 图

三、计算题

5. 求图 5.28 所示桁架所有杆件的内力。

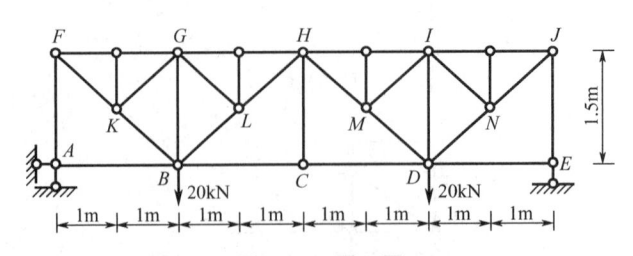

图 5.28　题 5 图

6. 试用截面法求图 5.29 所示结构指定杆件的内力。

7. 试用较简便的方法计算图 5.30 所示桁架指定杆件的内力。

8. 试求图 5.31 所示桁架指定杆件的内力。

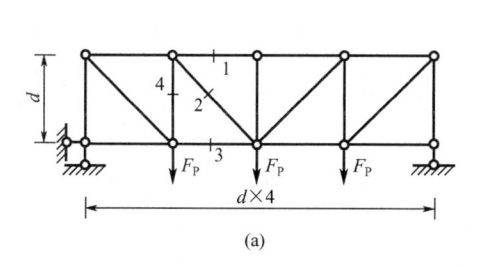

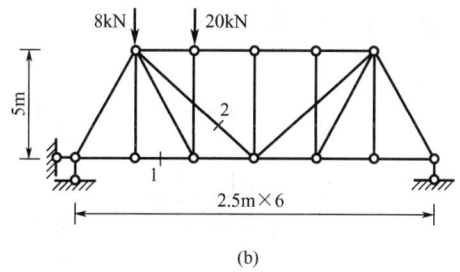

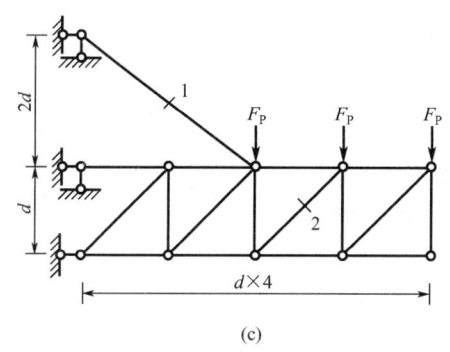

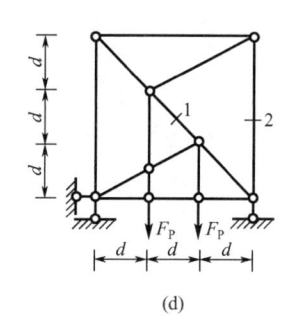

图 5.29 题 6 图

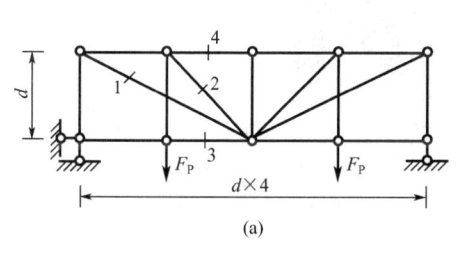

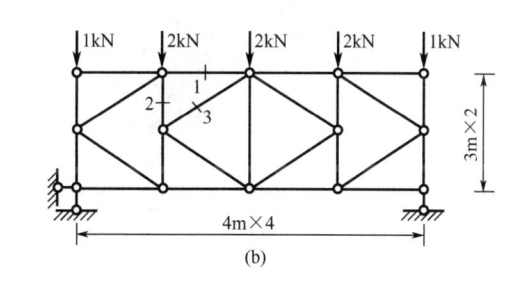

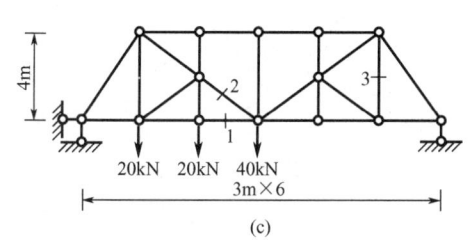

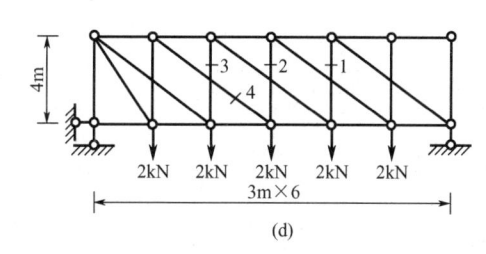

图 5.30 题 7 图

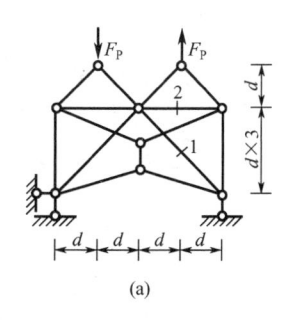

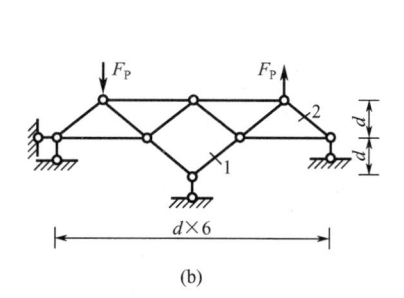

图 5.31 题 8 图

9. 试作图 5.32 所示结构的内力图。

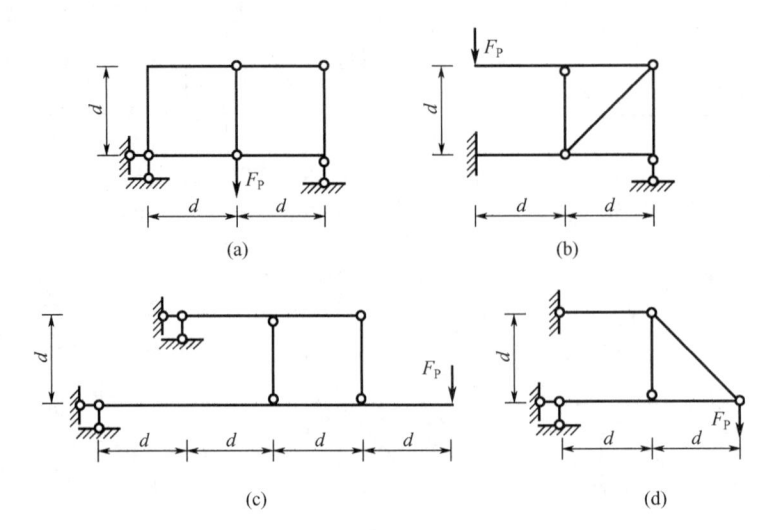

图 5.32 题 9 图

# 第6章 静定结构的位移计算

## 知识结构图

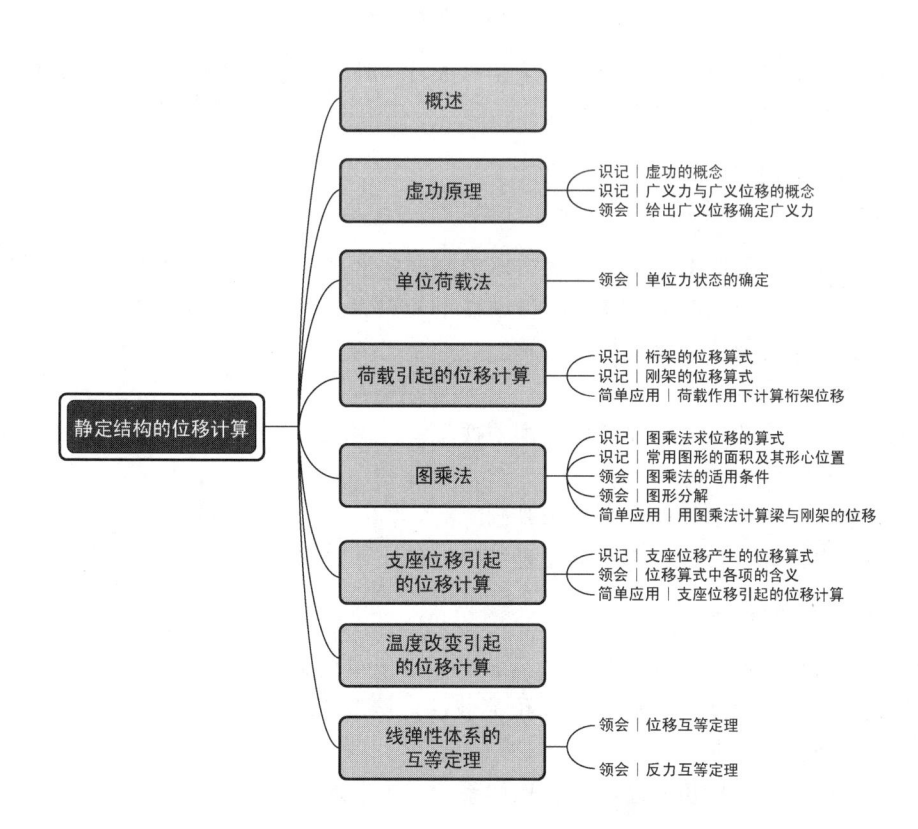

静定结构的位移计算
- 概述
- 虚功原理
  - 识记│虚功的概念
  - 识记│广义力与广义位移的概念
  - 领会│给出广义位移确定广义力
- 单位荷载法
  - 领会│单位力状态的确定
- 荷载引起的位移计算
  - 识记│桁架的位移算式
  - 识记│刚架的位移算式
  - 简单应用│荷载作用下计算桁架位移
- 图乘法
  - 识记│图乘法求位移的算式
  - 识记│常用图形的面积及其形心位置
  - 领会│图乘法的适用条件
  - 领会│图形分解
  - 简单应用│用图乘法计算梁与刚架的位移
- 支座位移引起的位移计算
  - 识记│支座位移产生的位移算式
  - 领会│位移算式中各项的含义
  - 简单应用│支座位移引起的位移计算
- 温度改变引起的位移计算
- 线弹性体系的互等定理
  - 领会│位移互等定理
  - 领会│反力互等定理

## 6.1 概　　述

结构在荷载或其他外部因素作用下会发生形状的改变,结构各截面的位置也会随之改变。我们将结构形状的变化称为变形,而将结构上各截面位置的变化称为位移。位移分为线位移和角位移（转角）。例如图 6.1 所示结构在荷载作用下发生变形,如图中虚线所示,使截面 $A$ 的形心移到 $A'$ 点,有向线段 $AA'$ 称为 $A$ 点的线位移;同时,截面 $A$ 还转动了一个角度 $\theta_A$,$\theta_A$ 称为截面 $A$ 的角位移。对于 $A$ 点的线位移,常用其在水平和竖向的分量表示,水平分量称为水平位移,竖向分量称为竖向位移。

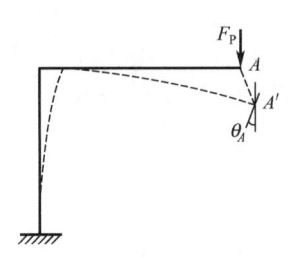

**图 6.1　线位移和角位移**

除荷载外,引起结构发生变形和产生位移的其他外部因素有温度改变、支座位移、构件几何尺寸的制造误差、材料收缩等。

1. 计算位移的目的

（1）验算结构的刚度。

结构既要满足强度要求,又要满足一定的刚度要求（结构的刚度是用结构变形后产生的位移来衡量的）。结构在施工和使用时位移不能过大,否则会影响结构的施工或使用,要控制结构的位移必须会计算结构的位移。

（2）为计算超静定结构做准备。

计算超静定结构的内力既要考虑平衡条件又要考虑变形条件,考虑变形条件就需要会计算结构的位移。

（3）为学习结构力学其他内容奠定基础。

结构的动力计算、稳定分析等均需要结构位移计算的知识。

2. 计算位移的方法

本章介绍的位移计算的方法是单位荷载法。由于单位荷载法的理论基础是虚功原理,因此本章先介绍虚功原理,然后介绍单位荷载法,接着介绍如何用单位荷载法计算荷载、支座位移引起的位移。

本章还将介绍基于虚功原理的线弹性体系的互等定理。

## 6.2 虚 功 原 理

在介绍虚功原理前先学习几个概念并简单介绍刚体体系虚功原理。

**1. 实功与虚功**

功是一个物理量，当集中力 $F_P$ 的大小、方向不变时，力所做的功等于力与力的作用点沿力的方向上的位移 $\Delta$ 的乘积，若功用 $W$ 表示，则

$$W = F_P \Delta \tag{6-1}$$

功是一个标量，当力与位移方向一致时功为正，否则为负。大小不变的力偶 $M$ 做功时的公式为

$$W = M\theta \tag{6-2}$$

其中，$\theta$ 为力偶 $M$ 作用面的转角，转角与力偶方向相同时为正。

结构上的外力在结构位移上做功分为以下两种情况。

（1）力在自身引起的位移上做功。

图 6.2（a）所示悬臂梁，在力 $F_{P1}$ 作用下产生位移 $\Delta_{11}$，$F_{P1}$ 在 $\Delta_{11}$ 上做功，这种功称为实功，其值为

$$W = \frac{1}{2} F_{P1} \Delta_{11} \tag{6-3}$$

式（6-3）与式（6-1）不同，多出了系数 1/2。其原因是：加力时力的值缓慢地从零增加到 $F_{P1}$，力作用点的位移也从零增加到 $\Delta_{11}$，加载过程中体系处于平衡状态，属于静力加载，静力加载过程中力值和位移均是变化的，整个加载过程中力所做的功需用积分计算，对于线弹性体系，积分结果中会出现系数 1/2。若力不是缓慢施加而是突然施加的，则结构会发生振动，这时的力需作为动荷载考虑，属于动力学讨论的范畴。因为本章主要涉及虚功，故不对实功的计算做进一步的说明。

（2）力在非自身原因引起的位移上做功。

图 6.2（a）所示结构在力 $F_{P1}$ 作用下端点 $B$ 产生位移 $\Delta_{11}$，移到 $B'$ 点，荷载作用点也移到 $B'$ 点，在此位置结构处于平衡状态。若在梁的上侧加温，使上侧温度升高 $t$℃，这会使梁发生温度变形，导致梁端从 $B'$ 点移到 $B''$ 点，力的作用点又产生位移 $\Delta_{1t}$，如图 6.2（b）所示，力在 $\Delta_{1t}$ 上做功，这种功称为虚功。做虚功时力值不变，故虚功的值为

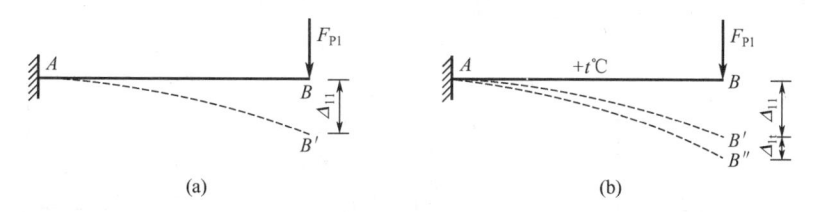

**图 6.2 实功与虚功**

$$W = F_{P1} \Delta_{1t}$$

式中，$\Delta_{1t}$ 称为虚位移。虚位移也可以是其他力引起的，如图 6.3（a）所示，在图 6.2（a）所示体系上再加力 $F_{P2}$，位移 $\Delta_{12}$ 是 $F_{P2}$ 引起的，对于做功的力 $F_{P1}$ 来说 $\Delta_{12}$ 是虚位移。为了

看起来方便，一般将图 6.3（a）中做虚功的力状态与引起的虚位移状态分开画，图 6.3（b）所示为做虚功的力状态，图 6.3（c）所示为 $F_{P1}$ 做虚功引起的虚位移状态。$F_{P1}$ 在 $F_{P2}$ 引起的虚位移 $\Delta_{12}$ 上做的虚功为

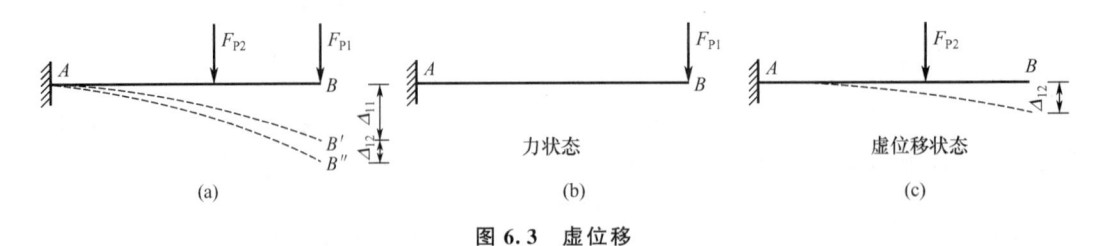

图 6.3 虚位移

$$W = F_{P1}\Delta_{12}$$

图 6.2（b）中做虚功的力与虚位移若分开画则如图 6.4 所示，图 6.4（a）为力状态，图 6.4（b）为虚位移状态。

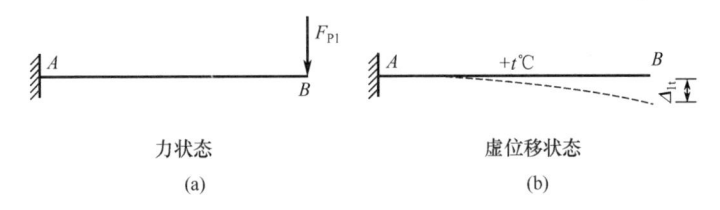

图 6.4 结构的两种状态

### 2. 广义力与广义位移

做虚功的力可能不止一个，而是一个力系。一个力系做的总虚功也可以写成式（6-1）那样的形式，即

$$W = P\Delta$$

式中，$P$ 为广义力；$\Delta$ 为广义位移。

本章涉及的广义力有下面几种情况。

（1）广义力为两个等值、反向、共线的集中力。

图 6.5（a）所示体系上的力在图 6.5（b）所示位移上做的虚功为

$$W = F_P\Delta_A + F_P\Delta_B = F_P(\Delta_A + \Delta_B) = F_P\Delta_{AB}$$

式中，$\Delta_{AB}$ 为与该广义力对应的广义位移，表示 $A$、$B$ 两点的相对水平位移。

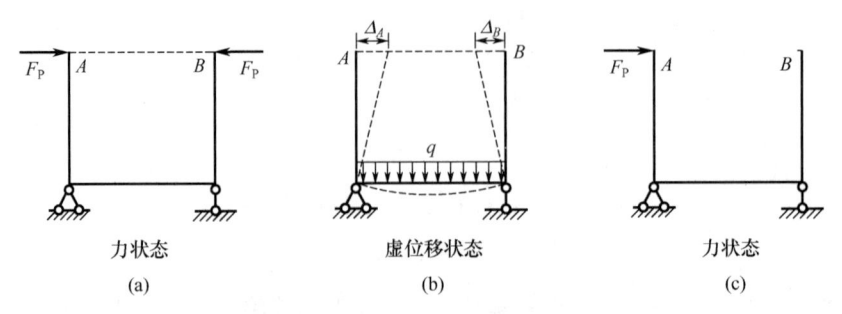

图 6.5 集中力及对应的广义位移

(2) 广义力为一个集中力。

图 6.5（c）所示体系上的力在图 6.5（b）所示虚位移上做的虚功为
$$W = F_P \Delta_A$$
式中，$\Delta_A$ 为广义位移，是 $A$ 点的水平位移。

(3) 广义力为一个力偶。

图 6.6（a）所示体系上的力偶在图 6.6（b）所示虚位移上做的虚功为
$$W = M\theta_A$$
式中，$\theta_A$ 为广义位移，是 $A$ 截面的转角。

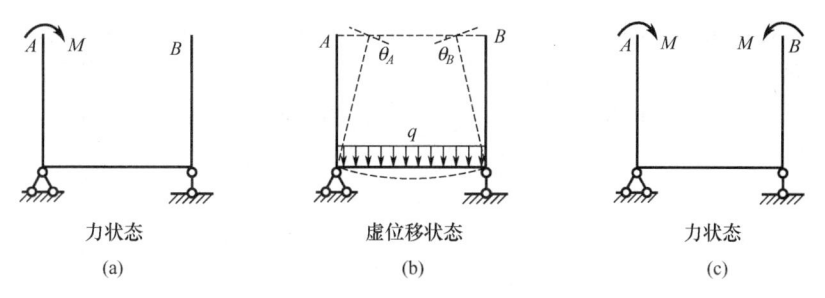

图 6.6 力偶及对应的广义位移

(4) 广义力为两个等值、反向的力偶。

图 6.6（c）所示体系上的力偶在图 6.6（b）所示虚位移上做的虚功为
$$W = M\theta_A + M\theta_B = M(\theta_A + \theta_B) = M\theta_{AB}$$
式中，$\theta_{AB}$ 为广义位移，是 $A$、$B$ 两截面的相对转角。

**学习指导**：注意理解虚功的含义。这里的"虚"并没有虚假的含义，只是说明力做功时的位移不是由做功的力引起的。

3. 刚体体系虚功原理

对于具有理想约束（即约束力在虚位移过程中不会做功的约束）的刚体体系，其上作用的任意平衡力系在该体系发生的符合约束条件的任意无限小位移上所做的总虚功恒等于零。若总虚功记作 $W$，则有

$$W = 0 \tag{6-4}$$

上式称为虚功方程。

因为静定结构的内力、约束力与结构的变形无关，所以在求静定结构的内力或约束力时可将静定结构看成刚体体系，用刚体体系虚功方程代替平衡方程计算静定结构的内力或约束力。

【**例题 6-1**】试用刚体体系虚功原理计算图 6.7（a）所示体系的支座反力 $F_{By}$。

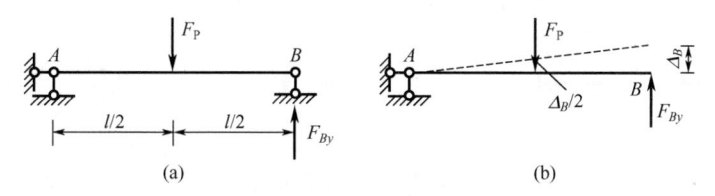

图 6.7 例题 6-1 图

**【解】** 将结构看成是不能变形的刚体。为求 $B$ 支座反力，可将 $B$ 支座去掉用反力代替，如图 6.7（b）所示。令去掉约束后的体系发生位移，如图 6.7（b）所示。根据几何关系可知，荷载作用点的竖向位移是 $B$ 点竖向位移的 1/2 且与荷载作用方向相反。因为体系是平衡的，根据刚体体系虚功原理，虚功方程式（6-4）成立，即

$$W = F_{By}\Delta_B - F_P \frac{\Delta_B}{2} = 0$$

解虚功方程，得

$$F_{By} = \frac{1}{2} F_P (\uparrow)$$

用平衡方程也可解出同样的结果。可见，虚功方程与平衡方程是等价的，用平衡方程可以计算的问题用虚功方程同样可以计算。用刚体体系虚功原理求内力或约束力，相当于把平衡时各力之间的关系问题变成了各力作用点位移之间的几何关系问题。

用刚体体系虚功原理也可以求位移，这一点将在后面介绍。

如果体系是变形体，尽管体系是平衡的，式（6-4）也不成立。如图 6.6（a）所示体系是平衡的，其上的外力在图 6.6（b）虚位移上做的虚功肯定不等于零。对于变形体还有相应的变形体虚功原理。

**4. 变形体虚功原理**

在外力作用下处于平衡状态的一个变形体，当发生任意虚位移时，变形体所受外力在虚位移上做的总虚功 $W_e$ 恒等于变形体各微段外力在变形虚位移上做的虚功之和 $W_i$，也即恒有如下虚功方程成立

$$W_e = W_i \tag{6-5}$$

下面举例说明什么是变形体各微段外力在变形虚位移上做的虚功之和。

图 6.8（a）所示简支梁在荷载作用下是处于平衡状态的一个变形体，图 6.8（b）中曲线是该梁在其他外部作用（如外力、温度改变等）下产生的位移曲线，对于图 6.8（a）所示力状态，图 6.8（b）为虚位移状态。将梁分段，从图 6.8（a）中取出 $ab$ 段，如图 6.8（c）所示，$ab$ 段两侧截面的内力称为微段外力；从图 6.8（b）中取出 $ab$ 段，如图 6.8（d）所示，将 $ab$ 段从初始位置到 $a'b'$ 位置的过程分成两步，即先从初始位置开始做刚体运动到图中虚线位置，再从虚线位置做弯曲变形到图中的曲线位置，后一步会使两侧截面产生相对转角 $\theta$，若 $a$ 点的曲率为 $\kappa(x)$，则该相对转角 $\theta = \kappa(x)dx$，称其为变形虚位移。微段外力在变形虚位移上做的虚功 $dW_i$ 为

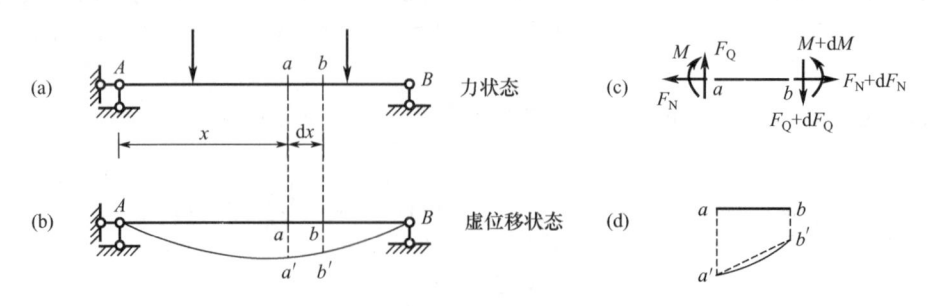

图 6.8 微段的受力图及变形虚位移

$$dW_i = M(x)\kappa(x)dx$$

对各微段的 $dW_i$ 求和,得

$$W_i = \int dW_i = \int M(x)\kappa(x)dx$$

以上说明中没有考虑轴向变形和剪切变形,若考虑它们,则微段上的轴力和剪力也分别在微段伸长引起的两端截面的相对水平位移和剪切变形引起的两端截面相对竖向位移上做虚功,则有

$$W_i = \int dW_i = \int M(x)\kappa(x)dx + \int F_Q(x)\gamma(x)dx + \int F_N(x)\varepsilon(x)dx$$

式中,$F_Q(x)$、$F_N(x)$ 为力状态中微段两侧截面的剪力和轴力;$\gamma(x)$、$\varepsilon(x)$ 为虚位移状态中的切应变和线应变,$\gamma(x)dx$ 为微段两侧截面的相对竖向位移,$\varepsilon(x)dx$ 为微段两侧截面的相对水平位移(即微段伸长量)。如果结构是由多个杆件构成的,那么在求 $W_i$ 时还需对所有杆件求和,即

$$W_i = \sum \int M(x)\kappa(x)dx + \sum \int F_Q(x)\gamma(x)dx + \sum \int F_N(x)\varepsilon(x)dx$$

\*5. 变形体虚功原理的证明

为了方便说明,用图 6.9 (a) 所示体系代表一个处于平衡状态的变形体,图中虚线表示由其他原因产生的虚位移,荷载引起的变形略去未画出,直线位置即平衡位置。

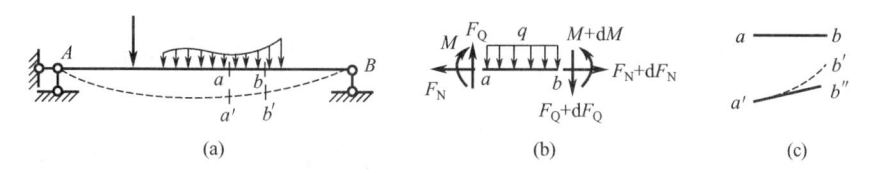

**图 6.9 变形体虚功原理示意图**

将体系分割成若干微段,取出其中一段,如图 6.9 (b) 所示。微段两侧截面上暴露有截面内力,其与微段上的体系外力统称为微段外力。微段外力在微段从 $ab$ 移到 $a'b'$ 过程中做功。下面计算各微段外力在虚位移上做的虚功之和 $W$,一般按两种方法计算:一种方法在计算时反映变形体的平衡条件,另一种方法在计算时反映虚位移的变形连续性条件。

(1) 微段外力可以分为两部分:微段的截面内力和微段上的体系外力。微段外力从原平衡位置 $ab$ 移到虚位移 $a'b'$ 处做的虚功也可以分为两部分:微段的截面内力做的虚功和微段上的体系外力做的虚功,即

$$dW = dW_n + dW_e$$

式中,$dW$、$dW_n$、$dW_e$ 分别为微段外力、微段的截面内力、微段上的体系外力在虚位移上做的虚功。

将体系上各微段外力做的虚功相加,得

$$W = \int dW = \int dW_n + \int dW_e = W_n + W_e \tag{6-6}$$

式中,$W_n$ 为各微段的截面内力在虚位移上做的虚功之和。因为虚位移是连续的,两个相邻微段的截面位移相同,而这两个截面的内力等值反向,所以各微段的截面内力做的功相

加后，正负相消，等于零，即 $W_n=0$；而微段上的体系外力在虚位移上做的虚功，相加后即是体系外力在虚位移上做的虚功 $W_e$，因此，式(6-6)成为

$$W=W_e \qquad (6-7)$$

（2）微段虚位移可以分解成两个过程：刚体位移和变形位移。如图6.9（c）所示，微段先发生刚体位移从 $ab$ 运动到 $a'b''$，然后发生变形从 $a'b''$ 变形到 $a'b'$；微段外力做的虚功也分为在刚体位移上做的虚功和在变形位移上做的虚功，即

$$dW=dW_g+dW_i \qquad (6-8)$$

式中，$dW_g$、$dW_i$ 分别为微段外力在刚体位移和变形位移上做的虚功。因为体系是平衡的，所以任一微段也是平衡的，根据刚体体系虚功原理，平衡力系在刚体位移上做的虚功等于零，即 $dW_g=0$。式(6-8)成为

$$dW=dW_i$$

对各微段求和，得

$$W=\int dW=\int dW_i=W_i \qquad (6-9)$$

式中，$W_i$ 为体系各微段外力在微段变形位移上做的虚功之和。

由式(6-7)和式(6-9)，可得到虚功方程(6-5)。

从上面的证明过程可见，变形体虚功原理适用于任何变形体。只要"体系是平衡的"和"虚位移是连续的"这两个条件满足，虚功方程(6-5)就一定成立。为了方便，可以将虚功方程解释为外力虚功等于内力虚功。

**学习指导**：理解虚功、广义力、广义位移的概念，了解刚体体系虚功原理，理解变形体虚功原理。请完成习题：1、2、5、6。

## 6.3 单位荷载法

单位荷载法是基于变形体虚功原理的一种求结构位移的方法。

图6.10（a）所示结构在某种外部作用（可以是荷载，也可以是温度改变，或者其他作用）下发生变形，$A$ 点产生水平位移 $\Delta_{Ax}$。若要求 $\Delta_{Ax}$，可先在结构上加一个与所求位移相对应的单位力，如图6.10（b）所示，此时结构所处的状态称为单位力状态。单位力状态是一个平衡的力状态，图6.10（a）所示状态对单位力来说是虚位移状态。由变形体虚功原理，图6.10（b）所示单位力状态上的外力在图6.10（a）所示位移上做的虚功应等于图6.10（b）状态上各微段外力在图6.10（a）对应的微段在变形虚位移上做的虚功之和，即

$$W_e=W_i \qquad (6-10)$$

其中外力虚功为

$$W_e=1\times\Delta_{Ax}$$

代入式(6-10)，得

$$\Delta_{Ax}=W_i \qquad (6-11)$$

将位移状态中的微段变形分解，分解为轴向变形、剪切变形和弯曲变形，如图6.10（c）所示，两个截面的相对水平位移为 $\varepsilon dx$、相对竖向位移为 $\gamma dx$、相对转角为 $\kappa dx$，$\varepsilon$、$\gamma$、$\kappa$

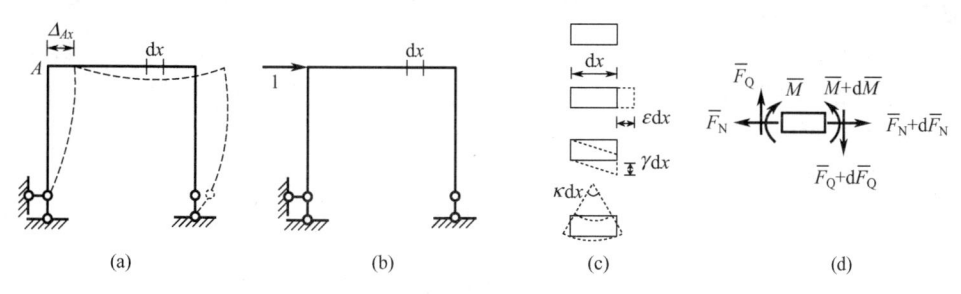

**图 6.10 单位荷载法示意图**

分别为线应变、切应变和曲率。力状态［图 6.10（b）］中相应微段上的力如图 6.10（d）所示。微段上的力在变形虚位移上做的虚功（略去高阶微量）为

$$dW_i = \overline{F}_N \varepsilon dx + \overline{F}_Q \gamma dx + \overline{M} \kappa dx$$

将结构上各微段的 $dW_i$ 相加，得

$$W_i = \sum \int \overline{F}_N \varepsilon dx + \sum \int \overline{F}_Q \gamma dx + \sum \int \overline{M} \kappa dx$$

代入式(6-11)，得

$$\Delta_{Ax} = \sum \int \overline{F}_N \varepsilon dx + \sum \int \overline{F}_Q \gamma dx + \sum \int \overline{M} \kappa dx \tag{6-12}$$

式(6-12)即为单位荷载法计算位移的公式，式中的求和符号表示对结构中所有杆件求和，积分符号表示对一个杆件求和。只要根据引起位移的外部作用求出 $\varepsilon$、$\gamma$、$\kappa$，即可由式(6-12)计算位移。

## 6.4　荷载引起的位移计算

**1. 单位荷载法计算荷载引起的位移**

若位移是由荷载引起的，则式(6-12)中的变形（记作 $\varepsilon_P$、$\gamma_P$、$\kappa_P$）可通过荷载引起的内力计算。设荷载引起的截面弯矩、截面剪力和轴力分别为 $M_P$、$F_{QP}$、$F_{NP}$，根据工程力学中推出的荷载引起的线弹性杆件变形计算公式，变形为

$$\varepsilon_P = \frac{F_{NP}}{EA}, \quad \gamma_P = \frac{kF_{QP}}{GA}, \quad \kappa_P = \frac{M_P}{EI}$$

式中，$E$ 为弹性模量；$G$ 为切变模量；$A$ 为截面面积；$I$ 为截面惯性矩；$k$ 为切应变的截面形状系数（$\gamma_P$ 为平均切应变，当截面为矩形时，$k=1.2$）。

代入式(6-12)，得

$$\Delta_{ip} = \sum \int \frac{\overline{F}_N F_{NP}}{EA} dx + \sum \int \frac{k\overline{F}_Q F_{QP}}{GA} dx + \sum \int \frac{\overline{M} M_P}{EI} dx \tag{6-13}$$

此式即为荷载引起的位移计算公式。因为公式推导中用到了工程力学中线弹性杆件的变形计算公式，所以式(6-13)仅能用于线弹性结构的位移计算。

**2. 各种杆件结构的位移计算公式**

荷载作用下结构产生位移的原因是结构发生了变形，有轴向变形、剪切变形和弯曲变

形。这些变形对不同类型结构的位移的影响是不一样的，为了简化计算可以将对位移影响小的变形因素略去不计。在位移计算公式(6-13)中，第一项是轴向变形对位移的贡献，第二项是剪切变形对位移的贡献，第三项是弯曲变形对位移的贡献。略去贡献小的项后可以得到不同类型结构的位移计算公式。

(1) 桁架。

因为桁架结构中无弯矩、剪力，所以无弯曲变形和剪切变形，只有轴向变形，由式(6-13)得到

$$\Delta_{ip} = \sum \int \frac{\overline{F}_N F_{NP}}{EA} dx \qquad (6-14)$$

在桁架中，每个杆件都是等截面的，即 $EA=$ 常数，每个杆件中各截面轴力也为常数，注意到杆长 $l = \int dx$，故式(6-14)变为

$$\Delta_{ip} = \sum \frac{\overline{F}_N F_{NP}}{EA} \int dx = \sum \frac{\overline{F}_N F_{NP} l}{EA} \qquad (6-15)$$

此式为桁架的位移计算公式。

(2) 梁与刚架。

对于由细长杆件组成的梁与刚架，位移主要是由于杆件弯曲变形造成的，剪切变形和轴向变形对位移的影响很小，可以略去不计，因此梁与刚架的位移计算公式为

$$\Delta_{ip} = \sum \int \frac{\overline{M} M_P}{EI} dx \qquad (6-16)$$

(3) 组合结构。

组合结构的位移计算公式为

$$\Delta_{ip} = \sum \int \frac{\overline{M} M_P}{EI} dx + \sum \frac{\overline{F}_N F_{NP} l}{EA} \qquad (6-17)$$

式中的前一个求和是对结构中所有弯曲杆进行的，后一个求和仅对拉压杆进行。

3. 单位力状态的确定

用单位荷载法计算位移时，首先需确定单位力状态。根据前文的介绍，位移计算公式的左端为单位力在所求位移上做的虚功，因此所加的单位力与所求的位移必须满足广义力与广义位移的对应关系，它们相乘的结果应是虚功。例如，若求图 6.11（a）所示结构的 $A$ 点的水平位移、$A$ 截面的转角、$A$ 和 $B$ 两点的相对水平位移、$A$ 和 $B$ 两截面的相对转角，相应的单位力状态分别如图 6.11（b）、(c)、(d)、(e) 所示。

必须注意，要求何处的位移，单位力就要加在何处，方向任意；单位力与所求位移一定要对应，求线位移时要加单位集中力，求转角时要加单位集中力偶；求一处位移时加一个力，求相对位移时加一对反向力。

4. 位移计算例题

【例题 6-2】计算图 6.12（a）所示桁架 $A$ 点的竖向位移和水平位移，$EA=$ 常数。

【解】(1) 求 $A$ 点的竖向位移。

① 确定单位力状态。

在 $A$ 点加竖向单位力，方向向下（也可以向上），如图 6.12（b）所示。

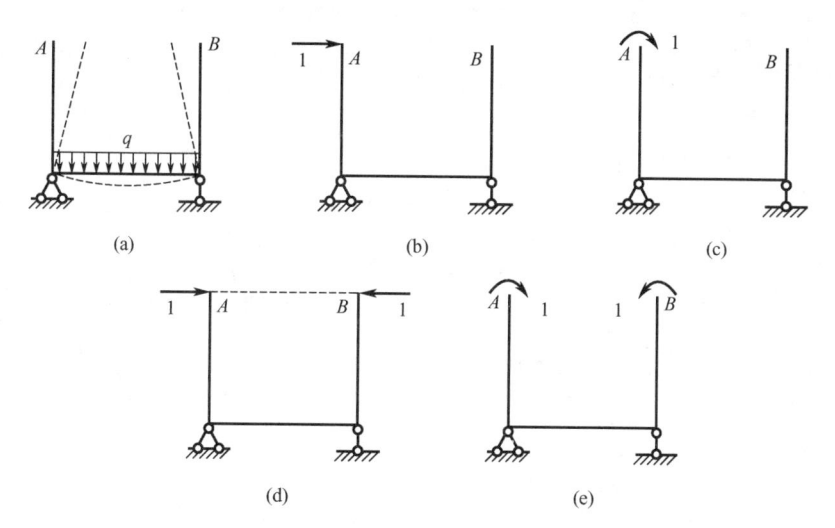

图 6.11　单位力状态的确定

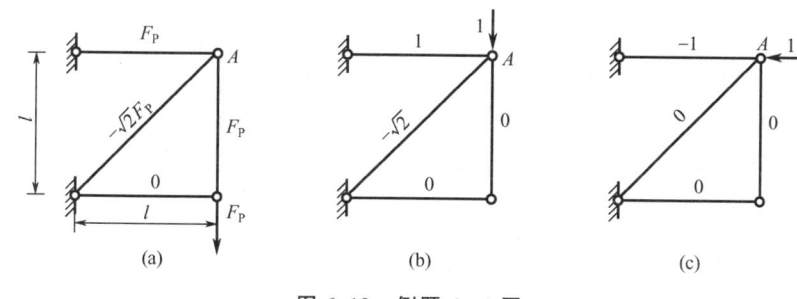

图 6.12　例题 6-2 图

② 求出两种状态的内力。

用结点法求出各杆轴力，如图 6.12（a）、（b）所示。

③ 求位移。

将各杆轴力代入桁架的位移计算公式(6-15)，得

$$\Delta_{Ay} = \sum \frac{\overline{F}_N F_{NP} l}{EA}$$

$$= \frac{1}{EA}[1 \times F_P \times l + (-\sqrt{2}) \times (-\sqrt{2} F_P) \times \sqrt{2} l] = (1 + 2\sqrt{2}) \frac{F_P l}{EA}(\downarrow)$$

计算结果为正，说明 A 点的竖向位移与单位力的方向相同，即方向向下。原因是位移计算公式的左端为单位力做的虚功，虚功为正说明力与位移方向一致，一般在求得的位移值后面用箭头标出位移的实际方向。

（2）求 A 点的水平位移。

在 A 点加水平单位力，方向向左，如图 6.12（c）所示。

求出各杆轴力，如图 6.12（a）、（c）所示。

将各杆轴力代入桁架的位移计算公式(6-15)，得

$$\Delta_{Ax} = \sum \frac{\overline{F}_N F_{NP} l}{EA} = \frac{1}{EA}(-1 \times F_P l) = -\frac{F_P l}{EA}(\rightarrow)$$

计算结果为负，说明 A 点的水平位移与单位力方向相反，即方向向右。

**【例题 6-3】** 试求图 6.13（a）所示悬臂梁 A 点的竖向位移和 A 截面的转角。

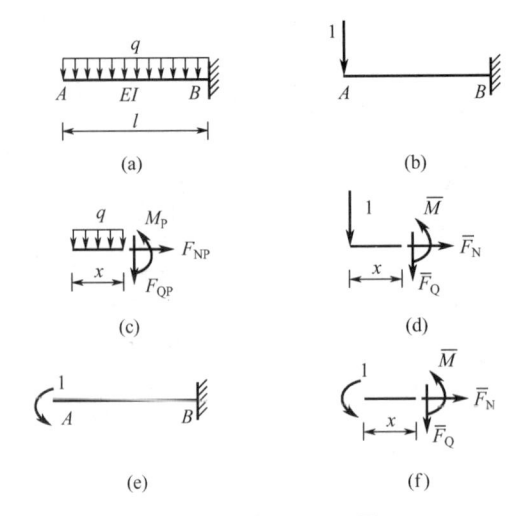

**图 6.13 例题 6-3 图**

**【解】**（1）求 A 点的竖向位移。

在 A 点加单位力，确定单位力状态如图 6.13（b）所示。

取隔离体如图 6.13（c）、（d）所示，由隔离体的平衡求得两种状态的内力为

$$M_P = -\frac{1}{2}qx^2, \quad \overline{M} = -x$$

代入位移计算公式(6-16)，得

$$\Delta_{Ay} = \sum \int \frac{\overline{M}M_P}{EI}dx$$

$$= \frac{1}{EI}\int_0^l \left(-\frac{1}{2}qx^2\right) \cdot (-x)dx = \frac{ql^4}{8EI}(\downarrow)$$

（2）求 A 截面的转角。

在 A 点加单位力偶，确定单位力状态如图 6.13（e）所示。

取隔离体如图 6.13（c）、（f）所示，由隔离体的平衡求得两种状态的内力为

$$M_P = -\frac{1}{2}qx^2, \quad \overline{M} = -1$$

代入位移计算公式(6-16)，得

$$\theta_A = \sum \int \frac{\overline{M}M_P}{EI}dx$$

$$= \frac{1}{EI}\int_0^l \left(-\frac{1}{2}qx^2\right) \cdot (-1)dx = \frac{ql^3}{6EI}(\curvearrowleft)$$

从例题 6-3 可见，求刚架的位移既要求两种状态的弯矩方程，还要做积分运算，当杆件较多时计算较烦琐。

**学习指导**：熟练掌握单位荷载法，会确定单位力状态，掌握荷载引起的桁架位移的计算。请完成习题：7、9～11。

## 6.5 图乘法

对于由等截面杆件组成的梁或刚架，采用下面介绍的图乘法可以用弯矩图面积和形心的计算代替积分运算，从而使位移计算简化。

1. 图乘法

对于由等截面杆件组成的梁与刚架，由于每个杆件的 $EI$ 均是常数，因此可以提到积分符号外面，位移计算公式(6-16)可以写成

$$\Delta_{ip} = \sum \int \frac{\overline{M} M_P}{EI} dx = \sum \frac{1}{EI} \int \overline{M} M_P dx \tag{6-18}$$

下面讨论积分 $\int \overline{M} M_P dx$ 的计算，设

$$S = \int \overline{M} M_P dx \tag{6-19}$$

式中，$\overline{M}$ 为单位力引起的截面弯矩，因为单位力是集中力或集中力偶，故截面弯矩是 $x$ 的线性函数，弯矩图（也称单位弯矩图）是直线图形；$M_P$ 为荷载引起的截面弯矩，随荷载的不同弯矩图可能是直线图形也可能是曲线图形。设它们对应的弯矩图如图 6.14 所示。

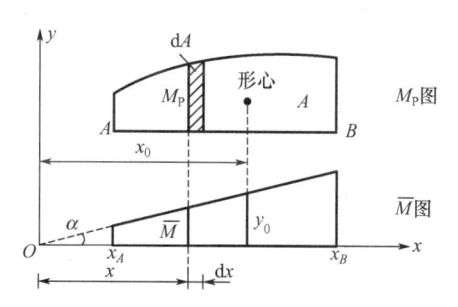

**图 6.14 图乘法示意图**

若设杆轴线为 $x$ 轴，将 $\overline{M}$ 图的延长线与杆件轴线的交点作为原点，则 $\overline{M}$ 图各点的竖标为

$$\overline{M}(x) = x \tan\alpha$$

代入式(6-19)，得

$$S = \int_{x_A}^{x_B} x \tan\alpha \cdot M_P dx = \tan\alpha \int_{x_A}^{x_B} x M_P dx \tag{6-20}$$

其中，$M_P dx$ 为 $M_P$ 图的微面积 $dA$，$x M_P dx = x dA$ 为微面积对 $y$ 轴的面积矩。于是，$\int_{x_A}^{x_B} x M_P dx$ 为所有微面积对 $y$ 轴的面积矩之和，等于整个面积对 $y$ 轴的面积矩。设 $M_P$ 图的面积为 $A$，其形心距 $y$ 轴的距离为 $x_0$，则该面积矩为 $x_0 A$。代入式(6-20)，得

$$S = \tan\alpha \int_{x_A}^{x_B} x M_P dx = \tan\alpha \cdot x_0 A \tag{6-21}$$

从图 6.14 中可见，$\tan\alpha \cdot x_0 = y_0$ 为 $M_P$ 图的面积形心对应的 $\overline{M}$ 图的竖标。代入式(6-21)，得

$$S = y_0 A$$

这样就把积分运算转换成了 $M_P$ 图面积和其形心对应的 $\overline{M}$ 图处竖标的乘积（称为图乘）。代回到位移计算公式(6-18)，得

$$\Delta_{ip} = \sum \frac{Ay_0}{EI} \tag{6-22}$$

式中，乘积 $Ay_0$ 的符号由两个弯矩图是否在杆件同侧决定，同侧为正，异侧为负。若 $\overline{M}$ 图在杆件两侧，则 $Ay_0$ 根据 $M_P$ 图与 $y_0$ 是否在杆件的同侧确定，同侧为正，异侧为负。用式(6-22)求位移的方法称为图乘法。

图乘法求位移是有条件的，根据前面推导过程可知，图乘法在应用时应具备以下条件。

(1) 直杆组成的结构。
(2) 杆件的抗弯刚度 $EI$ 为常数。
(3) 两个弯矩图中需有一个是直线图形，竖标 $y_0$ 取自直线图形。

【例题 6-4】试求图 6.15 (a) 所示悬臂梁 $A$ 点的竖向位移和 $A$ 截面的转角，梁的抗弯刚度为 $EI$。

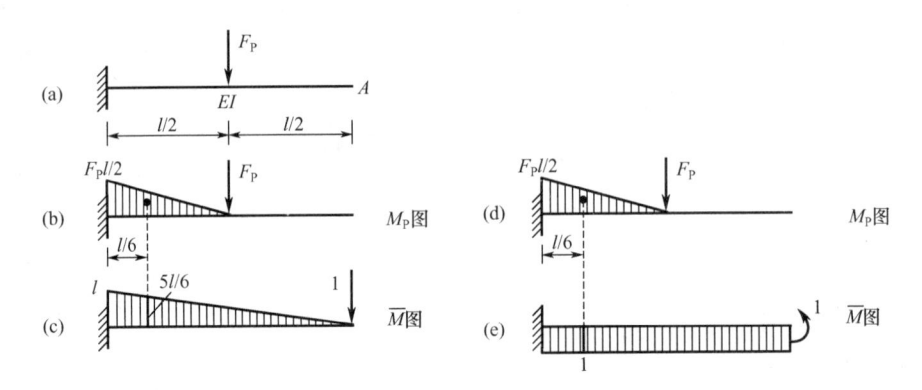

图 6.15　例题 6-4 图

【解】(1) 求 $A$ 点的竖向位移。

为求 $A$ 点的竖向位移，可在 $A$ 点处加单位力。

① 作出悬臂梁的 $M_P$ 图和 $\overline{M}$ 图，如图 6.15 (b)、(c) 所示。

② 求出 $M_P$ 图的面积 $A$ 与形心对应的 $\overline{M}$ 图竖标 $y_0$，代入图乘法位移计算公式(6-22)，得

$$\Delta_{Ay} = \sum \frac{Ay_0}{EI} = \frac{1}{EI}\left(\frac{1}{2} \cdot \frac{l}{2} \cdot \frac{F_P l}{2}\right) \times \frac{5}{6}l = \frac{5F_P l^3}{48EI}(\downarrow)$$

两个弯矩图均在杆件上侧，图乘结果为正，位移计算结果为正，表明 $A$ 点位移与单位力方向一致，即方向向下。

(2) 求 $A$ 截面的转角。

为求 $A$ 截面的转角，可在 $A$ 截面处加单位力偶，作出 $M_P$ 和 $\overline{M}$ 图，如图 6.15 (d)、(e) 所示。将 $M_P$ 图的面积与面积形心对应的 $\overline{M}$ 图竖标代入图乘法公式，得

$$\theta_A = \sum \frac{Ay_0}{EI} = \frac{1}{EI}\left(\frac{1}{2} \cdot \frac{l}{2} \cdot \frac{F_P l}{2}\right) \times 1 \times (-1) = -\frac{F_P l^2}{8EI}\ (\curvearrowright)$$

两个弯矩图在杆件两侧,图乘结果为负,转角为负值,说明转角方向与单位力偶方向相反,即沿顺时针方向转。

【例题 6-5】 试求图 6.16(a)所示悬臂梁 $A$ 点的竖向位移。

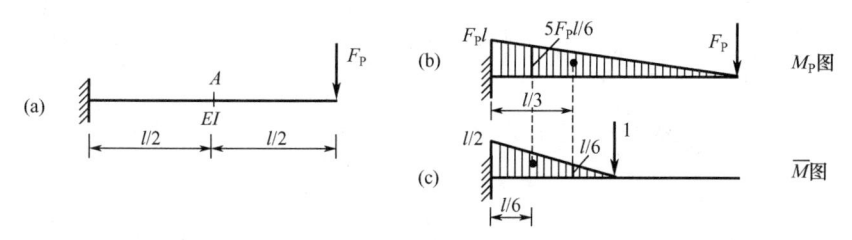

图 6.16 例题 6-5 图

【解】 悬臂梁的 $M_P$ 图和 $\overline{M}$ 图如图 6.16(b)、(c)所示。用 $M_P$ 图的面积乘 $\overline{M}$ 图的竖标,得

$$\Delta_{Ay} = \sum \frac{Ay_0}{EI} = \frac{1}{EI}\left(\frac{1}{2} \cdot l \cdot F_P l\right) \times \frac{l}{6} = \frac{F_P l^3}{12EI}(\downarrow)$$

这个计算结果是错误的,原因是取竖标的图形是折线而不是直线,不符合图乘法的条件,图乘法要求竖标必须取自直线图形。

从图乘法的推导过程可知,两个图中有一个是直线图形即可,竖标则取自直线图形,并不需要区分是 $M_P$ 图还是 $\overline{M}$ 图。本例中的 $M_P$ 图是直线,用 $\overline{M}$ 图的面积乘 $M_P$ 图的竖标就能满足图乘法的条件,图乘结果为

$$\Delta_{Ay} = \sum \frac{Ay_0}{EI} = \frac{1}{EI}\left(\frac{1}{2} \cdot \frac{l}{2} \cdot \frac{l}{2}\right) \times \frac{5}{6}F_P l = \frac{5F_P l^3}{48EI}(\downarrow)$$

【例题 6-6】 试求图 6.17(a)所示静定梁 $D$ 点的竖向位移。$EI$=常数。

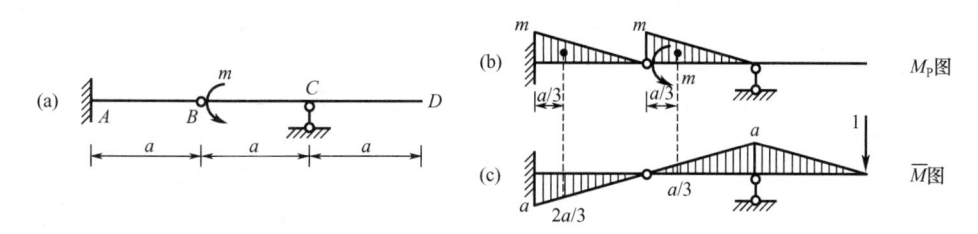

图 6.17 例题 6-6 图

【解】 静定梁的 $M_P$ 图和 $\overline{M}$ 图如图 6.17(b)、(c)所示。按 $AB$、$BC$、$CD$ 3 个杆分别图乘,然后相加,其中 $CD$ 杆的图乘结果为零,$AB$ 杆的图乘结果为负,最终的图乘结果为

$$\Delta_{Ay} = \sum \frac{Ay_0}{EI} = \frac{1}{EI}\left(-\frac{1}{2} \cdot a \cdot m \cdot \frac{2a}{3} + \frac{1}{2} \cdot a \cdot m \cdot \frac{a}{3}\right) = -\frac{ma^2}{6EI}(\uparrow)$$

【例题 6-7】 试求图 6.18(a)所示刚架 $B$ 截面的转角。

【解】 刚架的 $M_P$ 图和 $\overline{M}$ 图如图 6.18(b)、(c)所示。按 $AC$、$CD$、$DB$ 3 个杆分别图乘,然后相加,其中 $AC$ 杆的图乘结果为零。$M_P$ 图中 $CD$ 杆的弯矩图形心在杆中间,形心对应的 $\overline{M}$ 图竖标为 $1/2$,图乘结果为负;$DB$ 杆的弯矩图形心在距上端 $l/3$ 处,对应

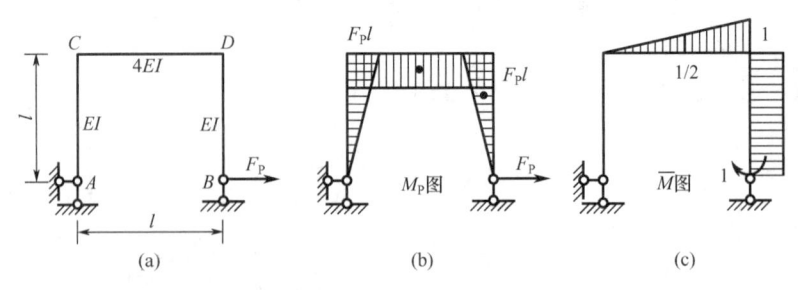

图 6.18 例题 6-7 图

$\overline{M}$ 图竖标为距上端 $l/3$ 处的弯矩值 1。计算时注意梁与柱的抗弯刚度是不同的。计算结果为

$$\theta_B = \sum \frac{Ay_0}{EI} = \frac{1}{EI} \times \frac{1}{2} \cdot l \cdot F_P l \times 0 - \frac{1}{4EI} \cdot l \cdot F_P l \times \frac{1}{2} - \frac{1}{EI} \times \frac{1}{2} \cdot l \cdot F_P l \times 1 = -\frac{5F_P l^2}{8EI} \ (\curvearrowleft)$$

**学习指导**：记住图乘法求位移的计算公式和应用条件，熟练掌握图乘法。请完成习题：12、13。

2. 弯矩图的面积及形心位置

图乘法计算位移时，涉及的弯矩图形状除上面例题中的三角形或矩形外，还有均布荷载引起的二次抛物线弯矩图，这些图形的形心位置及面积计算公式如图 6.19 所示。

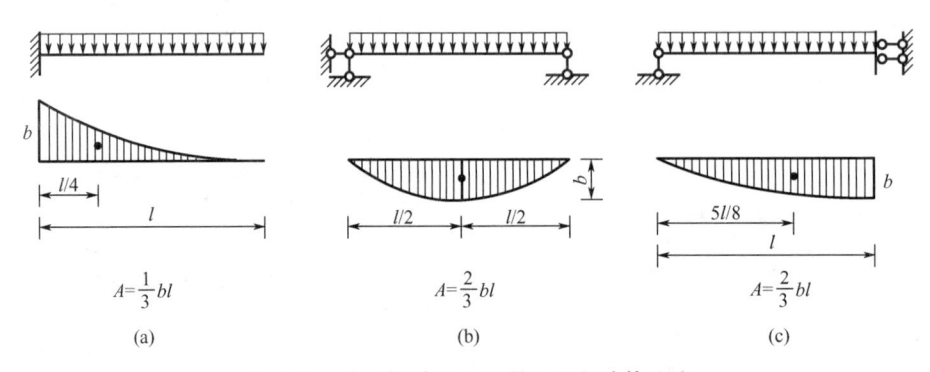

图 6.19 弯矩图的形心位置及面积计算公式

注意，并不是任何二次抛物线图形均可按这些公式计算面积。可以用这些公式的弯矩图有一定的特征：图 6.19（a）、（c）所示弯矩图的特征是弯矩在一端为零，抛物线的顶点在端部；图 6.19（b）所示弯矩图的特征是弯矩在两端为零。根据微分关系可知顶点处截面的剪力等于零，某截面是否为二次抛物线弯矩图的顶点可根据该截面的剪力是否为零来判断。为了方便讲述，将满足这些特征的二次抛物线称为标准抛物线。

图 6.20 所示的弯矩图虽然也是二次抛物线，却不能按图 6.19 中的公式计算面积，因为这些弯矩图不具有图 6.19 所示弯矩图的特征，不是标准抛物线，图 6.20（a）、（c）中抛物线的顶点不在端点，图 6.20（b）中的弯矩图在杆端不为零，这些弯矩图的图乘方法将在后面介绍。

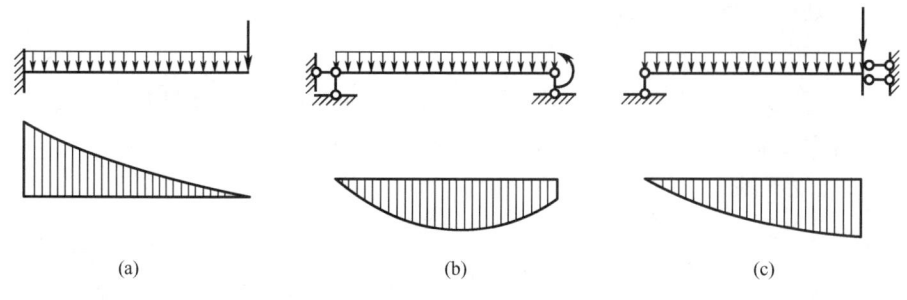

图 6.20 非标准抛物线

【例题 6-8】试求图 6.21（a）所示悬臂梁 A 点的竖向位移。

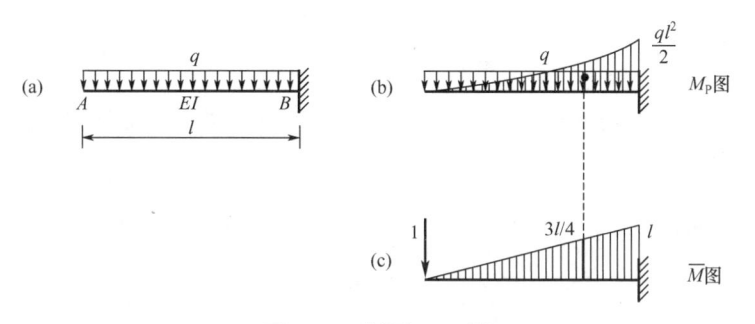

图 6.21 例题 6-8 图

【解】（1）悬臂梁的 $M_P$ 图和 $\overline{M}$ 图如图 6.21（b）、（c）所示。

（2）用图乘法位移计算公式（6-22）计算位移，为

$$\Delta_{Ay} = \sum \frac{Ay_0}{EI} = \frac{1}{EI}\left(\frac{1}{3}l \cdot \frac{ql^2}{2}\right) \times \frac{3}{4}l = \frac{ql^4}{8EI}(\downarrow)$$

【例题 6-9】试求图 6.22（a）所示简支梁 B 点的竖向位移。EI＝常数。

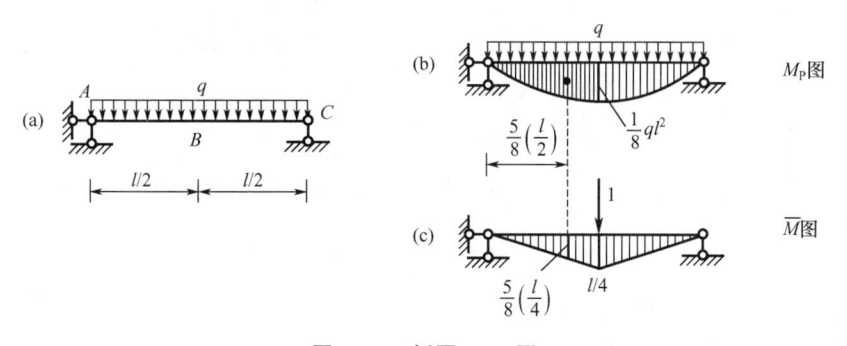

图 6.22 例题 6-9 图

【解】简支梁的 $M_P$ 图和 $\overline{M}$ 图如图 6.22（b）、（c）所示。因为整个杆件的 $\overline{M}$ 图是折线图形，不能直接用 $M_P$ 图的面积乘 $\overline{M}$ 图的竖标。若把梁看成 AB、BC 两个杆件，则每个杆件的 $\overline{M}$ 图都为直线图形。AB 杆的 $M_P$ 图是二次抛物线，B 端是抛物线的顶点，符合图 6.19（c）图形的特征，面积为 $A = \frac{2}{3} \cdot \frac{l}{2} \cdot \frac{1}{8}ql^2 = \frac{1}{24}ql^3$，形心对应的 $\overline{M}$ 图的竖标 $y_0 =$

$\frac{5}{8} \cdot \frac{l}{4} = \frac{5}{32}l$。BC 杆的图乘结果与 AB 杆相同。据此得 B 点位移为

$$\Delta_{By} = \sum \frac{Ay_0}{EI} = \frac{1}{EI}\left(\frac{2}{3} \cdot \frac{l}{2} \cdot \frac{ql^2}{8}\right)\left(\frac{5}{8} \cdot \frac{l}{4}\right) \times 2 = \frac{5ql^4}{384EI}(\downarrow)$$

【例题 6-10】试求图 6.23（a）所示结构 A、B 两点的相对水平位移。

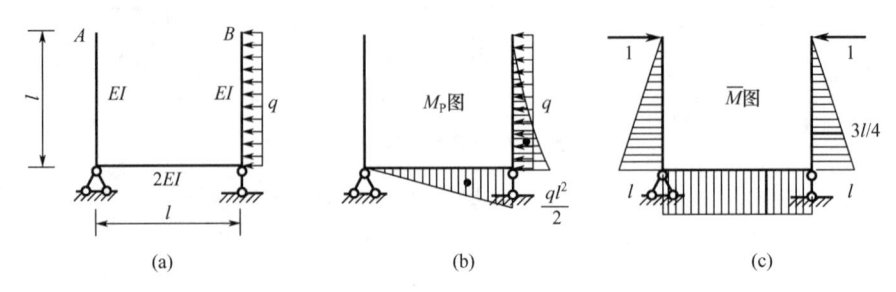

图 6.23  例题 6-10 图

【解】左边竖杆图乘结果为零，只需将右边竖杆和水平杆分别图乘，然后相加即可。注意杆的抗弯刚度不同。

$$\Delta_{ABx} = \sum \frac{Ay_0}{EI} = \frac{1}{EI}\left(\frac{1}{3} \cdot l \cdot \frac{ql^2}{2}\right) \times \frac{3}{4}l + \frac{1}{2EI}\left(\frac{1}{2} \cdot l \cdot \frac{ql^2}{2}\right) \times l = \frac{ql^4}{4EI}(\rightarrow \leftarrow)$$

计算结果为正，表示位移方向与单位力方向相同，即 A、B 两点是相互靠近的。

**学习指导**：记住图 6.19 所示图形的面积及形心位置。请完成习题：14。

### 3. 图形分解

在进行图乘计算时，若弯矩图的图形不是前面所提到的简单图形（指矩形、三角形、标准抛物线），则可将其分解成简单图形后再图乘。

以求图 6.24（a）所示悬臂梁 A 点的竖向位移 $\Delta_A$ 为例进行说明。

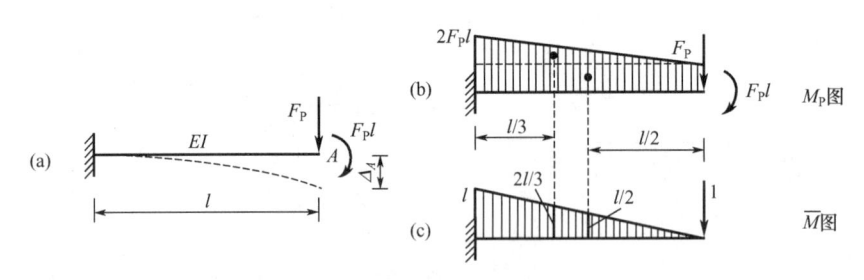

图 6.24  梯形分解为矩形与三角形

悬臂梁的 $M_P$ 图与 $\overline{M}$ 图如图 6.24（b）、(c)所示，两图图乘得 $\Delta_A$。$M_P$ 图是梯形，确定其形心位置不太方便，这时可将梯形分解为一个矩形和一个三角形，如图 6.24（b）所示，分别与 $\overline{M}$ 图图乘，然后相加即得

$$\Delta_{Ay} = \sum \frac{Ay_0}{EI} = \frac{1}{EI}\left(\frac{1}{2} \cdot l \cdot F_P l \cdot \frac{2l}{3}\right) + \frac{1}{EI}\left(l \cdot F_P l \cdot \frac{l}{2}\right) = \frac{5F_P l^3}{6EI}(\downarrow)$$

$M_P$ 图和 $\overline{M}$ 图图乘结果与将 $M_P$ 图分解为两个图形分别与 $\overline{M}$ 图图乘结果的和相等的原因是：$M_P$ 图在任意一点的竖标 $M_P(x)$ 等于矩形竖标 $M'_P(x)$ 和三角形竖标 $M''_P(x)$ 的和，故有

$$\frac{1}{EI}\int M_P(x)\overline{M}(x)\mathrm{d}x = \frac{1}{EI}\int [M'_P(x)+M''_P(x)]\overline{M}(x)\mathrm{d}x$$
$$= \frac{1}{EI}\int M'_P\overline{M}(x)\mathrm{d}x + \frac{1}{EI}\int M''_P\overline{M}(x)\mathrm{d}x$$
$$= \frac{A'y'_0}{EI} + \frac{A''y''_0}{EI}$$

其中，$A'$ 和 $y'_0$ 为矩形弯矩图面积和形心对应的 $\overline{M}$ 图竖标，$A''$ 和 $y''_0$ 为三角形弯矩图面积和形心对应的 $\overline{M}$ 图竖标。

$M_P$ 是集中力与集中力偶共同作用引起的，其弯矩图等于这两种荷载分别作用引起的弯矩图的和，如图 6.25 所示，将 $M_P$ 图分解后图乘相当于将荷载分解后求位移，即

$$\Delta_{Ay} = \Delta'_{Ay} + \Delta''_{Ay} = \frac{A'y'_0}{EI} + \frac{A''y''_0}{EI}$$

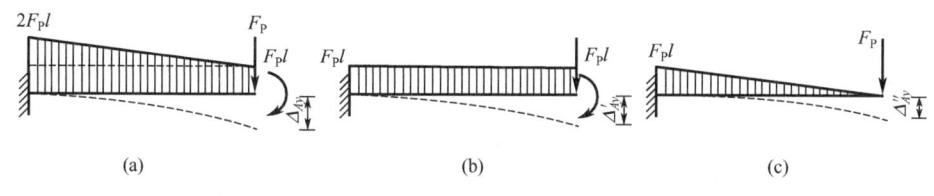

图 6.25 荷载分解

也可以将梯形分解为两个三角形，如图 6.26 所示，图乘结果为

$$\Delta_{Ay} = \sum\frac{Ay_0}{EI} = \frac{1}{EI}\left(\frac{1}{2}\cdot l\cdot 2F_Pl\cdot\frac{2l}{3}\right) + \frac{1}{EI}\left(\frac{1}{2}\cdot l\cdot F_Pl\cdot\frac{l}{3}\right) = \frac{5F_Pl^3}{6EI}(\downarrow)$$

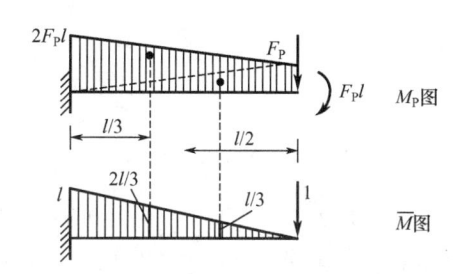

图 6.26 梯形分解为两个三角形

常见的图形（设杆长为 $l$，分布集度为 $q$）分解情况有下面几种。

(1) 图 6.27 (a) 所示弯矩图可分解为图 6.27 (b) 和图 6.27 (c) 两个三角形弯矩图。

(2) 图 6.27 (d) 所示弯矩图可分解为一个三角形弯矩图 [图 6.27 (e)] 和一个标准抛物线弯矩图 [图 6.27 (f)]。在实际计算时，分解是在原弯矩图上进行的，如图中虚线和左面竖标构成使杆件上侧受拉的三角形弯矩图，虚线与曲线构成使杆件下侧受拉的抛物线弯矩图 [图 6.27 (g)]，图 6.27 (g) 各竖标与图 6.27 (f) 相同，故图 6.27 (g) 的面积与图 6.27 (f) 相同，形心在中间。

(3) 图 6.27 (h) 所示弯矩图可分解为图 6.27 (i) 和图 6.27 (j)。图 6.27 (i) 又可分解为两个三角形弯矩图。

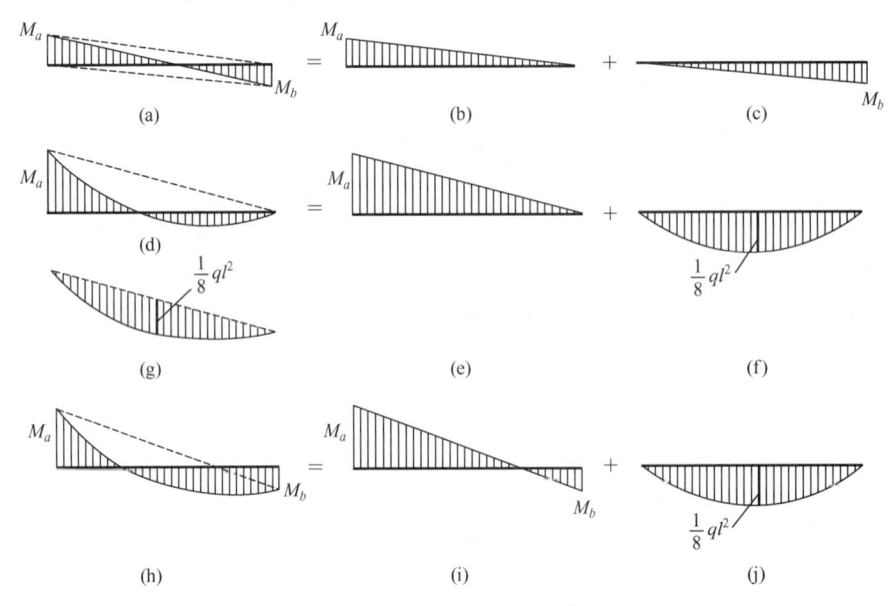

图 6.27 常见的图形分解情况

【例题 6-11】试计算图 6.28（a）所示简支梁 C 点的竖向位移。

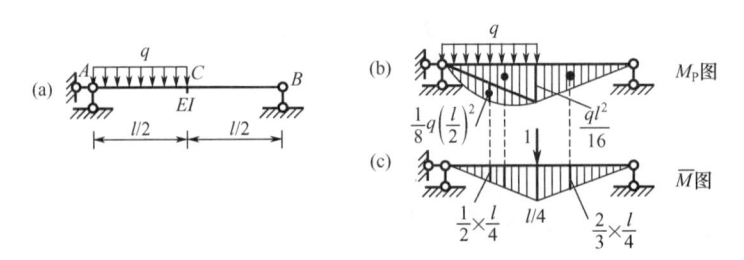

图 6.28 例题 6-11 图

【解】用分段叠加法作简支梁的 $M_P$ 图，如图 6.28（b）所示。$\overline{M}$ 图是折线，不能直接用 $M_P$ 图的面积乘 $\overline{M}$ 图的竖标。将 AB 分为 AC 和 CB 两段，每段的 $\overline{M}$ 图为直线，分别图乘，然后相加。AC 段图乘时，需将 $M_P$ 图分解为三角形和标准抛物线，如图 6.28（b）所示。图乘结果为

$$\Delta_{Cy} = \sum \frac{Ay_0}{EI}$$

$$= \frac{1}{EI}\left[\left(\frac{1}{2}\cdot\frac{l}{2}\cdot\frac{ql^2}{16}\right)\left(\frac{2}{3}\cdot\frac{l}{4}\right) + \left(\frac{2}{3}\cdot\frac{l}{2}\cdot\frac{1}{8}q\frac{l^2}{2^2}\right)\left(\frac{1}{2}\cdot\frac{l}{4}\right) + \left(\frac{1}{2}\cdot\frac{l}{2}\cdot\frac{ql^2}{16}\right)\left(\frac{2}{3}\cdot\frac{l}{4}\right)\right] = \frac{5ql^4}{768EI}(\downarrow)$$

【例题 6-12】试求图 6.29（a）所示刚架 B 点的竖向位移。$EI =$ 常数。

【解】刚架的 $M_P$ 图与 $\overline{M}$ 图如图 6.29（b）、（c）所示。$\overline{M}$ 图中 AB 和 BC 两个杆无弯矩，图乘结果为零。将 $M_P$ 图中 DC 杆的弯矩图分解为两个三角形，分别与 $\overline{M}$ 图图乘，得

$$\Delta_{Ay} = \sum \frac{Ay_0}{EI} = \frac{1}{EI}\left(\frac{1}{2}\cdot l\cdot\frac{2F_P l}{3}\cdot\frac{2l}{3} - \frac{1}{2}\cdot l\cdot\frac{F_P l}{3}\cdot\frac{l}{3}\right) = \frac{3F_P l^3}{18EI}(\downarrow)$$

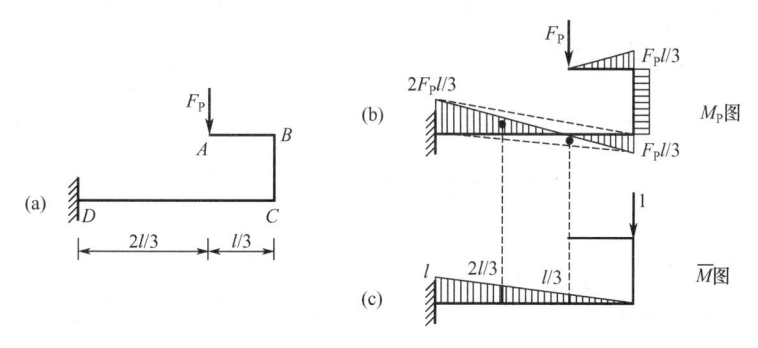

图 6.29　例题 6-12 图

【例题 6-13】试求图 6.30（a）所示刚架 C 铰两侧截面的相对转角 $\theta$。$EI=$ 常数。

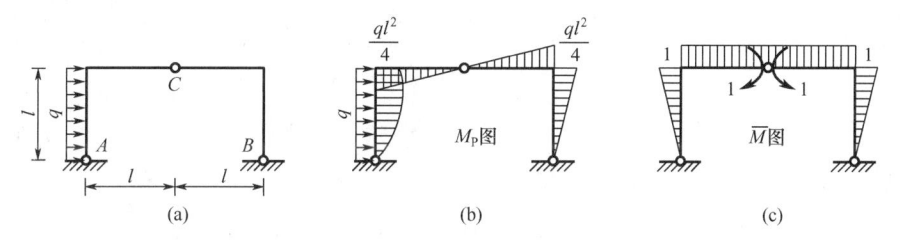

图 6.30　例题 6-13 图

【解】刚架的 $M_P$ 图与 $\overline{M}$ 图如图 6.30（b）、（c）所示。$M_P$ 图在刚架左侧柱上是二次抛物线，但不是标准抛物线，因为上端的剪力不等于零，不是抛物线的顶点，需分解成一个三角形和一个标准抛物线。4 个杆件从左到右分别图乘，得

$$\theta = \sum \frac{Ay_0}{EI}$$

$$= \frac{1}{EI}\left[\left(\frac{1}{2}\cdot l\cdot\frac{ql^2}{4}\right)\left(-\frac{2}{3}\right)+\left(\frac{2}{3}\cdot l\cdot\frac{ql^2}{8}\right)\left(-\frac{1}{2}\right)+\left(\frac{1}{2}\cdot l\cdot\frac{ql^2}{4}\right)(-1)+\right.$$
$$\left.\left(\frac{1}{2}\cdot l\cdot\frac{ql^2}{4}\right)\times 1+\left(\frac{1}{2}\cdot l\cdot\frac{ql^2}{4}\right)\times\frac{2}{3}\right]=-\frac{ql^3}{24EI}\;(\;)(\;)$$

【例题 6-14】试求图 6.31（a）所示悬臂梁 B 点的竖向位移。$EI=$ 常数。

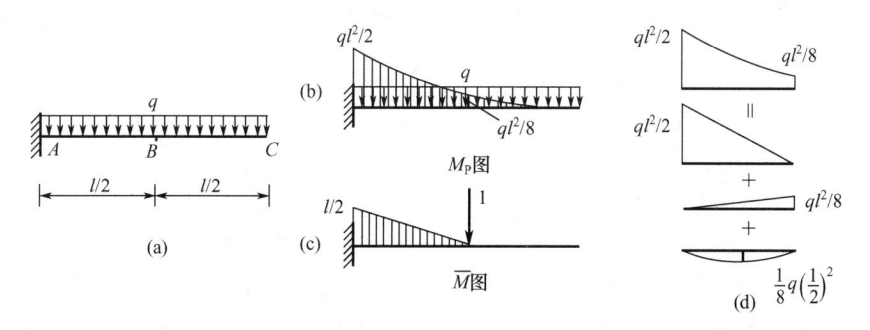

图 6.31　例题 6-14 图

【解】悬臂梁的 $M_P$ 图与 $\overline{M}$ 图如图 6.31（b）、（c）所示。因为 $\overline{M}$ 图是折线，所以需分段图乘。将梁分为 AB、BC 段，BC 段的图乘结果为零，只需计算 AB 段的图乘结果。$M_P$

图在 AB 段是非标准抛物线,需要将图形分解,可分解成两个三角形和一个标准抛物线,如图 6.31（d）所示。图乘结果为

$$\Delta_{By} = \sum \frac{Ay_0}{EI}$$

$$= \frac{1}{EI}\left(\frac{1}{2} \cdot \frac{l}{2} \cdot \frac{ql^2}{2} \cdot \frac{2}{3} \cdot \frac{l}{2} + \frac{1}{2} \cdot \frac{l}{2} \cdot \frac{ql^2}{8} \cdot \frac{1}{3} \cdot \frac{l}{2} - \frac{2}{3} \cdot \frac{l}{2} \cdot \frac{ql^2}{32} \cdot \frac{l}{4}\right)$$

$$= \frac{17ql^4}{384EI}(\downarrow)$$

如图 6.32 所示,不能将 $M_P$ 图中 AB 段的弯矩图分解为一个矩形和一个抛物线,原因是 B 端不是抛物线的顶点,这样分解得到的抛物线仍为非标准抛物线。

**图 6.32 错误的图形分解**

图乘时,有时利用图形分解的思想计算 $y_0$ 也会带来方便。图 6.33 所示的图乘计算,需计算形心对应的竖标 $y_{01}$、$y_{02}$,将 $\overline{M}$ 图分解,可得到 $y_{01}$、$y_{02}$,分别为

$$y_{01} = \frac{2}{3}a - \frac{1}{3}b, \quad y_{02} = \frac{1}{3}a - \frac{2}{3}b$$

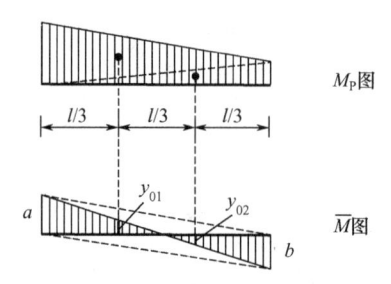

**图 6.33 利用图形分解计算形心对应的竖标**

【例题 6-15】试求图 6.34（a）所示刚架 D 点的竖向位移。EI＝常数。

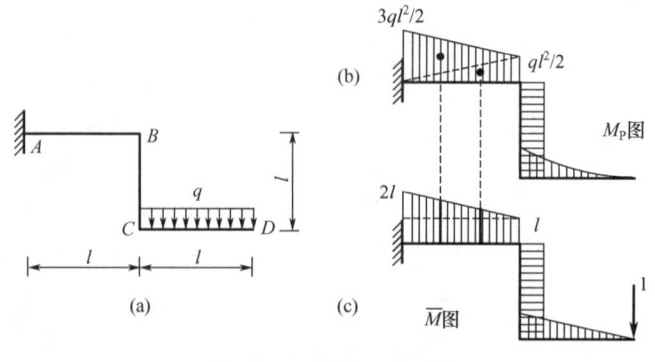

**图 6.34 例题 6-15 图**

【解】刚架的 $M_P$ 图与 $\overline{M}$ 图如图 6.34（b）、（c）所示。$M_P$ 图在 CD 段是标准抛物线；

$M_P$ 图在 AB 段是梯形，可分解为两个三角形。按 CD 杆、BC 杆、AB 杆的顺序图乘，结果为

$$\Delta_{Dy} = \sum \frac{Ay_0}{EI} = \frac{1}{EI}\left[\frac{1}{3} \cdot l \cdot \frac{ql^2}{2} \cdot \frac{3l}{4} + l \cdot \frac{ql^2}{2} \cdot l + \frac{1}{2} \cdot l \cdot \frac{3ql^2}{2}\left(l + \frac{2l}{3}\right) + \frac{1}{2} \cdot l \cdot \frac{ql^2}{2}\left(l + \frac{l}{3}\right)\right] = \frac{53ql^4}{24EI}(\downarrow)$$

用图乘法求位移时需注意以下几点：①结构是否由等截面直杆组成，图乘法不能计算曲杆或变截面杆；②取竖标的弯矩图图形是否为直线图形，折线或曲线图形不可以图乘；③不要遗漏参数 EI；④各杆的刚度可能不同；⑤非标准抛物线不能用公式计算面积；⑥面积与竖标在杆件两侧应取负号。

**学习指导**：熟练掌握图形分解。请完成习题：15～17。

## 6.6 支座位移引起的位移计算

静定结构在支座位移时不会产生内力，杆件也不会发生变形，结构只发生刚体位移。对于简单结构，支座位移引起的位移可通过几何方法确定，例如图 6.35（a）所示结构，支座 A 的转动引起的 B 点的竖向位移为 $l\theta$（实际上应为 $l\tan\theta$，因为 $\theta$ 很小，$\tan\theta \approx \theta$，结构的变形和位移与结构尺寸相比均是很小的）；图 6.35（b）所示梁，支座 B 的竖向位移 $\Delta$ 引起的 EF 杆的转角 $\theta = 2\Delta/a$。当结构复杂时，用几何方法确定位移不方便，而用虚功原理将求位移的几何问题转换为受力分析问题会比较方便。下面仍用单位荷载法来计算支座位移引起的位移。

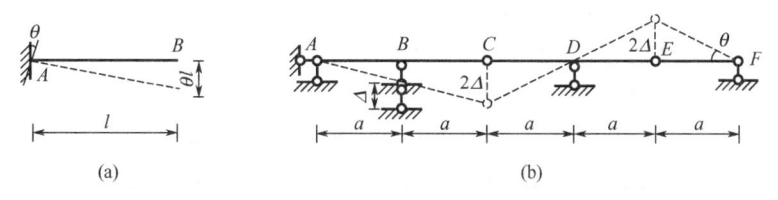

图 6.35 支座位移引起的位移

若求图 6.36（a）所示结构由 B 支座位移引起的 C 点的竖向位移 $\Delta$，先确定单位力状态如图 6.36（b）所示，规定单位力引起的发生位移的支座反力以与支座位移方向一致为正。根据刚体体系虚功原理，图 6.36（b）上的外力在图 6.36（a）虚位移上做的虚功为零，即

$$W = 1 \times \Delta + \overline{F}_R \times c = 0$$

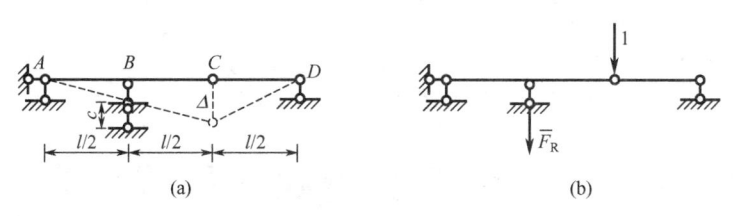

图 6.36 支座位移状态及单位力状态

解得
$$\Delta = -\overline{F}_R \times c$$

当结构上发生位移的支座不止一个时，上式变为
$$\Delta = -\sum \overline{F}_{Ri} \times c_i \qquad (6-23)$$

式中，求和符号表示对所有发生位移的支座求和；$\overline{F}_{Ri}$ 为单位力引起的第 $i$ 个发生位移的支座中的反力，与支座位移方向一致为正；$c_i$ 为支座位移。

**【例题 6-16】** 试求图 6.37（a）所示结构 $C$ 点的竖向位移。

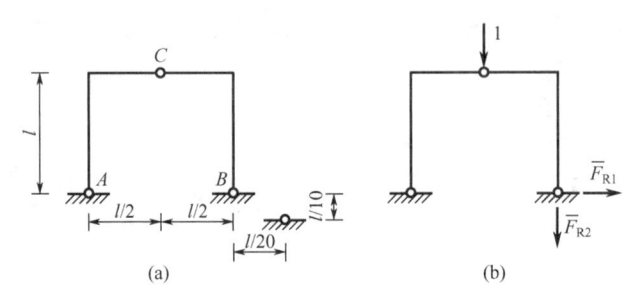

图 6.37 例题 6-16 图

**【解】** 确定单位力状态如图 6.37（b）所示，解得发生位移的支座的反力，为
$$\overline{F}_{R1} = -\frac{1}{4}, \quad \overline{F}_{R2} = -\frac{1}{2}$$

代入位移计算公式(6-23)，得
$$\Delta = -\sum \overline{F}_{Ri} \times c_i = -\left[\left(-\frac{1}{4}\right) \times \frac{l}{20} + \left(-\frac{1}{2}\right) \times \frac{l}{10}\right] = \frac{5}{80}l(\downarrow)$$

**【例题 6-17】** 图 6.38（a）所示结构的左端支座顺时针方向转动了 $\theta$，右端支座向下移动了 $\Delta$，求由此产生的 $A$、$B$ 两截面的相对竖向位移。

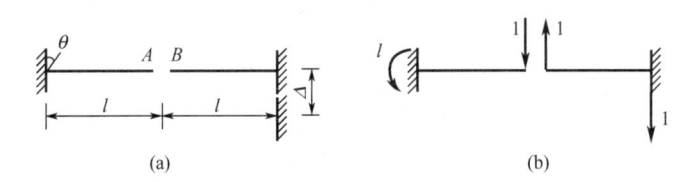

图 6.38 例题 6-17 图

**【解】** 加单位力，并求出与支座位移对应的支座反力，如图 6.38（b）所示。将支座反力和支座位移代入位移计算公式(6-23)，得
$$\Delta_{AB} = -\sum \overline{F}_{Ri} \times c_i = -[(-l)\theta + 1 \times \Delta] = \theta l - \Delta$$

$\Delta_{AB}$ 的方向与 $\theta$ 与 $\Delta$ 的取值有关。

**学习指导**：掌握支座位移引起的位移计算。请完成习题：18、19。

# *6.7 温度改变引起的位移计算

结构使用时的温度与建造时不同，建筑材料的热胀冷缩会使结构发生变形、产生位

移。温度改变产生的位移取决于温度的改变量（两个时期的温差），下面所说的温度均是指温度的改变量而非结构的实际温度。

温度改变引起的位移仍用单位荷载法计算。在6.3节中已推得单位荷载法计算位移的公式为

$$\Delta = \sum \int \overline{M}\kappa \mathrm{d}x + \sum \int \overline{F}_Q \gamma \mathrm{d}x + \sum \int \overline{F}_N \varepsilon \mathrm{d}x \tag{6-24}$$

其中，$\overline{M}$、$\overline{F}_Q$、$\overline{F}_N$ 为单位力状态中的截面弯矩、剪力、轴力，$\kappa$、$\gamma$、$\varepsilon$ 为引起位移的作用所产生的变形。现在引起位移的原因是温度改变，只要算出温度改变引起的变形 $\kappa$、$\gamma$、$\varepsilon$，即可由式(6-24)计算出温度改变引起的位移。下面分析温度改变引起的变形。

图6.39（a）所示结构，外侧温度改变了 $t_1$℃，内侧温度改变了 $t_2$℃，设 $t_2 > t_1$ 并均大于零，欲求 $C$ 点的竖向位移。从图6.39（a）中取出长为 $\mathrm{d}x$ 的微段，如图6.39（b）所示，若以 $\alpha$ 表示材料的线膨胀系数，线膨胀系数表示单位长度杆件温度升高1℃时的伸长量，则微段的上侧表面和下侧表面的伸长量分别为 $\alpha t_1 \mathrm{d}x$ 和 $\alpha t_2 \mathrm{d}x$。设温度沿截面高度线性变化，当截面为矩形（或其他对称截面），轴线在中间，则轴线处的温度改变量 $t_0$ 为

$$t_0 = \frac{t_2 + t_1}{2}$$

据此算得轴线处的伸长量为 $\alpha t_0 \mathrm{d}x$。因为温度沿高度线性变化，变形前的平截面变形后还为平面，温度改变引起的微段两侧截面的相对转角 $\mathrm{d}\theta$ 为

$$\mathrm{d}\theta = \frac{\alpha t_2 \mathrm{d}x - \alpha t_1 \mathrm{d}x}{h} = \frac{\alpha \Delta t}{h} \mathrm{d}x$$

其中，$\Delta t = t_2 - t_1$，为两侧表面温度改变量的差值。

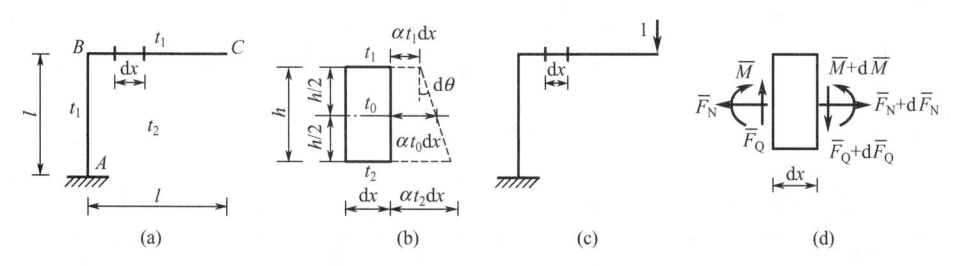

**图 6.39 温度改变状态及单位力状态**

由图6.39（b）可见，温度改变只是引起微段的轴向变形和两个截面的相对转角，并无剪切变形。因此，温度变形为

$$\kappa = \frac{\alpha \Delta t}{h}, \quad \gamma = 0, \quad \varepsilon = \alpha t_0$$

代入式(6-24)，得

$$\Delta = \sum \left[ \int_0^l \overline{M} \frac{\alpha \Delta t}{h} \mathrm{d}x + \int_0^l \overline{F}_N \alpha t_0 \mathrm{d}x \right]$$

一般情况下，$\alpha$、$t_0$、$\overline{F}_N$、$\Delta t$、$h$ 对一个杆件来说是常数，上式可以写成

$$\Delta = \sum \left[ \frac{\alpha \Delta t}{h} \int_0^l \overline{M} \mathrm{d}x + \overline{F}_N \alpha t_0 \int_0^l \mathrm{d}x \right]$$

式中的前一个积分 $\int_0^l \overline{M} \mathrm{d}x$ 是 $\overline{M}$ 图的面积，后一个积分 $\int_0^l \mathrm{d}x$ 是杆件的长度，因此有

$$\Delta = \sum \frac{\alpha \Delta t}{h} A_{\overline{M}} + \sum \overline{F}_N \alpha t_0 l \qquad (6-25)$$

式中，$\overline{F}_N$ 为单位力状态的轴力，拉力为正，反之为负；$t_0$ 为杆轴处的温度改变量，升高为正，反之为负；$A_{\overline{M}}$ 为 $\overline{M}$ 图的面积，当 $\Delta t$ 与 $\overline{M}$ 引起相同的弯曲变形时，$\Delta t$ 与 $A_{\overline{M}}$ 的乘积取正值，反之取负值。

【例题 6-18】图 6.40 (a) 所示刚架，施工时的温度为 20℃。试求在冬季外侧温度为 $-10$℃、内侧温度为 0℃时 $C$ 点的竖向位移。已知：$l=4$m，$\alpha=10^{-5}$，杆件均为截面高度为 0.4m 的矩形截面。

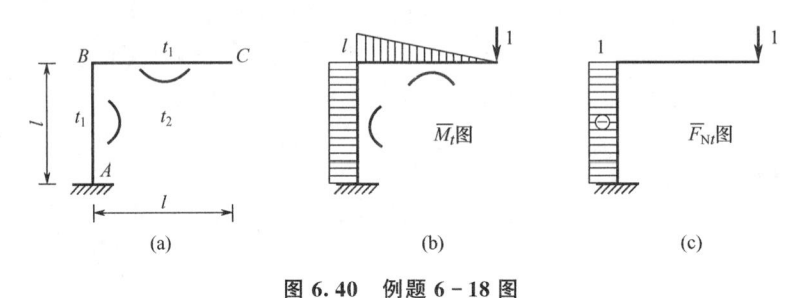

图 6.40 例题 6-18 图

【解】刚架的 $\overline{M}_t$ 图与 $\overline{F}_{Nt}$ 图如图 6.40 (b)、(c) 所示。由已知条件可算得杆件外侧与内侧的温度改变量分别为

$$t_1 = -10℃ - 20℃ = -30℃，t_2 = 0℃ - 20℃ = -20℃$$

杆件轴心处的温度改变量和杆件两侧的温度改变量的差值，对两个杆件均分别为

$$t_0 = (t_1 + t_2)/2 = -25℃，\Delta t = t_2 - t_1 = 10℃$$

代入公式 (6-25)，得

$$\Delta = \sum \overline{F}_N \alpha t_0 l + \sum \frac{\alpha \Delta t}{h} A_{\overline{M}}$$

$$= \alpha(-25)(-1)l + (-1) \cdot \frac{1}{h} \cdot \alpha \times 10 \times \frac{1}{2} l \cdot l + (-1) \frac{1}{h} \cdot \alpha \times 10 \cdot l \cdot l$$

$$= -0.005 \text{m}(\uparrow)$$

式中，后两项的正负号是根据 $\Delta t$ 与 $\overline{M}_t$ 引起的弯曲变形是否相同确定的。两个杆件由温度和单位力引起的弯曲变形均相反，如图 6.40 (a)、(b) 中画在杆侧的曲线所示，因此均取负号。

学习指导：理解单位荷载法求温度改变引起位移的方法，会算简单结构由温度改变引起的位移。请完成习题：20~23。

# 6.8 线弹性体系的互等定理

由变形体虚功原理可以推得线弹性体系的几个普遍定理，它们是虚功互等定理、位移互等定理、反力互等定理和位移反力互等定理，其中虚功互等定理是最基本的，可以由它推出其他互等定理。由于前 3 个定理在后面的章节中会用到，故下面仅介绍前 3 个定理。

1. 虚功互等定理

以下用简支梁代表任意线弹性体系。在简支梁上先加 $F_{P1}$ 后加 $F_{P2}$ 的情况下，体系的位移如图 6.41（a）所示，$\Delta_{11}$ 和 $\Delta_{21}$ 是由 $F_{P1}$ 引起的，$\Delta_{12}$ 和 $\Delta_{22}$ 是由 $F_{P2}$ 引起的。加 $F_{P2}$ 前，$F_{P1}$ 先在 $\Delta_{11}$ 上做实功；加 $F_{P2}$ 时，$F_{P1}$ 在 $\Delta_{12}$ 上做虚功，同时 $F_{P2}$ 在 $\Delta_{22}$ 上做实功，这两个力所做的总功为

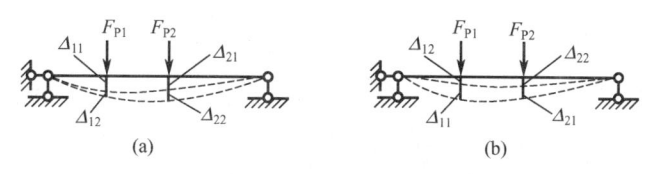

**图 6.41　虚功互等定理示意图**

$$W_1 = \frac{1}{2}F_{P1}\Delta_{11} + F_{P1}\Delta_{12} + \frac{1}{2}F_{P2}\Delta_{22}$$

若先加 $F_{P2}$ 后加 $F_{P1}$，体系的位移如图 6.41（b）所示，这时两个力所做的总功为

$$W_2 = \frac{1}{2}F_{P2}\Delta_{22} + F_{P2}\Delta_{21} + \frac{1}{2}F_{P1}\Delta_{11}$$

对于线弹性体系，这两种情况下的总功应相等，故有

$$F_{P2}\Delta_{21} = F_{P1}\Delta_{12} \tag{6-26}$$

若将荷载分开，如图 6.42 所示，则式（6-26）表示：同一线弹性体系处于两种受力状态，状态 1 上的力在状态 2 相应位移上做的虚功等于状态 2 上的力在状态 1 相应位移上做的虚功，此即为虚功互等定理。

**图 6.42　同一线弹性体系的两种受力状态**

**2. 位移互等定理**

将式（6-26）写成

$$\frac{\Delta_{21}}{F_{P1}} = \frac{\Delta_{12}}{F_{P2}} \tag{6-27}$$

对于线弹性体系，式（6-27）等号两侧的比值为常数，分别记作 $\delta_{21}$、$\delta_{12}$，称为位移影响系数，即

$$\frac{\Delta_{21}}{F_{P1}} = \delta_{21}, \frac{\Delta_{12}}{F_{P2}} = \delta_{12} \tag{6-28}$$

由式（6-27）知这两个位移影响系数相等，即

$$\delta_{12} = \delta_{21} \tag{6-29}$$

根据式（6-28），$\delta_{21}$ 可看成是单位力 $F_{P1}=1$ 引起的与 $F_{P2}$ 对应的"位移"，$\delta_{12}$ 可看成是单位力 $F_{P2}=1$ 引起的与 $F_{P1}$ 对应的"位移"，如图 6.43 所示。这里的单位力应该拓展理解为广义力，即可以是一个集中力，也可以是一对集中力、一个力偶或一对力偶，与其对应的位移也就相应为广义位移。因此，式（6-29）可以表述为：当同一线弹性体系处于两种单位力状态时，状态 1 上的单位力引起的与状态 2 上的单位力对应的"位移"等于状态 2

上的单位力引起的与状态 1 上的单位力对应的"位移",此即为位移互等定理。

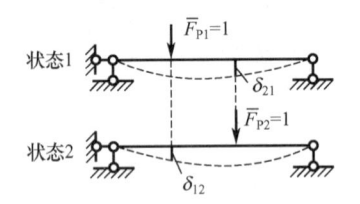

图 6.43 同一线弹性体系的两种单位力状态

3. 反力互等定理

对图 6.44（a）所示的同一线弹性体系的两种支座位移状态应用虚功互等定理,有
$$F_{R21}\Delta_2 = F_{R12}\Delta_1$$
或
$$\frac{F_{R21}}{\Delta_1} = \frac{F_{R12}}{\Delta_2} \tag{6-30}$$

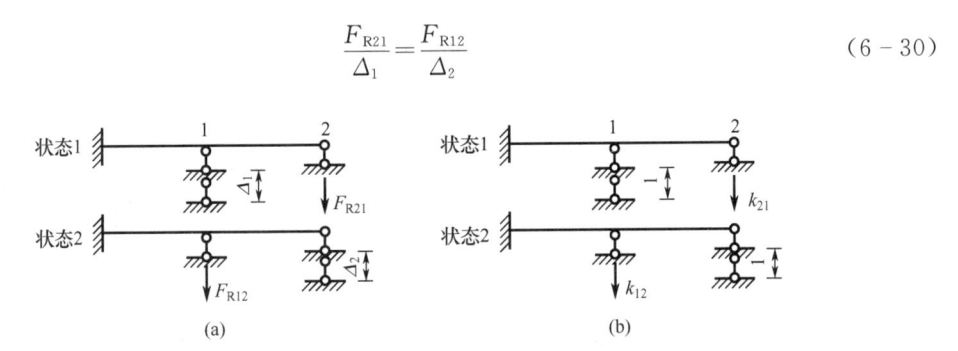

图 6.44 同一线弹性体系的两种支座单位位移状态

对于线弹性体系,式(6-30)等号两侧的比值为常数,分别记作 $k_{21}$、$k_{12}$,称为反力影响系数,即
$$\frac{F_{R21}}{\Delta_1} = k_{21}, \quad \frac{F_{R12}}{\Delta_2} = k_{12} \tag{6-31}$$

由式(6-30)知这两个反力影响系数相等,即
$$k_{12} = k_{21} \tag{6-32}$$

根据式(6-31), $k_{21}$ 可看成是支座 1 发生单位位移 $\Delta_1=1$ 引起的支座 2 的"反力", $k_{12}$ 可看成是支座 2 发生单位位移 $\Delta_2=1$ 引起的支座 1 的"反力",如图 6.44（b）所示。因此,式(6-32)可以表述为：同一线弹性体系处于两种支座单位位移状态,支座 1 发生单位位移引起的支座 2 的"反力"等于支座 2 发生单位位移引起的支座 1 的"反力",此即为反力互等定理。

位移互等定理和反力互等定理将在后面章节中得到应用。为了方便,后面各章将单位力引起的"位移"即位移影响系数仍称作位移;支座单位位移引起的"反力"即反力影响系数仍称作反力（或约束力）。但要注意位移影响系数的量纲不同于位移的量纲,反力影响系数的量纲也不同于反力的量纲。类似地,将单位力引起的"内力"仍称作内力。另外,以上提到的力、位移均为广义的。

最后需强调的是,以上定理只适用于线弹性体系,应用时应符合以下条件。

# 第6章 静定结构的位移计算

（1）应力在弹性范围内，应力与应变成比例。
（2）结构变形微小，内力可以在未变形位置上计算。
这与变形体虚功原理的适用条件不一样，变形体虚功原理适用于任何变形体。

**学习指导**：理解位移互等定理和反力互等定理，不要求证明。请完成习题：3、4、8。

## 习 题

### 一、单项选择题

1. 图 6.45 所示结构加 $F_{P1}$ 引起位移 $\Delta_{11}$、$\Delta_{21}$，再加 $F_{P2}$ 又产生新的位移 $\Delta_{12}$、$\Delta_{22}$，两个力所做的总功为（ ）。

   A. $W = F_{P1}(\Delta_{11} + \Delta_{12}) + F_{P2}\Delta_{22}$

   B. $W = F_{P1}(\Delta_{11} + \Delta_{12}) + \dfrac{1}{2}F_{P2}\Delta_{22}$

   C. $W = \dfrac{1}{2}F_{P1}\Delta_{11} + F_{P1}\Delta_{12} + \dfrac{1}{2}F_{P2}\Delta_{22}$

   D. $W = F_{P1}(\Delta_{11} + \Delta_{12}) + F_{P2}(\Delta_{21} + \Delta_{22})$

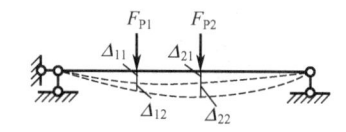

图 6.45 题 3 图

2. 变形体虚功原理的适用范围为（ ）。
   A. 线弹性体系　　　　　B. 任何变形体
   C. 静定结构　　　　　　D. 杆件结构

3. 虚功互等定理适用于（ ）。
   A. 任意体系　B. 线弹性体系　C. 静定结构　D. 超静定结构

4. 图 6.46 所示两个简支梁的长度和抗弯刚度相同，在单位力作用下位移相等的有（ ）。

   A. $\theta_1 = \theta_4$　　　　　　　B. $\Delta_5 = \Delta_2$
   C. $\Delta_2 = \theta_4 + \theta_6$　　　　　D. $\Delta_5 = \theta_1 + \theta_3$

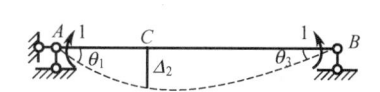

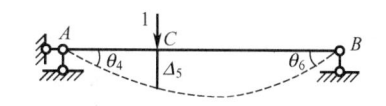

图 6.46 题 4 图

### 二、填空题

5. 与图 6.47 所示结构上的广义力相对应的广义位移为（a）_____，（b）_____，（c）_____，（d）_____，（e）_____。

6. 图 6.48（a）所示结构上的力在图 6.48（b）所示由温度改变引起的位移上做的虚功 $W = $ _____。

(a)　　　　　　　　(b)　　　　　　　　(c)

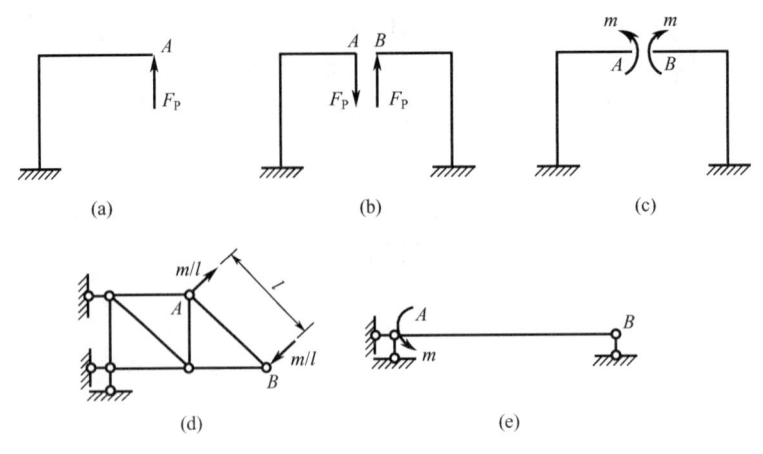

(d)　　　　　　　　(e)

图 6.47　题 5 图

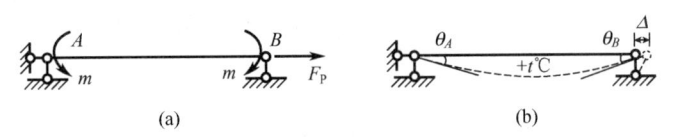

(a)　　　　　　　　(b)

图 6.48　题 6 图

7. 图 6.49（b）～（e）所示单位力状态是求图 6.49（a）所示荷载引起的哪些位移的单位力状态？（b）_____，（c）_____，（d）_____，（e）_____。

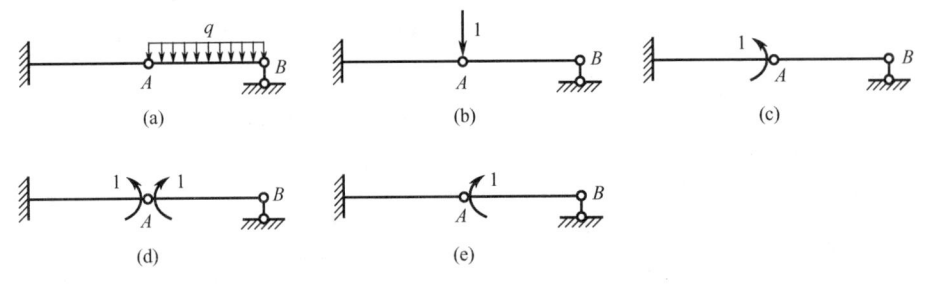

(a)　　　　　　　　(b)　　　　　　　　(c)

(d)　　　　　　　　(e)

图 6.49　题 7 图

8. 应用图乘法的条件是_____。

9. 互等定理包括_____定理、_____定理和_____定理，其中_____定理是最基本的。

三、计算题

10. 试求图 6.50 所示桁架 $K$ 点的竖向位移。已知各杆截面相同，$A=1.5\times10^{-2}\mathrm{m}^2$，$E=210\mathrm{GPa}$。

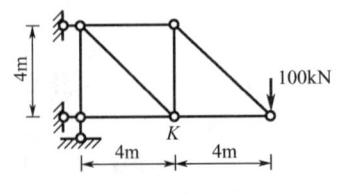

图 6.50　题 10 图

11. 试求图 6.51 所示桁架 $K$ 点水平位移。$EA=$ 常数。

12. 图 6.52 所示变截面悬臂梁，已知 $EI(x)=\dfrac{x}{l}EI$，试求 $A$ 点的竖向位移和 $A$ 截面的转角。

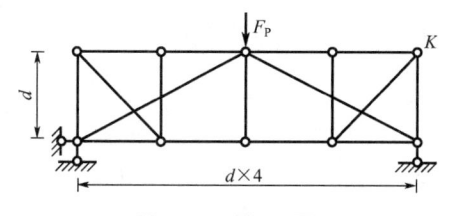

图 6.51 题 11 图

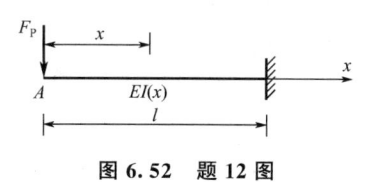

图 6.52 题 12 图

13. 试求图 6.53 所示结构的指定位移。

$A$ 截面的转角
(a)

$K$ 点的竖向位移
(b)

$A$ 点的水平位移
(c)

铰 $A$ 两侧截面的相对转角
(d)

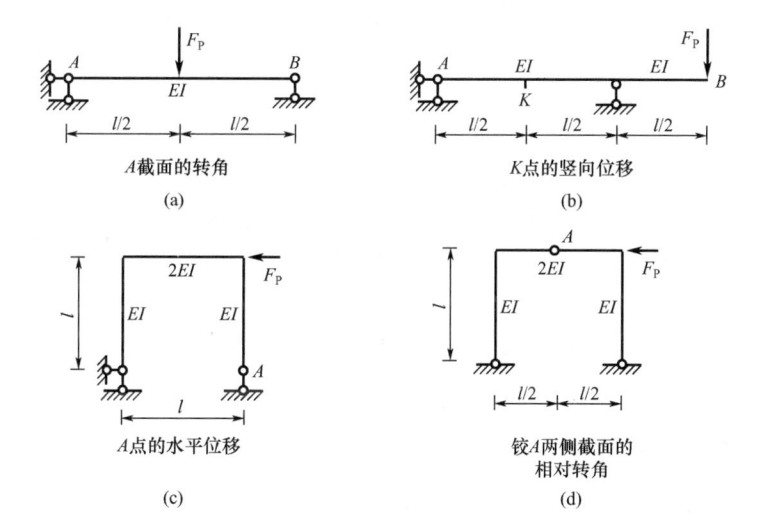

图 6.53 题 13 图

14. 试求图 6.54 所示结构的指定位移。

$A$ 截面的转角、中点的竖向位移
(a)

$A$ 点的竖向位移
(b)

$A$ 点的竖向位移
(c)

$A$ 点的竖向位移
(d)

$A$、$B$ 两点的相对水平位移
(e)

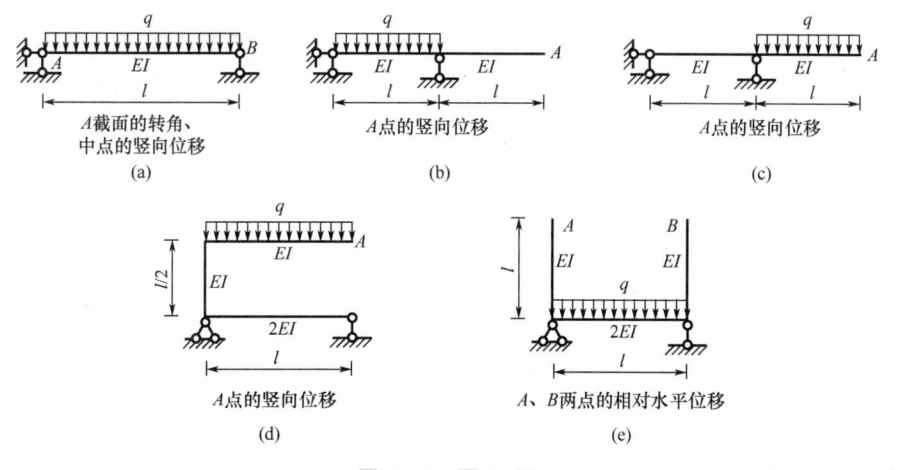

图 6.54 题 14 图

15. 试求图 6.55 所示结构的指定位移。

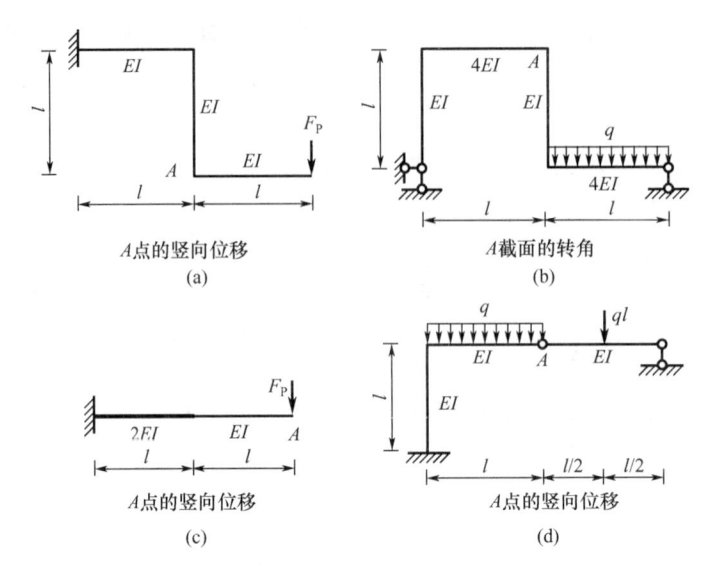

图 6.55　题 15 图

16. 试求图 6.56 所示结构 $A$、$B$ 两截面的相对竖向位移、相对水平位移和相对转角。已知：$q=10\text{kN/m}$，$l=5\text{m}$，$EI=2.6\times10^5\text{kN}\cdot\text{m}^2$。

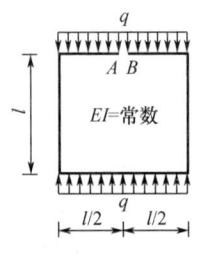

图 6.56　题 16 图

17. 若使图 6.57 所示结构 $A$ 点的竖向位移为零，则应使 $F_{P1}$ 与 $F_{P2}$ 的比值为 $F_{P1}/F_{P2}=$ _____。

18. 试求图 6.58 所示结构由于支座位移产生的 $A$ 点的水平位移。已知：$c_1=1\text{cm}$，$c_2=2\text{cm}$，$c_3=0.001\text{rad}$。

图 6.57　题 17 图　　　图 6.58　题 18 图

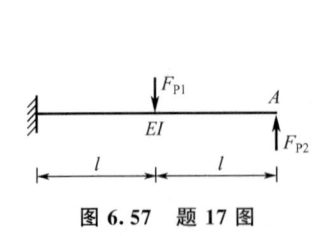

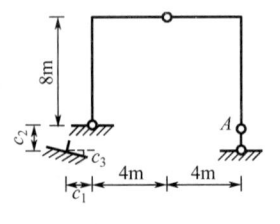

19. 试求图 6.59 所示结构支座位移引起的 $C$ 铰两侧截面的相对转角。

20. 图 6.60 所示结构内部温度升高 $t\,℃$，外侧温度不变，已知线膨胀系数为 $\alpha$，试求 $C$

点的竖向位移。

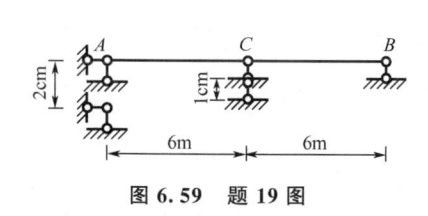

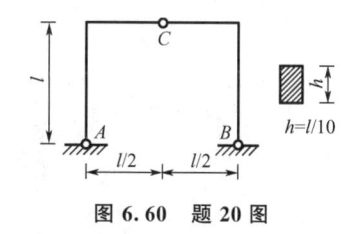

图 6.59 题 19 图　　　图 6.60 题 20 图

21. 图 6.61 所示结构中，$AB$ 杆的温度上升 $t$℃，已知线膨胀系数为 $\alpha$，求 $C$ 点的竖向位移。

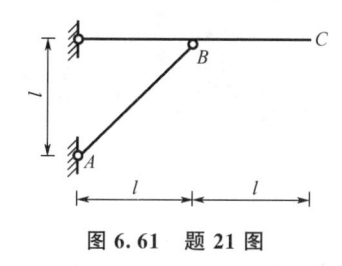

图 6.61 题 21 图

22. 图 6.61 所示结构中的 $AB$ 杆，由于加热而伸长了 $\Delta$，求由此产生的 $C$ 点的竖向位移。

23. 图 6.61 所示结构中的 $AB$ 杆，由于制作时做长了 $\Delta$，求由此产生的 $C$ 点的竖向位移。

# 第7章 力法

## 知识结构图

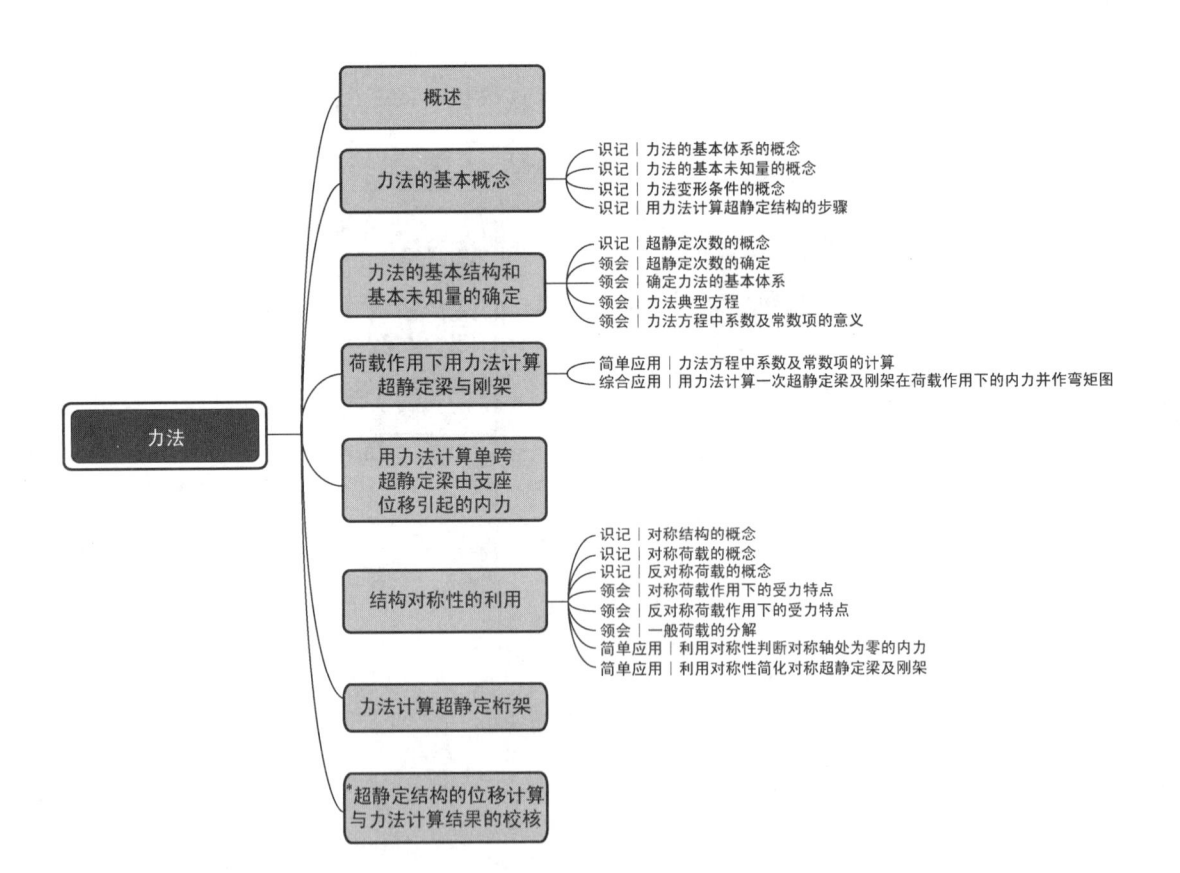

```
力法 ── 概述
     ├─ 力法的基本概念
     │    ├─ 识记│力法的基本体系的概念
     │    ├─ 识记│力法的基本未知量的概念
     │    ├─ 识记│力法变形条件的概念
     │    └─ 识记│用力法计算超静定结构的步骤
     ├─ 力法的基本结构和基本未知量的确定
     │    ├─ 识记│超静定次数的概念
     │    ├─ 领会│超静定次数的确定
     │    ├─ 领会│确定力法的基本体系
     │    ├─ 领会│力法典型方程
     │    └─ 领会│力法方程中系数及常数项的意义
     ├─ 荷载作用下用力法计算超静定梁与刚架
     │    ├─ 简单应用│力法方程中系数及常数项的计算
     │    └─ 综合应用│用力法计算一次超静定梁及刚架在荷载作用下的内力并作弯矩图
     ├─ 用力法计算单跨超静定梁由支座位移引起的内力
     ├─ 结构对称性的利用
     │    ├─ 识记│对称结构的概念
     │    ├─ 识记│对称荷载的概念
     │    ├─ 识记│反对称荷载的概念
     │    ├─ 领会│对称荷载作用下的受力特点
     │    ├─ 领会│反对称荷载作用下的受力特点
     │    ├─ 领会│一般荷载的分解
     │    ├─ 简单应用│利用对称性判断对称轴处为零的内力
     │    └─ 简单应用│利用对称性简化对称超静定梁及刚架
     ├─ 力法计算超静定桁架
     └─ 超静定结构的位移计算与力法计算结果的校核
```

## 7.1 概　　述

**1. 超静定结构的概念**

前面各章讲述了静定结构的内力和位移的计算方法，在此基础上，从本章开始讲述超静定结构的内力和位移的计算。在第 2 章中已给出了超静定结构的概念，即仅由静力平衡条件不能确定所有内力的结构称为超静定结构。例如，图 7.1（a）所示的梁有 5 个未知的支座反力，而取整体为隔离体只能列出 3 个独立的平衡方程，方程的个数比未知量的个数少，因此不能解出所有未知的支座反力，支座反力未知也就不能由截面法计算截面内力，此梁即是超静定梁；再如，图 7.1（b）所示的桁架有 3 个结点，每个结点可列出两个平衡方程，共能列出 6 个结点平衡方程，但未知轴力却有 9 个，即仅由平衡条件不能确定内力，故为超静定结构，称其为超静定桁架。

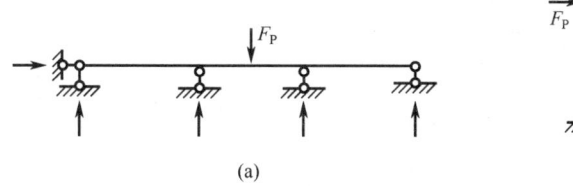

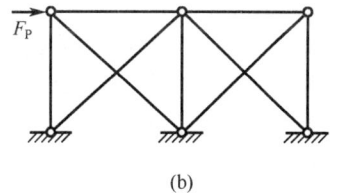

图 7.1　超静定梁和超静定桁架

工程中常见的超静定结构除超静定梁、超静定桁架外，还有超静定刚架 [图 7.2（a）]、超静定组合结构 [图 7.2（b）] 和超静定拱 [图 7.2（c）]，本章及后面两章仅讲述超静定梁、超静定桁架和超静定刚架的计算。

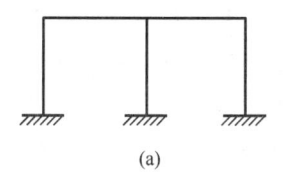

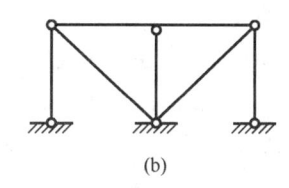

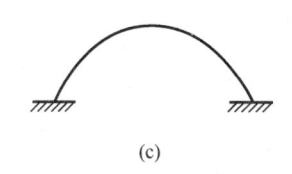

图 7.2　超静定刚架、超静定组合结构、超静定拱

在第 2 章中已经指出，超静定结构是有多余约束的几何不变体系。对于无多余约束的静定结构，荷载作用下每个约束都是维持平衡所必需的，约束中的力可由平衡条件确定。而对于有多余约束的超静定结构来说，多余约束并不是维持平衡所必需的，故仅由平衡条件不能确定多余约束。例如图 7.1（a）所示连续梁有两个多余约束，若把中间两个支座作为多余约束，无论这两个支座反力取何值，哪怕取零值，体系都是平衡的，或者说由体系的平衡确定不了这两个支座反力。反之，必要约束中的力仅由平衡条件即可确定，图 7.1（a）中梁的水平链杆是必要约束，由水平投影方程可求得其值为 0。可见，多余约束的存在是仅由平衡条件不能求解超静定结构的根本原因。

与静定结构相比，超静定结构有如下两个基本特征。

(1) 静力特征——仅由平衡条件不能确定所有支座反力和内力。

(2) 几何特征——几何不变且有多余约束。

判定一个结构是属于静定结构还是超静定结构,可以根据几何组成分析由结构有无多余约束确定。

2. 超静定结构的计算方法

超静定结构的求解要综合考虑以下 3 个方面的条件。

(1) 平衡条件。结构是平衡的,结构的任一部分也是平衡的,取出结构中的任一部分,其上的力为平衡力系。

(2) 几何条件。结构各部分的变形和位移应满足变形连续性条件和约束条件。

(3) 物理条件。变形或位移与内力之间的物理关系。

根据选择的基本未知量的不同,综合考虑以上 3 个方面的条件会得到解算超静定结构的两种基本方法,即力法和位移法。所谓基本未知量是指求出它们后可方便地求出其他未知量的未知量。力法以多余约束力作为基本未知量,即先求出多余约束力,然后计算内力和位移。位移法以结构中的结点位移作为基本未知量,即先求结构的位移,然后求内力。

力法和位移法的共同特点是在计算过程中都需解算联立方程组,当基本未知量较多时,手算不易求解。尽管力法和位移法并不是手算的实用方法,但是其他实用方法均是在它们的基础上发展起来的,熟练掌握它们是非常重要的,比如第 9 章介绍的力矩分配法即是在位移法基础上发展出来的不解方程组的适合于手算的一种渐进解法,适合于编制计算机分析程序的矩阵位移法也是从位移法发展出来的。本教材只介绍力法、位移法和力矩分配法。

力法、位移法和力矩分配法的基本思路如下。

力法和位移法处理问题的基本思路是类似的,即先将原结构改造成会计算的结构——基本结构,力法是通过减约束、位移法是通过加约束来对原结构进行改造,然后找出在荷载等外部作用下基本结构和原结构的差别,消除差别后即可在基本结构上进行计算来得到原结构的内力和位移结果。消除差别的条件表现为一组以基本未知量为未知数的代数方程,解方程组可求得基本未知量,再由基本未知量计算其他未知量。

因为位移法的基本结构是以力法计算的结果为基础构成的,所以本章先介绍力法。

力矩分配法的基本思路与力法和位移法类似,不同之处是改造后的结构与原结构的差别靠多次相同的过程逐渐消除。因为力矩分配法以位移法为基础,故最后介绍。

**学习指导**:理解超静定结构的几何特征和静力特征。请完成习题:3~6。

## 7.2 力法的基本概念

下面以作图 7.3(a) 所示单跨超静定梁的弯矩图为例,介绍力法的基本概念。

图 7.3(a) 所示超静定梁与图 7.3(b) 所示静定悬臂梁相比多一个 $B$ 支座,$B$ 支座是多余约束。设 $B$ 支座的反力为 $X_1$,若 $X_1$ 已知,则梁中内力可按静力平衡条件计算,因此计算图 7.3(a) 所示超静定梁的关键是确定 $X_1$。下面讨论 $X_1$ 的计算方法。

首先将 $B$ 支座去掉,代之以 $X_1$,方向任意假设,如图 7.3(c) 所示,该体系称为力

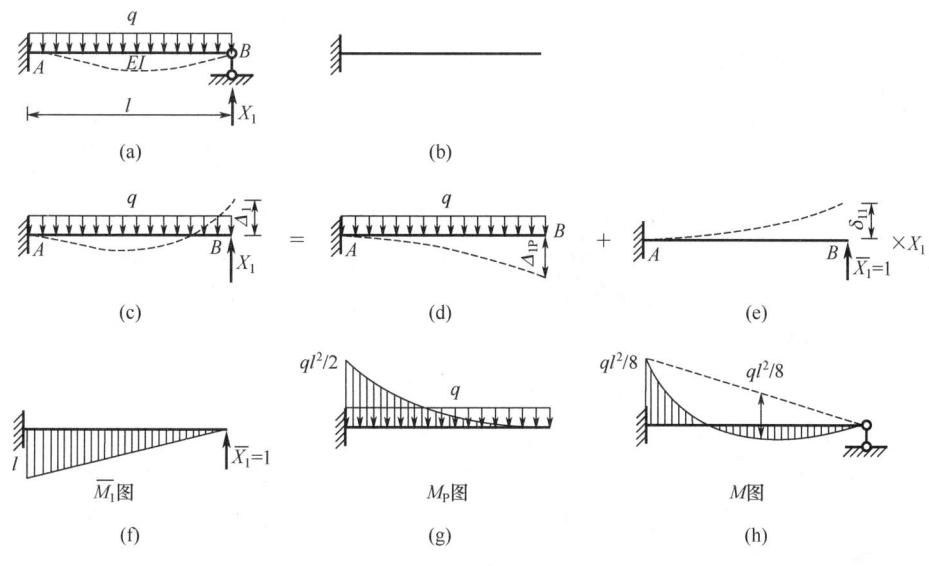

图 7.3 力法的基本概念

法的基本体系。将力法的基本体系与原体系相比，二者的差别为：原体系 $B$ 支座处无竖向位移，而力法的基本体系的 $B$ 点无支座会产生竖向位移 $\Delta_1$。若要使力法的基本体系与原体系受力相同，需使力法的基本体系的位移与原体系相等，即

$$\Delta_1 = 0 \tag{7-1}$$

此条件是消除力法的基本体系与原体系差别的条件，称为变形条件或位移条件。力法的基本体系的位移 $\Delta_1$ 是荷载与 $X_1$ 共同产生的，按叠加原理可分开计算然后相加，如图 7.3（c）、（d）、（e）所示，即

$$\Delta_1 = \delta_{11} X_1 + \Delta_{1P} \tag{7-2}$$

结合式（7-1），有

$$\delta_{11} X_1 + \Delta_{1P} = 0 \tag{7-3}$$

此方程称为力法方程。方程中的系数 $\delta_{11}$ 和常数项 $\Delta_{1P}$ 分别为 $\overline{X}_1 = 1$ 和荷载单独作用下引起的 $B$ 点的位移，以与 $X_1$ 方向一致为正，可由第 6 章介绍的求静定结构位移的图乘法计算。分别作出 $\overline{X}_1 = 1$ 和荷载单独作用下引起的弯矩图，如图 7.3（f）、（g）所示，分别称为单位弯矩图（$\overline{M}_1$ 图）和荷载弯矩图（$M_P$ 图）。由图乘法可知，图 7.3（f）是求图 7.3（g）荷载引起的位移 $\Delta_{1P}$ 的单位力状态，图 7.3（f）和图 7.3（g）两个弯矩图图乘即得 $\Delta_{1P}$。

$$\Delta_{1P} = \frac{1}{EI}\left(\frac{1}{3} \cdot l \cdot \frac{ql^2}{2}\right)\left(-\frac{3}{4}l\right) = -\frac{ql^4}{8EI}$$

为求图 7.3（f）中 $\overline{X}_1 = 1$ 引起的位移 $\delta_{11}$ 需确定单位力状态，而单位力状态与图 7.3（f）所示状态相同，故图 7.3（f）所示单位弯矩图自身相乘即得 $\delta_{11}$。

$$\delta_{11} = \frac{1}{EI}\left(\frac{1}{2} \cdot l \cdot l\right) \times \frac{2}{3}l = \frac{l^3}{3EI}$$

将求得的 $\delta_{11}$、$\Delta_{1P}$ 代入方程式（7-3），有

$$\frac{l^3}{3EI}X_1 - \frac{ql^4}{8EI} = 0$$

解方程，得

$$X_1 = \frac{3}{8}ql$$

结果为正值，说明开始假设的方向是正确的，若为负值则说明实际方向与假设方向相反。求出 $X_1$ 后即可按静定结构的计算方法计算原体系的内力。由于这时的力法的基本体系与原体系受力相同，故可用计算力法的基本体系来代替计算原体系。力法的基本体系在荷载和 $\overline{X}_1 = 1$ 单独作用下的弯矩图已经画出，根据叠加原理，力法的基本体系在荷载和 $X_1$ 共同作用下引起的弯矩可由式(7-4)计算。

$$M = \overline{M}_1 X_1 + M_P \tag{7-4}$$

具体作弯矩图时，可由式(7-4)先求出杆件两端的截面弯矩，再用第 3 章介绍的作静定结构弯矩图的叠加法画弯矩图。单位力 $\overline{X}_1 = 1$ 引起的 $A$ 截面弯矩根据单位弯矩图可知大小为 $l$，方向为绕杆端顺时针方向转动，下侧受拉；荷载引起的 $A$ 截面弯矩根据荷载弯矩图可知大小为 $-\frac{1}{2}ql^2$，方向为绕杆端逆时针方向转动，代入式(7-4)求出 $A$ 端弯矩，为

$$M_{AB} = lX_1 - \frac{1}{2}ql^2 = l \times \frac{3}{8}ql - \frac{1}{2}ql^2 = -\frac{1}{8}ql^2 \text{（上侧受拉）}$$

$B$ 端弯矩为 0，根据杆端弯矩作出结构的弯矩图如图 7.3（h）所示（此结果将被用于第 8 章位移法的计算中，并列入表 8-1 中）。

从上面的求解过程来看，最先求出的是多余约束力 $X_1$，故称其为力法的基本未知量，这也是这个方法被称为力法的原因。所有计算均是在静定结构——图 7.3（b）所示悬臂梁上进行的，该静定结构称为力法的基本结构，在其上作用荷载和多余约束力后称为力法的基本体系。当力法的基本体系满足变形条件式(7-1)时，即与原体系变形一致，受力相同。

总结上面的求解过程，可知力法解算超静定结构的步骤如下。

(1) 确定力法的基本体系。
(2) 根据变形条件写出力法方程。
(3) 作出单位弯矩图和荷载弯矩图。
(4) 求系数和常数项。
(5) 解力法方程。
(6) 叠加法作弯矩图。

【例题 7-1】采用不同的力法的基本结构计算图 7.4（a）所示结构，作弯矩图。

【解】(1) 此梁为一次超静定结构，只有一个多余约束，去掉一个多余约束即得力法的基本结构。

① 确定力法的基本体系。

首先用悬臂梁作为力法的基本结构。图 7.4（a）所示结构去掉 $B$ 支座后为悬臂梁，力法的基本体系如图 7.4（b）所示。

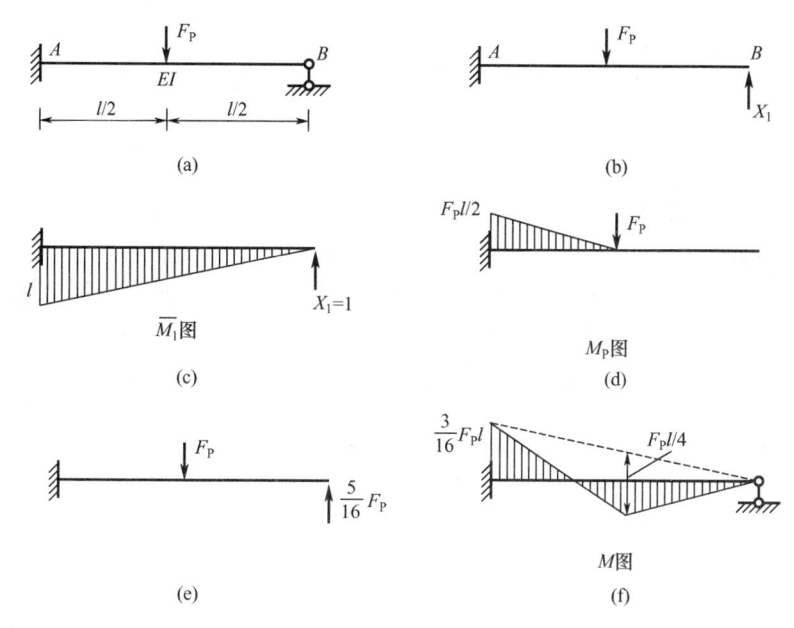

图 7.4 采用悬臂梁作为基本结构

② 根据变形条件写出力法方程。

变形条件为力法的基本体系 $B$ 点的位移等于 0，即
$$\Delta_1 = 0$$

力法方程为
$$\delta_{11} X_1 + \Delta_{1P} = 0$$

其中，$\delta_{11} X_1$ 为 $X_1$ 引起的力法的基本体系 $B$ 点的竖向位移，$\Delta_{1P}$ 为荷载 $F_P$ 引起的力法的基本体系 $B$ 点的竖向位移。

③ 作出单位弯矩图和荷载弯矩图。

在力法的基本结构（悬臂梁）上作出 $\overline{X}_1 = 1$ 单独作用下引起的单位弯矩图，如图 7.4（c）所示，作出荷载单独作用下引起的荷载弯矩图，如图 7.4（d）所示。

④ 求系数和常数项。

根据单位荷载法，$\overline{M}_1$ 图自乘得 $\delta_{11}$，$\overline{M}_1$ 图与 $M_P$ 图互乘得 $\Delta_{1P}$。

$$\delta_{11} = \frac{1}{EI} \left( \frac{1}{2} l \cdot l \right) \times \frac{2l}{3} = \frac{l^3}{3EI}$$

$$\Delta_{1P} = -\frac{1}{EI} \left( \frac{1}{2} \cdot \frac{l}{2} \cdot \frac{F_P l}{2} \right) \times \frac{5}{6} l = -\frac{5 F_P l^3}{48 EI}$$

⑤ 解力法方程。

把求得的系数和常数项代入力法方程，解得
$$X_1 = -\frac{\Delta_{1P}}{\delta_{11}} = \frac{5}{16} F_P$$

⑥ 叠加法作弯矩图。

原体系的弯矩图和力法的基本体系的弯矩图是相同的，力法的基本体系的受力图如图 7.4（e）所示，任意截面的弯矩可按叠加法求出。

$$M = \overline{M}_1 X_1 + M_P$$

$$M_{AB} = l \cdot X_1 - \frac{1}{2} F_P l = l \times \frac{5}{16} F_P - \frac{1}{2} F_P l = -\frac{3}{16} F_P l \, (上侧受拉)$$

求得弯矩图如图 7.4（f）所示。

（2）换一种力法的基本结构求解此题。

① 确定力法的基本体系。

这次用简支梁作为力法的基本结构，固定端支座相当于 3 个约束，限制水平位移、竖向位移和转动，将其改为固定铰支座，相当于减少一个约束，去掉了限制转动的约束，暴露出的力是支座反力矩 $X_1$。设 $X_1$ 顺时针方向转动，力法的基本体系如图 7.5（a）所示。

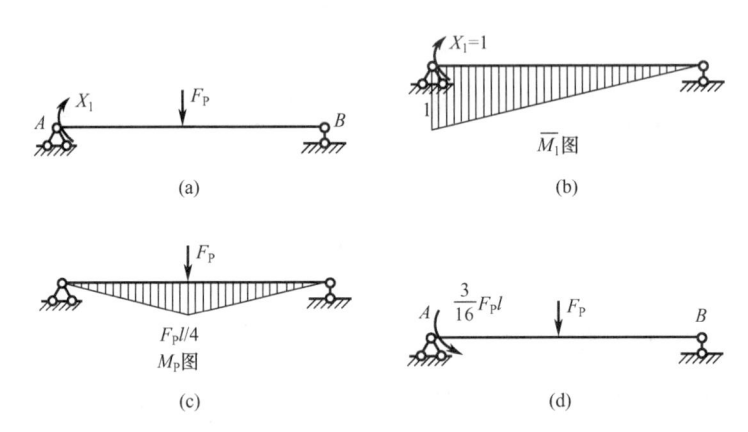

**图 7.5 采用简支梁作为基本结构**

② 根据变形条件写出力法方程。

变形条件是力法的基本体系上解除约束处的位移与原体系的相应位移相同。原体系 $A$ 点处是固定端，$A$ 截面无转角，力法的基本体系 $A$ 截面的转角 $\Delta_1$ 也应等于零，即

$$\Delta_1 = 0$$

力法方程为

$$\delta_{11} X_1 + \Delta_{1P} = 0$$

其中，$\delta_{11} X_1$ 为 $X_1$ 引起的力法的基本结构 $A$ 截面的转角，$\Delta_{1P}$ 为荷载 $F_P$ 引起的力法的基本结构 $A$ 截面的转角。

③ 作出单位弯矩图和荷载弯矩图。

在力法的基本结构（简支梁）上作出 $\overline{X}_1 = 1$ 单独作用下引起的单位弯矩图，如图 7.5（b）所示，作出荷载单独作用下引起的荷载弯矩图，如图 7.5（c）所示。

④ 求系数和常数项。

根据单位荷载法，$\overline{M}_1$ 图自乘得 $\delta_{11}$，$\overline{M}_1$ 图与 $M_P$ 图互乘得 $\Delta_{1P}$。

$$\delta_{11} = \frac{1}{EI} \left( \frac{1}{2} \cdot l \times 1 \right) \times \frac{2}{3} = \frac{l}{3EI}$$

$$\Delta_{1P} = \frac{1}{EI} \left( \frac{1}{2} \cdot l \cdot \frac{F_P l}{4} \right) \times \frac{1}{2} = \frac{F_P l^2}{16EI}$$

⑤ 解力法方程。

把求得的系数和常数项代入力法方程，解得

$$X_1 = -\frac{\Delta_{1P}}{\delta_{11}} = -\frac{3}{16}F_P l$$

⑥ 叠加法作弯矩图。

原体系的弯矩图和力法的基本体系的弯矩图是相同的，力法的基本体系的受力图如图 7.5（d）所示，任意截面的弯矩可按叠加法求出。

$$M = \overline{M}_1 X_1 + M_P$$

$$M_{AB} = 1 \cdot X_1 = -\frac{3}{16}F_P l \text{（上侧受拉）}$$

$X_1$ 为负值，说明实际方向与假设方向相反，为逆时针方向转动。将 $X_1 = -\frac{3}{16}F_P l$ 和荷载加在力法的基本结构上，如图 7.5（d）所示，作出弯矩图，与用悬臂梁作为力法的基本结构作出的弯矩图 [图 7.4（e）] 相同。

从上面所取的两种力法的基本结构的计算过程来看，虽然变形条件和力法方程在形式上是一样的，但表达的具体含义是不一样的，如 $\Delta_1 = 0$ 在取悬臂梁为力法的基本结构时表示悬臂梁右端的竖向位移等于零，而取简支梁时则表示简直梁左端截面转角等于零。还可以选择其他的力法的基本结构，如选择图 7.6（a）所示结构为力法的基本结构，$\Delta_1 = 0$ 表示 $A$ 点的竖向位移等于零；选图 7.6（b）所示多跨静定梁为力法的基本结构，$\Delta_1 = 0$ 表示中点两侧截面的相对转角等于零，因为原结构在该点的变形是连续的（无相对转角）。无论选取哪种力法的基本结构，最后作出的弯矩图都是相同的。

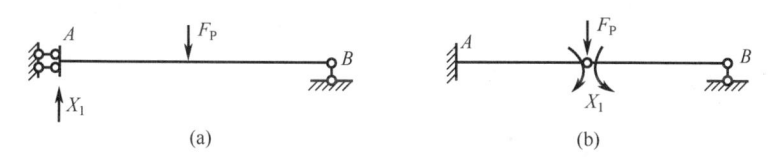

图 7.6 其他的力法的基本结构

【例题 7-2】试用力法计算图 7.7（a）所示结构，作弯矩图。

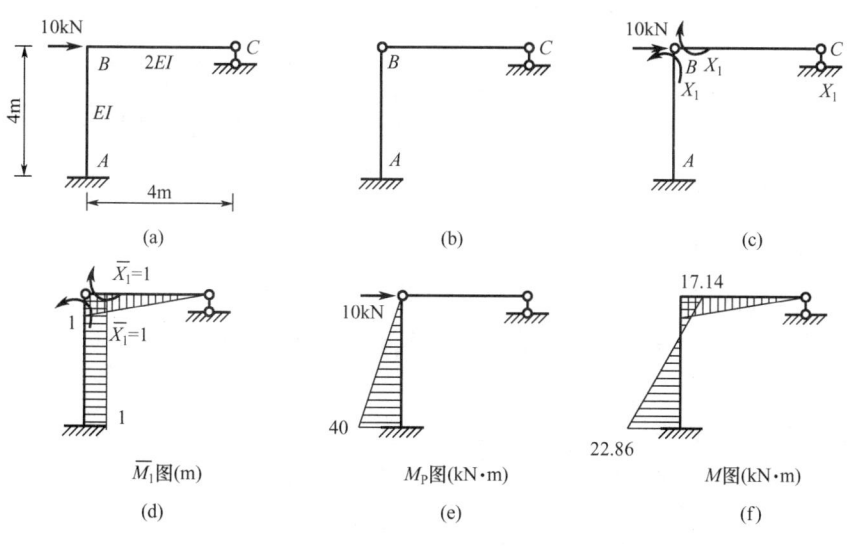

图 7.7 例题 7-2 图

【解】 图 7.7（a）中结构为一次超静定结构。

（1）确定基本体系。

把 $B$ 点由刚结点变为铰结点，得到静定主从刚架，如图 7.7（b）所示，此为力法的基本结构。此时刚结点 $B$ 点处约束相对转角的弯矩将暴露出来，此处应该加一对大小相等、反向相反的力矩，如图 7.7（c）所示，方向设为内侧受拉，此即为多余未知力（力法的基本未知量）$X_1$，加上原有的荷载，得到力法的基本体系，如图 7.7（c）所示。

（2）根据变形条件写出力法方程。

根据力法的基本体系中 $B$ 点连接的两个杆端 $BA$、$BC$ 截面的相对转角应等于原体系 $B$ 点连接的两个杆端 $BA$、$BC$ 截面的相对转角，因为此处 $B$ 点为刚结点，不可能有相对角位移，可知变形条件为

$$\Delta_1 = 0$$

力法的基本体系中 $B$ 点的相对转角 $\Delta_1$ 等于荷载单独引起的 $B$ 点的相对转角 $\Delta_{1P}$ 与多余未知量 $X_1$ 单独引起的 $B$ 点的相对转角 $\delta_{11}X_1$ 之和。根据变形条件，得力法方程

$$\delta_{11}X_1 + \Delta_{1P} = 0$$

（3）作出单位弯矩图和荷载弯矩图。

力法方程中的系数 $\delta_{11}$ 和常数项 $\Delta_{1P}$ 均为力法的基本结构中 $B$ 点的相对转角，为用图乘法求这些位移需分别作出力法的基本结构在 $\overline{X}_1 = 1$ 和荷载单独作用下的弯矩图。单位弯矩图和荷载弯矩图如图 7.7（d）、（e）所示。

（4）求系数和常数项。

利用图乘法求系数和常数项。

$\overline{M}_1$ 图自乘，得

$$\delta_{11} = \frac{1}{2EI}\left(\frac{1}{2} \times 4\mathrm{m} \times 4\mathrm{m}\right) \times \left(\frac{2}{3} \times 4\mathrm{m}\right) + \frac{1}{EI}(4\mathrm{m} \times 4\mathrm{m}) \times 4\mathrm{m} = \frac{224}{3EI}\mathrm{m}^3$$

$\overline{M}_1$ 图与 $M_P$ 图互乘，得

$$\Delta_{1P} = \frac{1}{EI}\left(\frac{1}{2} \times 4\mathrm{m} \times 40\mathrm{kN} \cdot \mathrm{m}\right) \times (-4\mathrm{m}) = -\frac{320}{EI}\mathrm{kN} \cdot \mathrm{m}^3$$

（5）解力法方程。

$$\frac{224}{3EI}X_1 - \frac{320}{EI} = 0$$

$$X_1 = \frac{30}{7}\mathrm{kN}(\uparrow)$$

（6）叠加法作弯矩图。

根据叠加公式 $M = \overline{M}_1 X_1 + M_P$，算得杆端弯矩为

$$M_{AB} = 4\mathrm{m} \times X_1 - 40\mathrm{kN} \cdot \mathrm{m} = 4\mathrm{m} \times \frac{30}{7}\mathrm{kN} - 40\mathrm{kN} \cdot \mathrm{m} \approx -22.86\mathrm{kN} \cdot \mathrm{m}(左侧受拉)$$

$$M_{BA} = -4\mathrm{m} \times X_1 + 0 = -4\mathrm{m} \times \frac{30}{7}\mathrm{kN} \approx -17.14\mathrm{kN} \cdot \mathrm{m}(右侧受拉)$$

$$M_{BC} = 4\mathrm{m} \times X_1 + 0 = 4\mathrm{m} \times \frac{30}{7}\mathrm{kN} \approx 17.14\mathrm{kN} \cdot \mathrm{m}(下侧受拉)$$

据此作出弯矩图如图 7.7（f）所示。

读者在做习题时可仿照例题 7-1 解题，文字说明部分不须写出，力法的基本结构不必画出。做习题时必须写出和画出的有：力法的基本体系、变形条件、力法方程、单位弯矩图、荷载弯矩图、系数和常数项的计算结果、力法方程的解、最终弯矩图。

**学习指导**：理解力法的解题思路，理解力法的基本体系、力法的基本结构、力法的基本未知量、变形条件等概念，理解系数和常数项的物理意义，熟练掌握力法解题过程。请完成习题：19~21。

## 7.3 力法的基本结构和基本未知量的确定

从 7.2 节可见，力法解题的第一步是确定力法的基本体系，即确定力法的基本结构和基本未知量，如果出现错误则后面的计算会劳而无功，本节将集中讨论如何确定力法的基本结构和基本未知量。

力法的基本结构是将超静定结构中的多余约束去掉后得到的结构。超静定结构中有多少多余约束，哪些约束可看作多余约束，是确定力法的基本结构的关键。将超静定结构中的多余约束的个数称为超静定次数，若一个结构有 $N$ 个多余约束则称该结构为 $N$ 次超静定结构。

确定超静定次数的方法之一是拆除多余约束，当将结构拆成静定结构后，拆除掉的多余约束的个数即为超静定次数，得到的静定结构即为力法的基本结构；同时也确定了力法的基本未知量，拆除的多余约束中的力即为力法的基本未知量。

拆除多余约束的方式通常有如下几种。

（1）去掉一个链杆相当于去掉一个约束。例如图 7.8（a）所示结构，去掉两个链杆后即成为图 7.8（b）所示的静定结构。故原结构的超静定次数等于 2，记作 $N=2$。得到的静定结构即为力法的基本结构，链杆中的力即为力法的基本未知量。

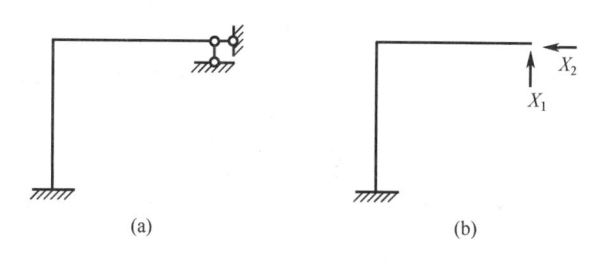

**图 7.8 去掉链杆约束**

（2）去掉一个单铰相当于去掉两个约束。例如图 7.9（a）所示结构，去掉一个单铰后成为图 7.9（b）所示的静定结构，因此原结构是二次超静定结构。去掉单铰后得到的结构即为力法的基本结构，所暴露出来的约束力（图中的 $X_2$ 作用于杆端截面上，因空间太小而画在了杆件侧边）即为力法的基本未知量。

（3）切断一根桁架杆相当于去掉一个约束。例如图 7.10（a）所示结构中，AB 杆是只有轴力的桁架杆，将其切断后成为图 7.10（b）所示的静定结构，所以原结构是一次超静定结构，杆中的轴力即为力法的基本未知量。

（4）切断一根梁式杆相当于去掉 3 个约束。例如图 7.11（a）所示结构中 AB 杆是有

(a)　　　　　　　　　　　(b)

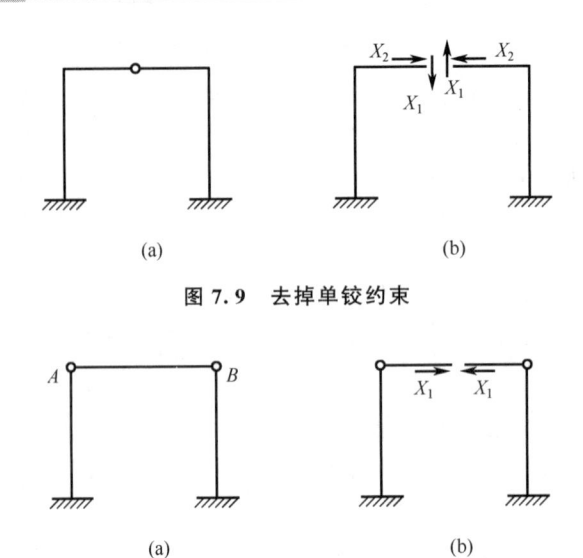

图 7.9　去掉单铰约束

(a)　　　　　　　　　　　(b)

图 7.10　切断桁架杆

轴力、剪力和弯矩的梁式杆，将其切断则在截面上暴露出来轴力、剪力和弯矩，它们即为力法的基本未知量，力法的基本结构如图 7.11（b）所示，原结构是 3 次超静定结构。

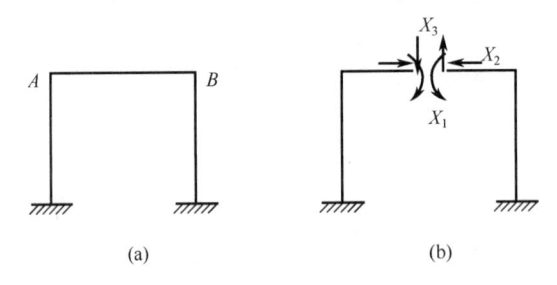

(a)　　　　　　　　　　　(b)

图 7.11　切断梁式杆

（5）在一根梁式杆上加一个单铰相当于去掉一个约束。例如图 7.12（a）所示结构，根据几何组成分析知其为两个刚片用 4 根链杆相连构成的具有一个多余约束的几何不变体系，是一次超静定结构，在 AB 杆上加一个单铰后成为图 7.12（b）所示的三铰刚架，三铰刚架是静定结构，故加一个单铰相当于减少一个约束，相当于去掉了该单铰两侧截面不能发生相对转角的约束。截面上的弯矩即为力法的基本未知量。

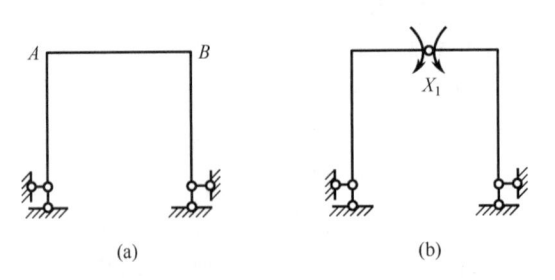

(a)　　　　　　　　　　　(b)

图 7.12　梁式杆上加单铰

下面通过例题来说明确定超静定次数的方法。

# 第7章 力 法

【例题 7-3】确定图 7.13（a）所示结构的超静定次数。

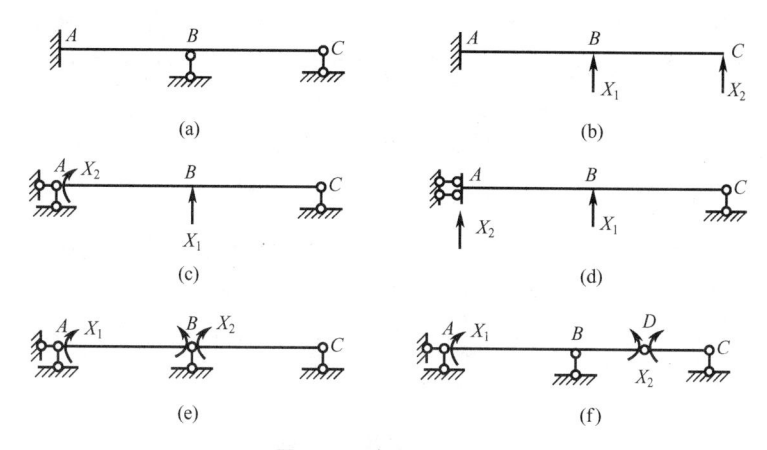

图 7.13 例题 7-3 图

【解】图 7.13（a）所示结构拆掉两个链杆后为悬臂梁，如图 7.13（b）所示。悬臂梁是静定的，故原结构是二次超静定结构，力法的基本结构如图 7.13（b）所示，$X_1$、$X_2$ 为力法的基本未知量。

图 7.13（a）所示结构也可以拆成简支梁，如图 7.13（c）所示。固定端支座变成固定铰支座，相当于去掉了限制转动的约束，与其对应的约束力矩为力法的基本未知量。若将固定端支座改成滑动支座，相当于去掉了限制竖向位移的约束，与其相应的竖向反力为力法的基本未知量，如图 7.13（d）所示。

可见，力法的基本结构并不唯一。但无论如何取力法的基本结构，力法的基本未知量的个数是一样的，等于超静定次数。还可以取图 7.13（e）、(f) 所示多跨梁作为力法的基本结构，图 7.13（e）是将原结构刚结的 $B$ 结点变成了铰结点，相当于去掉了限制 $B$ 点两侧截面发生相对转动的约束，截面弯矩为力法的基本未知量，图 7.13（f）类似。取不同的力法的基本结构进行计算不会影响最终的计算结果，但对计算工作量有影响。

【例题 7-4】确定图 7.14（a）所示结构的超静定次数。

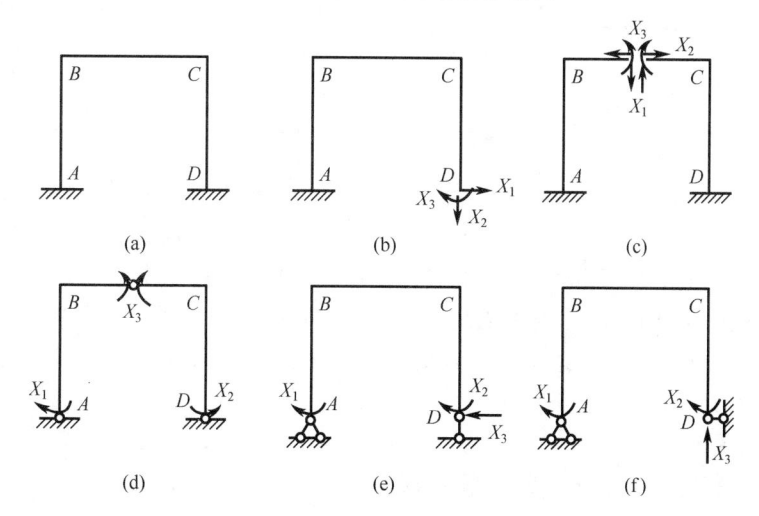

图 7.14 例题 7-4 图

**【解】** 图 7.14（a）所示结构去掉 $D$ 处的固定端支座后，变成静定悬臂刚架，如图 7.14（b）所示。固定端支座相当于 3 个约束，故原结构是 3 次超静定结构。图 7.14（b）所示悬臂刚架可作为力法的基本结构，去掉的固定端支座的 3 个反力为力法的基本未知量。

图 7.14（c）、（d）、（e）也可作为力法的基本结构。

图 7.14（f）为瞬变体系，不能作为力法的基本结构。

**【例题 7-5】** 确定图 7.15（a）所示结构的超静定次数。

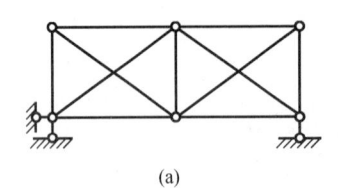

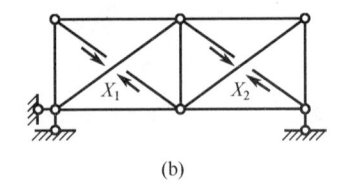

图 7.15 例题 7-5 图

**【解】** 经几何组成分析，可知图 7.15（a）所示结构具有两个多余约束，是二次超静定结构。将两个杆件切断，如图 7.15（b）所示，即为力法的基本结构，切断的两个杆件的轴力为力法的基本未知量。

**【例题 7-6】** 确定图 7.16（a）所示结构的超静定次数。

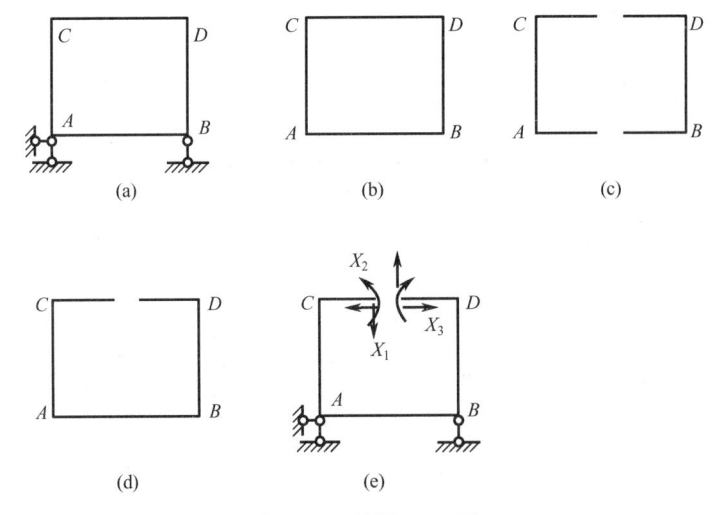

图 7.16 例题 7-6 图

**【解】** 矩形无铰闭合框 $ABCD$ 部分与基础通过 3 个链杆相连，可将 3 个链杆去掉后分析 $ABCD$ 部分 [图 7.16（b）] 的几何组成。$ABCD$ 部分可看成是由图 7.16（c）所示的两个刚片组成，两个刚片组成无多余约束的几何不变体系只需 3 个约束，若用一个刚结点（相当于 3 个约束）将两个刚片连接成图 7.16（d）所示体系，则是无多余约束的几何不变体系，故图 7.16（b）所示体系有 3 个多余约束 [比图 7.16（d）多一个刚结点]。力法的基本结构如图 7.16（e）所示。

根据本例题可以得到这样一个结论：一个无铰闭合框有 3 个多余约束。对于由若干个无铰闭合框构成的超静定结构，其超静定次数应等于框的个数乘以 3。例如图 7.17（a）所示结构有 4 个无铰闭合框，其超静定次数为 $4 \times 3 = 12$（次）。

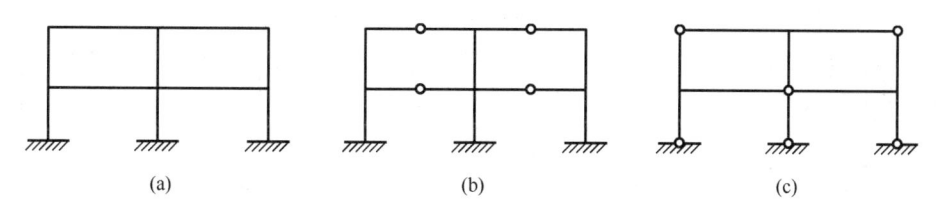

图 7.17 按无铰闭合框数计算超静定次数

如果闭合框中有铰，根据前述加一个单铰相当于减少一个约束，只要在按无铰闭合框算出的结果中减去单铰个数即为超静定次数。如图 7.17 （b）所示结构中有 4 个单铰，其超静定次数为 4×3－4＝8（次）。再如图 7.17（c）所示结构，有 5 个单铰和 1 个复铰，中间的复铰连接 4 个刚片相当于 3 个单铰，即单铰个数为 8 个，因此该结构的超静定次数为 4×3－8＝4（次）。

**学习指导**：熟练掌握超静定次数的确定，并能正确选取力法的基本结构和基本未知量。请完成习题：7、8。

## 7.4 荷载作用下用力法计算超静定梁与刚架

本节以图 7.18（a）所示二次超静定结构为例对力法的基本概念和计算步骤做补充说明。

1. 确定力法的基本体系

取图 7.18（b）所示悬臂刚架作力法的基本结构，力法的基本体系如图 7.18（c）所示，图中的 $\Delta_1$ 和 $\Delta_2$ 为力法的基本未知量 $X_1$、$X_2$ 和荷载共同作用产生的 $X_1$ 和 $X_2$ 方向的位移。

2. 根据变形条件写出力法方程

若要使力法的基本体系的位移与原体系的位移相同，应使力法的基本体系在解除约束处 C 点的位移等于原体系 C 点的位移，即

$$\left.\begin{array}{l}\Delta_1=0\\ \Delta_2=0\end{array}\right\} \quad (7-5)$$

力法的基本体系上的位移应等于图 7.18（d）、（e）、（f）3 种情况的叠加，即

$$\left.\begin{array}{l}\Delta_1=\delta_{11}X_1+\delta_{12}X_2+\Delta_{1P}\\ \Delta_2=\delta_{21}X_1+\delta_{22}X_2+\Delta_{2P}\end{array}\right\} \quad (7-6)$$

结合变形条件，得力法方程

$$\left.\begin{array}{l}\delta_{11}X_1+\delta_{12}X_2+\Delta_{1P}=0\\ \delta_{21}X_1+\delta_{22}X_2+\Delta_{2P}=0\end{array}\right\} \quad (7-7)$$

方程中的系数 $\delta_{ij}$ 表示 $X_j=1$ 引起的基本结构上 $X_i$ 作用点沿 $X_i$ 方向的位移，以与 $X_i$ 方向一致为正。当 $i=j$ 时，$\delta_{ij}$ 称为主系数，主系数恒大于零；当 $i\neq j$ 时，$\delta_{ij}$ 称为副系数，副系数满足关系 $\delta_{ij}=\delta_{ji}$，符合位移互等定理。主系数和副系数与外荷载无关，不随荷载的改变而改变，是体系固有的常数，统称为柔度系数。$\Delta_{iP}$ 为荷载引起的基本结构上 $X_i$ 作用点沿 $X_i$ 方向的位移，称为常数项或荷载项。方程中各项的下角标有规律性，第一个方程

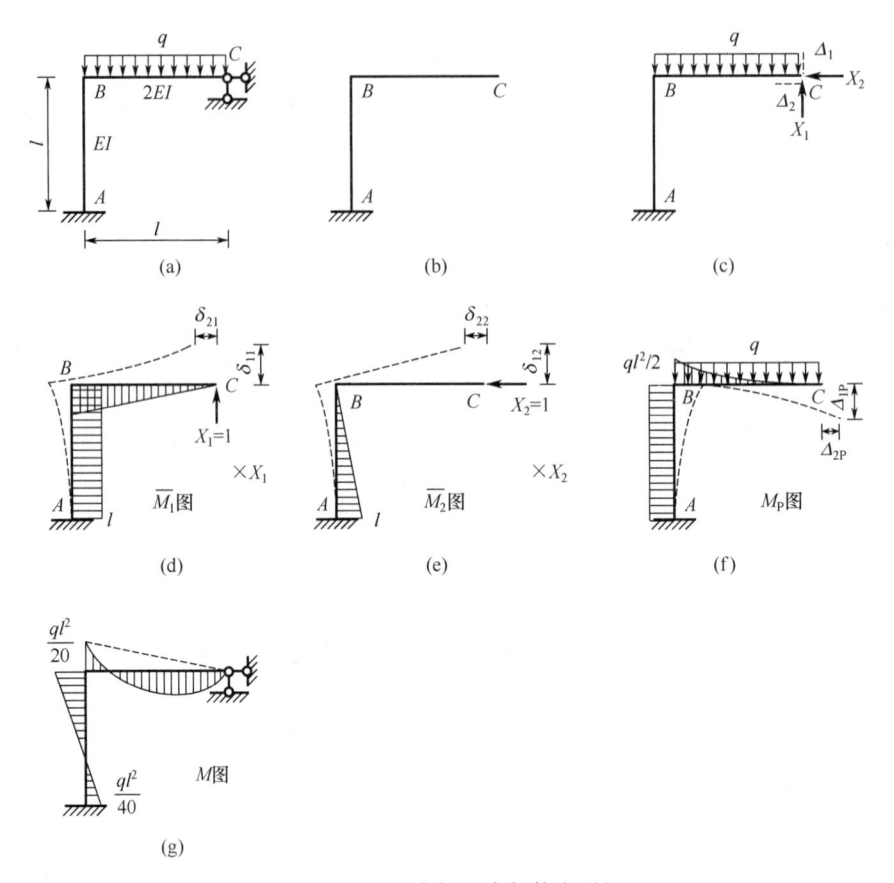

图 7.18 力法求解二次超静定刚架

中的柔度系数和常数项的第一个下角标均为 1，表示它们均是 $X_1$ 方向的位移；第二个下角标分别为 1、2、P，表示它们分别为 $X_1=1$、$X_2=1$、$F_P$ 单独作用引起的位移。据此不难写出 $n$ 次超静定结构的力法方程为

$$\left.\begin{array}{l}\delta_{11}X_1+\delta_{12}X_2+\cdots+\delta_{1n}X_n+\Delta_{1P}=0\\ \delta_{21}X_1+\delta_{22}X_2+\cdots+\delta_{2n}X_n+\Delta_{2P}=0\\ \cdots\quad\cdots\quad\cdots\\ \delta_{n1}X_1+\delta_{n2}X_2+\cdots+\delta_{nn}X_n+\Delta_{nP}=0\end{array}\right\}$$

只要超静定次数相同，不同结构的力法方程在形式上就是相同的，也称力法方程为力法典型方程。此力法典型方程的物理意义是：基本体系的位移和原超静定体系的位移是一致的，也就是满足变形协调条件。

3. 作出单位弯矩图和荷载弯矩图

在力法的基本结构上分别作出 $\overline{X}_1=1$、$\overline{X}_2=1$ 单独作用下引起的单位弯矩图 $\overline{M}_1$ 图、$\overline{M}_2$ 图，如图 7.18（d）、（e）所示；作出荷载单独作用下引起的荷载弯矩图 $M_P$ 图，如图 7.18（f）所示。

4. 求系数和常数项

根据单位荷载法，$\overline{M}_1$ 图自乘得 $\delta_{11}$，$\overline{M}_2$ 图自乘得 $\delta_{22}$，$\overline{M}_1$ 图与 $\overline{M}_2$ 图互乘得 $\delta_{12}$ 和 $\delta_{21}$，

$\overline{M}_1$ 图与 $M_P$ 图互乘得 $\Delta_{1P}$，$\overline{M}_2$ 图与 $M_P$ 图互乘得 $\Delta_{2P}$，它们分别为

$$\delta_{11}=\frac{1}{2EI}\left(\frac{1}{2}l\cdot l\right)\times\frac{2}{3}l+\frac{1}{EI}(l\cdot l)l=\frac{7l^3}{6EI}$$

$$\delta_{22}=\frac{1}{EI}\left(\frac{1}{2}l\cdot l\right)\times\frac{2}{3}l=\frac{l^3}{3EI}$$

$$\delta_{12}=\delta_{21}=\frac{1}{EI}\left(\frac{1}{2}l\cdot l\right)l=\frac{l^3}{2EI}$$

$$\Delta_{1P}=\frac{1}{2EI}\left(\frac{1}{3}l\cdot\frac{ql^2}{2}\right)\left(-\frac{3}{4}l\right)+\frac{1}{EI}\left(l\cdot\frac{ql^2}{2}\right)(-l)=-\frac{9ql^4}{16EI}$$

$$\Delta_{2P}=\frac{1}{EI}\left(l\cdot\frac{ql^2}{2}\right)\left(-\frac{1}{2}l\right)=-\frac{ql^4}{4EI}$$

5. 解力法方程

将上述计算结果代入力法方程（7-7），有

$$\left.\begin{array}{l}\dfrac{7l^3}{6EI}X_1+\dfrac{l^3}{2EI}X_2-\dfrac{9ql^4}{16EI}=0\\[2mm]\dfrac{l^3}{2EI}X_1+\dfrac{l^3}{3EI}X_2-\dfrac{ql^4}{4EI}=0\end{array}\right\} \tag{7-8}$$

解力法方程，得

$$\left.\begin{array}{l}X_1=\dfrac{9}{20}ql\\[2mm]X_2=\dfrac{3}{40}ql\end{array}\right\}$$

6. 叠加法作弯矩图

按叠加法作弯矩图，由式

$$M=\overline{M}_1X_1+\overline{M}_2X_2+M_P$$

计算出各杆端弯矩（以绕杆端顺时针转向为正），为

$$M_{AB}=lX_1+lX_2-\frac{ql^2}{2}=l\times\frac{9}{20}ql+l\times\frac{3}{40}ql-\frac{ql^2}{2}=\frac{1}{40}ql^2\text{（右侧受拉）}$$

$$M_{BA}=(-l)X_1+\frac{ql^2}{2}=(-l)\times\frac{9}{20}ql+\frac{ql^2}{2}=\frac{1}{20}ql^2\text{（右侧受拉）}$$

$$M_{BC}=lX_1-\frac{ql^2}{2}=l\times\frac{9}{20}ql-\frac{ql^2}{2}=-\frac{1}{20}ql^2\text{（下侧受拉）}$$

据此画出弯矩图，如图 7.18（g）所示。

从方程式（7-8）可见，方程各项均含有 $\dfrac{1}{EI}$，消去后使得结果中不含 $EI$，最终算得的内力也不含 $EI$，但各杆的刚度比值不会消去。这说明，荷载作用下的超静定结构内力与各杆的刚度的绝对值大小无关，而只与各杆的刚度比值有关（注意，这一结论只在荷载作用时成立）。因此在求超静定结构在荷载作用下引起的内力时，只要保证各杆的刚度比值不变，即可任意选定刚度大小，以方便计算。

【例题 7-7】试用力法计算图 7.19（a）所示两跨连续梁，作弯矩图。$EI=$ 常数。

【解】（1）确定力法的基本体系。

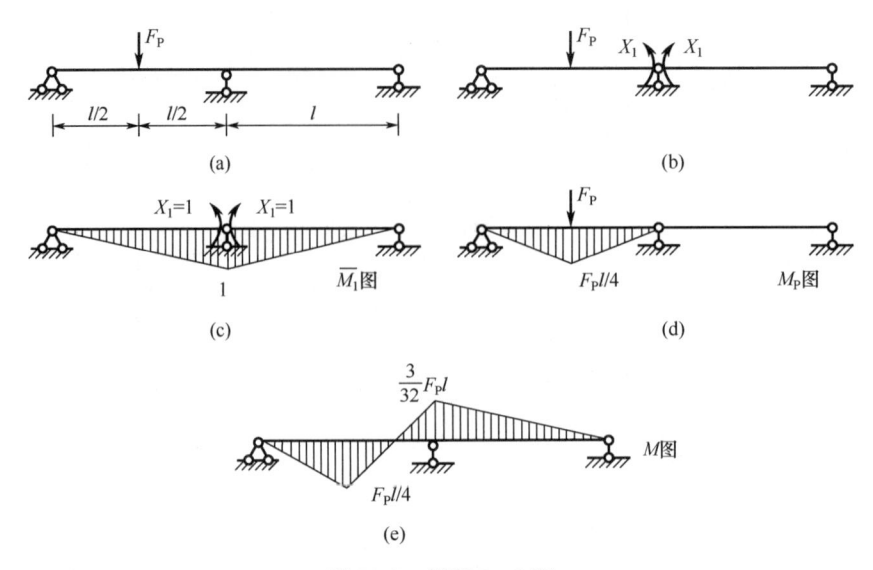

图 7.19 例题 7-7 图

图 7.19（a）所示两跨连续梁是一次超静定结构。在中间支座处截面上加铰，变成两跨简支梁，暴露出的截面弯矩为力法的基本未知量，力法的基本体系如图 7.19（b）所示。

（2）根据变形条件写出力法方程。

变形条件均表示铰两侧截面的相对转角为零。

$$\Delta_1 = 0$$

力法方程为

$$\delta_{11} X_1 + \Delta_{1P} = 0$$

（3）作出单位弯矩图和荷载弯矩图。

$\overline{M}_1$ 图、$M_P$ 图如图 7.19（c）、（d）所示。

（4）求系数和常数项。

系数和常数项分别为

$$\delta_{11} = \frac{1}{EI} \left( \frac{1}{2} \times l \times 1 \right) \left( \frac{2}{3} \times 1 \right) \times 2 = \frac{2l}{3EI}$$

$$\Delta_{1P} = \frac{1}{EI} \left( \frac{1}{2} \cdot l \cdot \frac{F_P l}{4} \right) \times \frac{1}{2} = \frac{F_P l^2}{16EI}$$

（5）解力法方程，求力法的基本未知量。

解力法方程，得

$$X_1 = -\frac{\Delta_{1P}}{\delta_{11}} = -\frac{3}{32} F_P l$$

（6）叠加法作弯矩图。

按式

$$M = \overline{M}_1 X_1 + M_P$$

绘得最终弯矩图如图 7.19（e）所示。

如果采用图 7.20（a）所示力法的基本体系，相应的 $\overline{M}_1$ 图、$M_P$ 图如图 7.20（b）、

(c) 所示。与图 7.19 (b) 所示力法的基本体系相比，图 7.20 (a) 所示力法的基本体系的 $M_P$ 图要复杂一些，图乘法求 $\Delta_{1P}$ 时的计算工作量要大一些。可见，选不同的力法的基本结构虽然都能得到最终结果，但计算工作量是不同的，因此在求解前要考虑一下选择怎样的力法的基本结构计算工作量会少一些，可先粗略地勾画一下与各种力法的基本结构相应的单位弯矩图和荷载弯矩图，以方便比较。

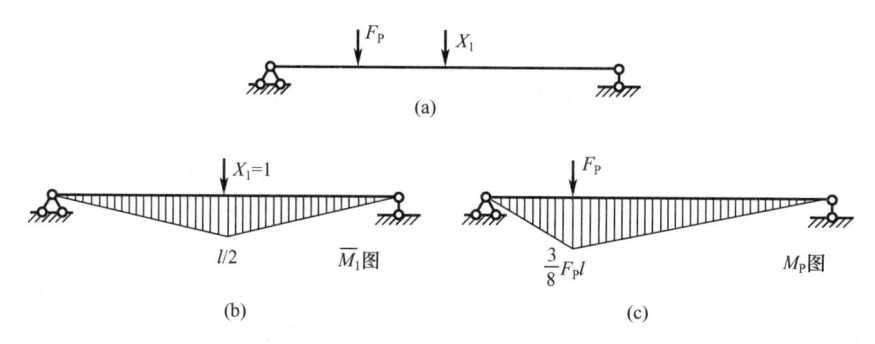

图 7.20　选用简支梁作为力法的基本结构的情况

【例题 7-8】试用力法计算图 7.21 (a) 所示结构，作弯矩图。

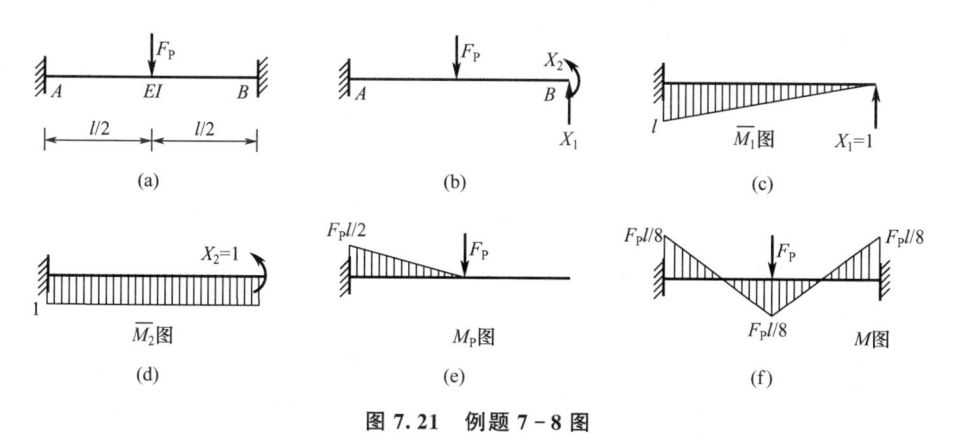

图 7.21　例题 7-8 图

【解】图 7.21 (a) 所示结构是两端固定梁，该结构是 3 次超静定结构。由于可以证明水平梁在竖向荷载作用下轴力为零，因此可按二次超静定结构来计算。

(1) 确定力法的基本体系，如图 7.21 (b) 所示。

(2) 根据变形条件写出力法方程。

变形条件为

$$\left.\begin{array}{l}\Delta_1=0\\ \Delta_2=0\end{array}\right\}$$

力法方程为

$$\left.\begin{array}{l}\delta_{11}X_1+\delta_{12}X_2+\Delta_{1P}=0\\ \delta_{21}X_1+\delta_{22}X_2+\Delta_{2P}=0\end{array}\right\}$$

(3) 作出单位弯矩图和荷载弯矩图，如图 7.21 (c)、(d)、(e) 所示。

(4) 求系数和常数项。

$$\delta_{11}=\frac{l^3}{3EI},\ \delta_{22}=\frac{l}{EI},\ \delta_{12}=\delta_{21}=\frac{l^2}{2EI}$$

$$\Delta_{1P}=-\frac{5F_Pl^3}{48EI},\ \Delta_{2P}=-\frac{F_Pl^2}{8EI}$$

（5）解力法方程，求力法的基本未知量。

$$\left.\begin{array}{l}\dfrac{l^3}{3EI}X_1+\dfrac{l^2}{2EI}X_2-\dfrac{5F_Pl^3}{48EI}=0\\[2mm]\dfrac{l^2}{2EI}X_1+\dfrac{l}{EI}X_2-\dfrac{F_Pl^2}{8EI}=0\end{array}\right\}$$

$$\left.\begin{array}{l}X_1=\dfrac{1}{2}F_P\\[2mm]X_2=-\dfrac{1}{8}F_Pl\end{array}\right\}$$

（6）叠加法作弯矩图。

用叠加法作出弯矩图，如图 7.21（f）所示（此结果将被用于第 8 章位移法的计算中，并列入表 8-1 中）。

【例题 7-9】图 7.22（a）所示单层工业厂房在受水平荷载作用时简化成排架计算。试计算图 7.22（a）所示排架，作弯矩图。

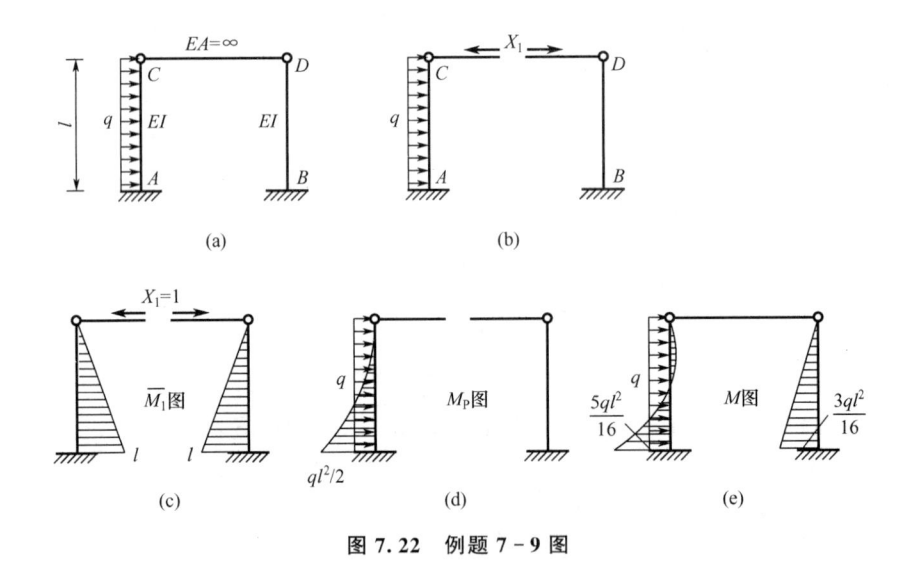

图 7.22 例题 7-9 图

【解】（1）确定力法的基本体系。

该排架为一次超静定结构，可切断链杆解除一个多余约束，力法的基本体系如图 7.22（b）所示。

（2）根据变形条件写出力法方程。

变形条件为

$$\Delta_1=0$$

$\Delta_1$ 是与 $X_1$ 对应的广义位移，即切口两侧截面的相对水平位移。力法方程为

$$\delta_{11}X_1+\Delta_{1P}=0$$

（3）作出单位弯矩图和荷载弯矩图。

单位弯矩图和荷载弯矩图如图 7.22（c）、(d) 所示。

（4）求系数和常数项。

求系数和常数项应按组合结构的位移计算公式，由于链杆刚度无穷大，无轴向变形，对位移无影响，故可按刚架位移计算公式计算，计算结果为

$$\delta_{11} = \frac{1}{EI}\left(\frac{1}{2} \cdot l \cdot l \times \frac{2}{3} \cdot l\right) \times 2 = \frac{2l^3}{3EI}$$

$$\Delta_{1P} = -\frac{1}{EI} \times \frac{1}{3} \cdot l \cdot \frac{ql^2}{2} \times \frac{3}{4}l = -\frac{ql^4}{8EI}$$

（5）解力法方程，求力法的基本未知量。

将系数和常数项代入力法方程，得

$$X_1 = \frac{3}{16}ql$$

（6）叠加法作弯矩图。

按叠加法作出的弯矩图如图 7.22（e）所示。

【例题 7-10】试用力法计算图 7.23（a）所示对称刚架，作弯矩图。$EI=$ 常数。

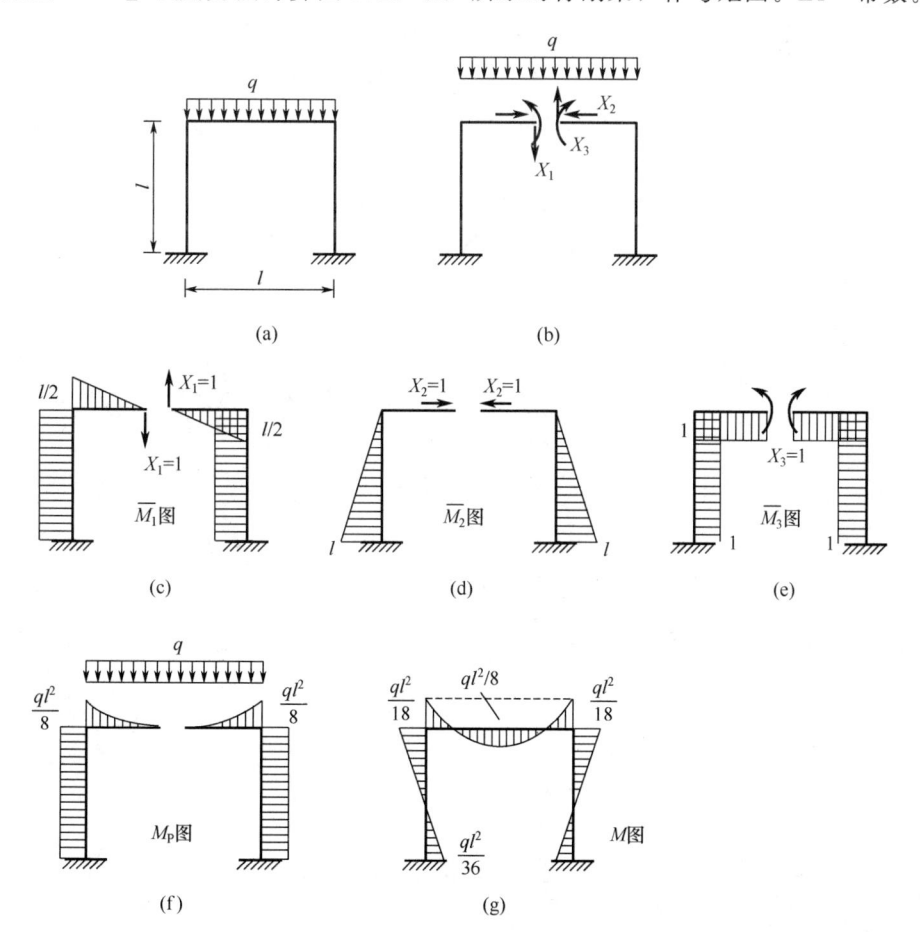

图 7.23　例题 7-10 图

**【解】** 这里选取将横梁中间切开得到的两个悬臂刚架作为力法的基本结构,这个基本结构是个对称的结构。力法的基本体系如图 7.23 (b) 所示,暴露出的截面剪力 $X_1$、轴力 $X_2$ 和弯矩 $X_3$ 为力法的基本未知量。

变形条件是切口两侧截面不能有竖向相对位移,即 $X_1$ 方向的位移应等于零;两侧截面不能有水平相对位移,即 $X_2$ 方向的位移应等于零;两侧截面不能有相对转角,即 $X_3$ 方向的位移应等于零,故有

$$\Delta_1 = 0, \Delta_2 = 0, \Delta_3 = 0$$

力法方程为

$$\left.\begin{array}{l}\delta_{11}X_1 + \delta_{12}X_2 + \delta_{13}X_3 + \Delta_{1P} = 0 \\ \delta_{21}X_1 + \delta_{22}X_2 + \delta_{23}X_3 + \Delta_{2P} = 0 \\ \delta_{31}X_1 + \delta_{32}X_2 + \delta_{33}X_3 + \Delta_{3P} = 0\end{array}\right\}$$

作出 $\overline{M}_1$、$\overline{M}_2$、$\overline{M}_3$ 和 $M_P$ 图,如图 7.23 (c)、(d)、(e)、(f) 所示。其中 $\overline{M}_1$ 图是反对称弯矩图,$\overline{M}_2$、$\overline{M}_3$ 和 $M_P$ 图是对称弯矩图。将引起反对称弯矩图的力法的基本未知量称为反对称基本未知量,引起对称弯矩图的力法的基本未知量称为对称基本未知量。$X_1$ 是反对称基本未知量,$X_2$ 和 $X_3$ 是对称基本未知量。在用图乘法求系数和常数项时,会发现对称弯矩图与反对称弯矩图的图乘结果为零,等于零的系数有

$$\delta_{12} = 0, \delta_{13} = 0, \delta_{21} = 0, \delta_{31} = 0$$

代入力法方程,方程化成如下两组方程,一组只含反对称基本未知量 $X_1$,另一组只含对称基本未知量 $X_2$ 和 $X_3$。

$$\delta_{11}X_1 + \Delta_{1P} = 0$$

$$\left.\begin{array}{l}\delta_{22}X_2 + \delta_{23}X_3 + \Delta_{2P} = 0 \\ \delta_{32}X_2 + \delta_{33}X_3 + \Delta_{3P} = 0\end{array}\right\}$$

其中

$$\delta_{11} = \frac{1}{EI}\left(\frac{1}{2} \cdot \frac{l}{2} \cdot \frac{l}{2}\right)\left(\frac{2}{3} \cdot \frac{l}{2}\right) \times 2 + \frac{1}{EI}\left(\frac{l}{2} \cdot l\right) \times \frac{l}{2} \times 2 = \frac{7l^3}{12EI}$$

$$\Delta_{1P} = 0$$

$$\delta_{22} = \frac{2l^3}{3EI}, \quad \delta_{23} = -\frac{l^3}{EI}, \quad \Delta_{2P} = \frac{ql^4}{8EI}$$

$$\delta_{32} = \delta_{23} = -\frac{l^3}{EI}, \quad \delta_{33} = \frac{3l}{EI}, \quad \Delta_{3P} = -\frac{7ql^3}{24EI}$$

从这个计算过程可以看出,选择对称的力法的基本结构及对称和反对称的基本未知量,可以减少计算系数和常数项的工作量。

解力法方程,得

$$X_1 = 0, \quad X_2 = -\frac{1}{12}ql, \quad X_3 = \frac{5}{72}ql^2$$

按式

$$M = \overline{M}_1 X_1 + \overline{M}_2 X_2 + \overline{M}_3 X_3 + M_P$$

绘得最终弯矩图如图 7.23 (g) 所示。

**学习指导**:熟练掌握用力法解荷载作用下的内力。理解力法典型方程的物理意义及系

数和常数项的物理意义。请完成习题：9～14。

## 7.5 用力法计算单跨超静定梁由支座位移引起的内力

超静定结构在支座发生位移时一般会产生内力，该内力也可以用力法计算，计算过程与计算荷载引起内力的过程类似。因为第 8 章位移法要用到单跨超静定梁由支座位移引起的内力结果，故下面仅讨论单跨超静定梁在支座发生位移时的内力计算。

【例题 7-11】图 7.24（a）所示超静定梁，$A$ 支座转动 $\varphi$，$B$ 支座移动 $\Delta$，试用力法计算由此产生的内力，作弯矩图。$EI=$ 常数。

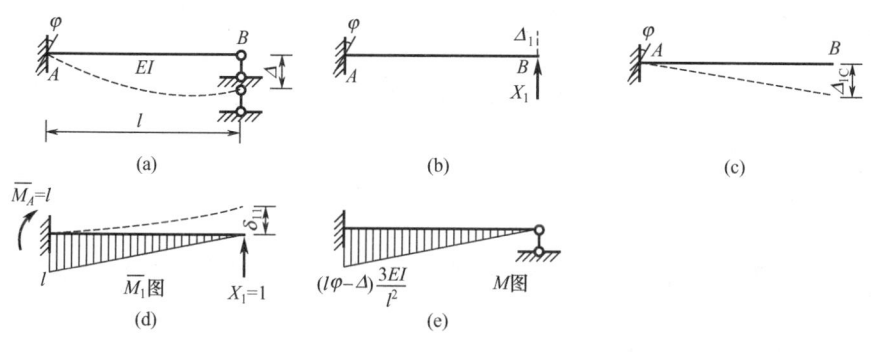

图 7.24 例题 7-11 图

【解】确定力法的基本体系如图 7.24（b）所示。力法的基本体系在支座位移和 $\overline{X}_1=1$ 共同作用下引起的位移 $\Delta_1$ 应等于原体系 $B$ 点的位移。原体系在 $B$ 点有向下的位移 $\Delta$，而 $\Delta_1$ 与 $X_1$ 方向一致为正，即以向上为正。因此有变形条件

$$\Delta_1 = -\Delta \tag{7-9}$$

$\Delta_1$ 是力法的基本结构由支座位移和 $X_1$ 共同作用引起的位移，因此

$$\delta_{11} X_1 + \Delta_{1C} = -\Delta \tag{7-10}$$

其中，$\delta_{11}$ 为 $\overline{X}_1=1$ 产生的位移，用图乘法计算，得

$$\delta_{11} = \frac{l^3}{3EI}$$

$\Delta_{1C}$ 为支座位移产生的位移，如图 7.24（c）所示，可用第 6 章支座位移引起的位移计算方法计算，得

$$\Delta_{1C} = -\sum \overline{F}_{Ri} c_i = -(\overline{M}_A \varphi) = -l\varphi$$

代入力法方程式(7-10)，解得

$$X_1 = (l\varphi - \Delta) \frac{3EI}{l^3}$$

因为力法的基本结构是静定结构，支座位移不产生内力，所以最终弯矩图由单位弯矩图 $\overline{M}_1$［图 7.24（d）］乘以 $X_1$ 获得，如图 7.24（e）所示。

由上面的计算结果可以看出：超静定结构由于支座位移引起的内力与刚度 $EI$ 的绝对值成正比，与荷载作用情况不同。

对于本例题，如果 $\varphi=0$、$\Delta=1$，则可得图 7.25（a）所示支座位移情况下的弯矩图；

如果 $\Delta=0$、$\varphi=1$，则可得图 7.25（b）所示支座转动情况下的弯矩图。这两种弯矩图是第 8 章位移法要用到的，被列入表 8-1 中。

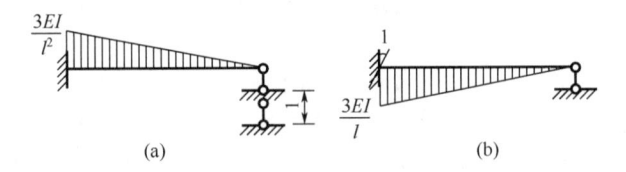

图 7.25　支座发生单位位移时的弯矩图

**【例题 7-12】** 图 7.26（a）所示超静定梁，$A$ 支座转动角度 $\varphi$，试用力法计算由此产生的内力，作弯矩图。

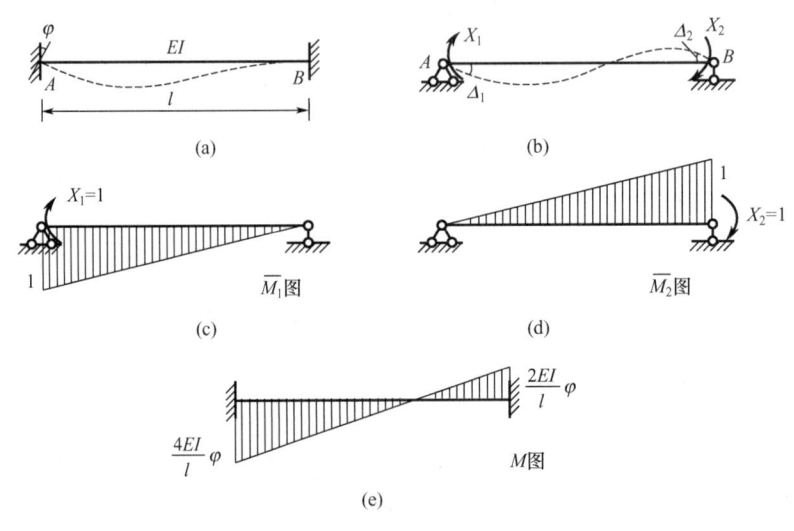

图 7.26　例题 7-12 图

**【解】** 图 7.26（a）所示结构是两端固定梁，该结构是 3 次超静定结构，取简支梁为力法的基本结构，暴露出两端截面的弯矩和 $B$ 端截面的轴力为力法的基本未知量，可以证明轴力等于零，可按二次超静定结构求解，力法的基本体系如图 7.26（b）所示。

力法的基本体系上只有 $X_1$、$X_2$ 作用，它们共同引起的与 $X_1$ 对应的位移 $\Delta_1$、与 $X_2$ 对应的位移 $\Delta_2$ 应该等于原体系的位移，即

$$\left.\begin{array}{l}\Delta_1=\delta_{11}X_1+\delta_{12}X_2=\varphi\\ \Delta_2=\delta_{21}X_1+\delta_{22}X_2=0\end{array}\right\}$$

作出 $\overline{M}_1$ 图和 $\overline{M}_2$ 图，如图 7.26（c）、（d）所示。图乘法求出系数为

$$\delta_{11}=\frac{l}{3EI},\ \delta_{12}=\delta_{21}=-\frac{l}{6EI},\ \delta_{22}=\frac{l}{3EI}$$

解力法方程，得

$$X_1=\frac{4EI}{l}\varphi,\ X_2=\frac{2EI}{l}\varphi$$

按式

$$M=\overline{M}_1X_1+\overline{M}_2X_2$$

绘得最终弯矩图如图 7.26（e）所示。

图 7.26（a）所示结构属于对称结构，与例题 7-10 类似，若选对称的力法的基本结构并选对称和反对称基本未知量则会使计算工作量减少。力法的基本体系如图 7.27（a）所示，变形条件为

$$\Delta_1 = 0, \Delta_2 = 0$$

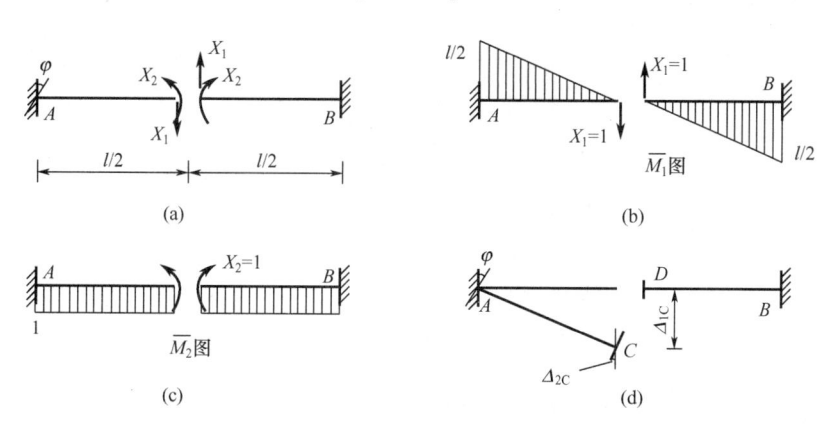

图 7.27　采用对称的力法的基本结构

表示力法的基本体系中切口两侧截面竖向相对线位移等于零，相对转角等于零，展开式为

$$\left.\begin{array}{l}\Delta_1 = \delta_{11}X_1 + \delta_{12}X_2 + \Delta_{1C} = 0 \\ \Delta_2 = \delta_{21}X_1 + \delta_{22}X_2 + \Delta_{2C} = 0\end{array}\right\}$$

作出单位弯矩图如图 7.27（b）、（c）所示。由于 $\overline{M}_1$ 图是反对称弯矩图，$\overline{M}_2$ 图是对称弯矩图，图乘结果为零，则 $\delta_{12} = \delta_{21} = 0$。主系数的计算结果为

$$\delta_{11} = \frac{l^3}{12EI}, \delta_{22} = \frac{l}{EI}$$

常数项 $\Delta_{1C}$、$\Delta_{2C}$ 为力法的基本结构由支座位移引起的与 $X_1$、$X_2$ 相对应的位移，如图 7.27（d）所示。支座位移引起的 $C$、$D$ 两点的竖向相对线位移 $\Delta_{1C} = \frac{1}{2}\varphi$（↓↑），方向与 $X_1$ 的假设方向相同，故为正值；支座位移引起的 $C$、$D$ 两截面的相对转角 $\Delta_{2C} = -\varphi$（↓↓），方向与 $X_2$ 的假设方向相反，故为负值。

解力法方程

$$\frac{l^3}{12EI}X_1 + \frac{l}{2}\varphi = 0$$

$$\frac{l}{EI}X_2 - \varphi = 0$$

得力法的基本未知量，为

$$X_1 = -\frac{6EI}{l^2}\varphi, X_2 = \frac{EI}{l}\varphi$$

作出的弯矩图与取简支梁为力法的基本结构作出的弯矩图相同。

**学习指导**：了解力法求解支座位移引起的内力的计算过程。能正确写出变形条件和力法方程，会计算常数项。请完成习题：23。

## 7.6 结构对称性的利用

实际工程中的结构有许多是对称结构，利用结构的对称性可以减少计算工作量。

1. 对称结构的概念

若结构的几何形状、支承情况、刚度分布对某轴对称，则称该结构为对称结构，该轴称为对称轴。图 7.28 所示结构（$EI=$常数）均为对称结构。

图 7.28 对称结构

对于静定结构，由于其内力与刚度无关，因此在求内力时不需考虑刚度，只要几何形式和支承对称，即使刚度分布不对称也可看作对称结构。

2. 对称结构上的荷载

对称结构上的荷载可分成以下 3 类。

（1）对称荷载——作用在对称轴两侧、大小相等、作用点和方向对称的荷载。图 7.29 所示荷载均为对称荷载。

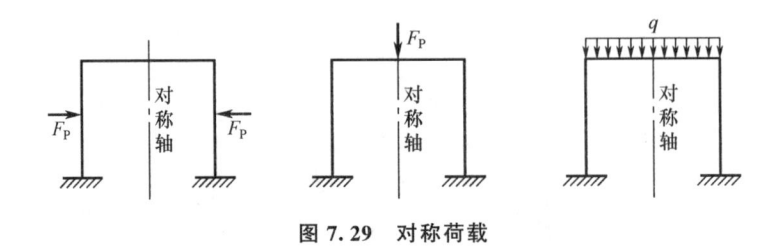

图 7.29 对称荷载

（2）反对称荷载——作用在对称轴两侧、大小相等、作用点对称、方向反对称的荷载。图 7.30 所示荷载均为反对称荷载。

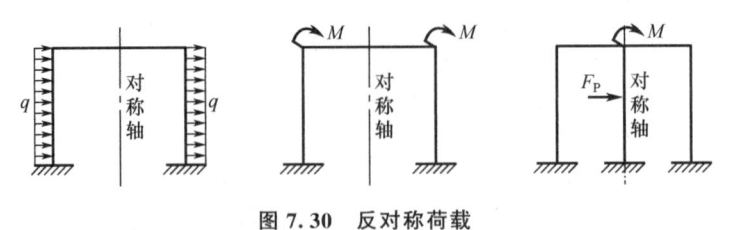

图 7.30 反对称荷载

（3）一般荷载——非对称、非反对称荷载。

一般荷载可分解为对称荷载和反对称荷载，如图 7.31 所示。

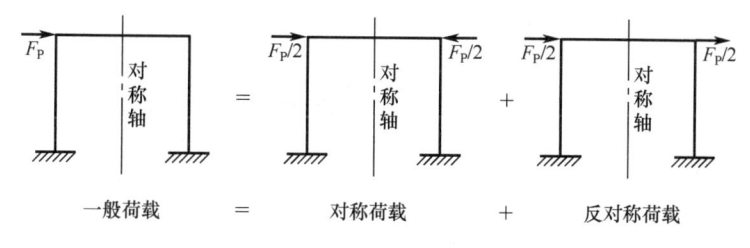

图 7.31 一般荷载的分解

3. 对称结构的受力特点

对称结构在对称荷载作用下内力和位移均是对称的,在反对称荷载作用下内力和位移均是反对称的。

4. 对称条件的利用

(1) 当对称结构受对称荷载或反对称荷载作用时可取半边结构进行计算,另半边结构内力可由对称性获得。

(2) 当对称结构受对称荷载或反对称荷载作用时,利用对称性可判断对称轴处的某些内力为零。

① 对称荷载情况。

图 7.32 (a) 所示对称结构,$K$ 截面的剪力为零。取隔离体如图 7.32 (b)、(c) 所示,由对称条件知,$K$ 点两侧剪力方向相同,如图 7.32 (b) 所示;由平衡条件知,$K$ 点两侧剪力方向应相反,如图 7.32 (c) 所示;这两个条件均应满足,故该截面剪力必为零。图 7.33 (a) 所示对称结构,由对称条件知两侧剪力方向相同,由平衡条件解得剪力大小均为 $F_P/2$,方向均为向上,如图 7.33 (b) 所示。

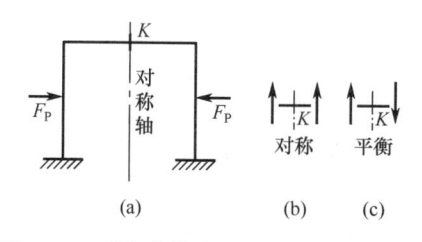

图 7.32 对称荷载作用时对称轴处的内力

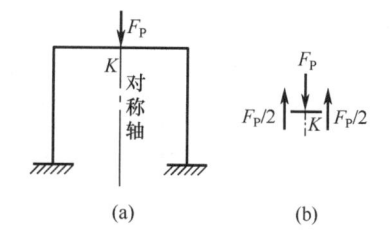

图 7.33 对称轴处有集中力作用时的内力

② 反对称荷载情况。

图 7.34 (a) 所示对称结构受反对称荷载作用,$K$ 截面的弯矩和轴力均为零。因为荷载反对称,内力也反对称,如图 7.34 (b) 所示,又因为内力应满足平衡条件,如图 7.34 (c) 所示,所以若使这两个条件都满足,轴力和弯矩必为零。

利用上面的结论,在用力法计算对称结构时若取对称的力法的基本体系则可以减少计算工作量(这一点已在例题 7-10 和例题 7-12 中介绍过)。

例如,图 7.35 (a) 所示对称结构在对称荷载作用时,若取图 7.35 (b) 所示对称的力法的基本体系,则反对称基本未知量 $X_3$(对称轴处的剪力)等于零,故可按二次超静定结构来计算。图 7.35 (c) 所示结构在反对称荷载作用时,若取图 7.35 (d) 所示对称

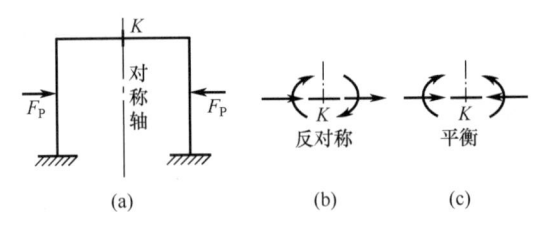

图 7.34 反对称荷载作用时对称轴处的弯矩和轴力

的力法的基本体系,则对称基本未知量 $X_1$、$X_2$ 等于零,故可按一次超静定来计算。

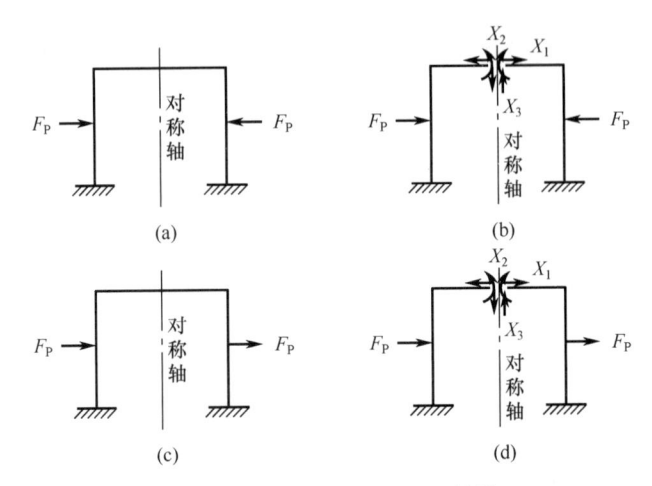

图 7.35 对称基本未知量为零的情况

即使荷载为一般荷载,取图 7.35 中对称的力法的基本体系也会使计算得到简化。对称基本未知量引起的单位弯矩图是对称弯矩图,反对称基本未知量引起的单位弯矩图是反对称弯矩图,对称弯矩图与反对称弯矩图图乘结果为零,这使得力法方程会分解为两组,一组只含对称基本未知量,另一组只含反对称基本未知量。

(3) 取半边结构计算。当荷载为对称或反对称荷载时,可取半边结构计算。下面分两种情况进行讨论:奇数跨结构和偶数跨结构。奇数跨结构也称无中柱结构,即在对称轴上无柱子,如图 7.36(a)所示;偶数跨结构也称有中柱结构,如图 7.36(b)所示。

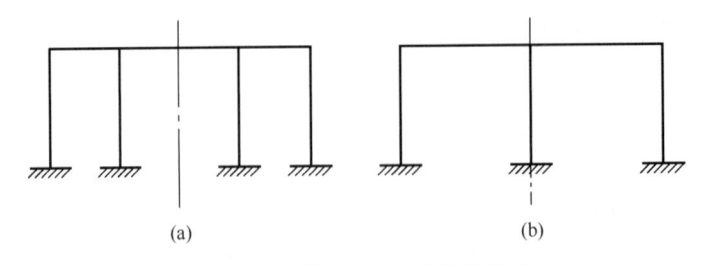

图 7.36 奇数跨结构与偶数跨结构

① 奇数跨结构。

a. 对称荷载情况。

图 7.37(a)所示对称结构受对称荷载作用,若取出半边结构计算,则要保证这半边

结构与原结构的受力及变形相同。由于变形是对称的，原结构在梁的中点 $A$ 处的截面不会产生水平位移和转角。当将右半部分去掉时，其对左半部分的作用应保留，滑动支座可以代替这种作用，如图 7.37（b）所示。因为图 7.37（b）所示体系与原结构左半边的变形相同，内力也相同，故可用计算图 7.37（b）来代替计算原结构。

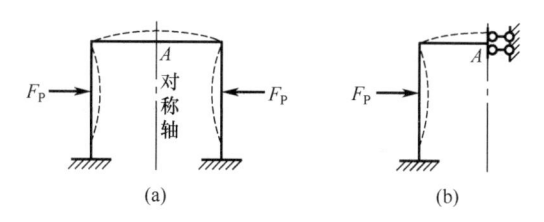

图 7.37 对称荷载奇数跨结构

【例题 7-13】试计算图 7.38（a）所示对称结构，作弯矩图。

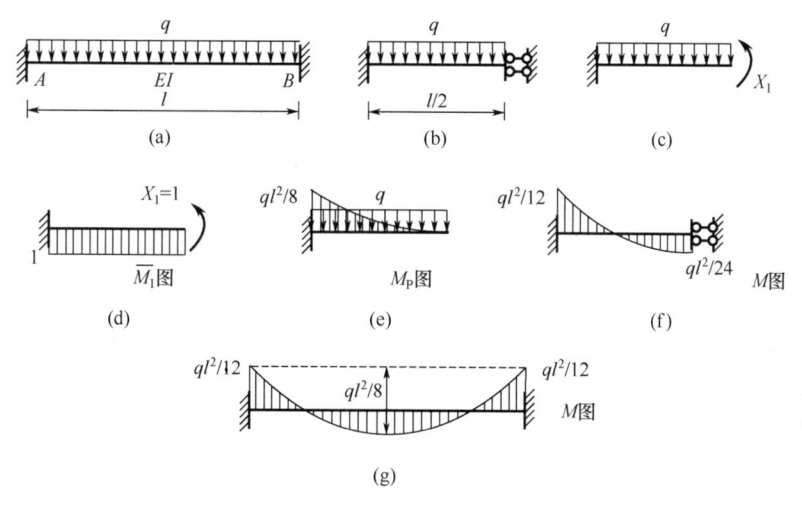

图 7.38 例题 7-13 图

【解】该梁为奇数跨结构，荷载为对称荷载，半边结构如图 7.38（b）所示。半边结构的力法的基本体系如图 7.38（c）所示。力法方程为

$$\delta_{11}X_1 + \Delta_{1P} = 0$$

$\overline{M}_1$ 图、$M_P$ 图如图 7.38（d）、（e）所示，求得系数和常数项为

$$\delta_{11} = \frac{l}{2EI}, \quad \Delta_{1P} = -\frac{ql^3}{48EI}$$

解力法方程，求得力法的基本未知量为

$$X_1 = -\frac{\Delta_{1P}}{\delta_{11}} = \frac{1}{24}ql^2$$

半边结构的弯矩图如图 7.38（f）所示，根据对称性，原结构的弯矩图是对称的，故得原结构的弯矩图如图 7.38（g）所示。

b. 反对称荷载情况。

图 7.39（a）所示对称结构受反对称荷载作用，变形是反对称的，$A$ 截面不会发生竖向位移，取半边结构可在 $A$ 点加竖向链杆来代替去掉的部分对保留下来部分的作用，如图 7.39

153

(b) 所示。

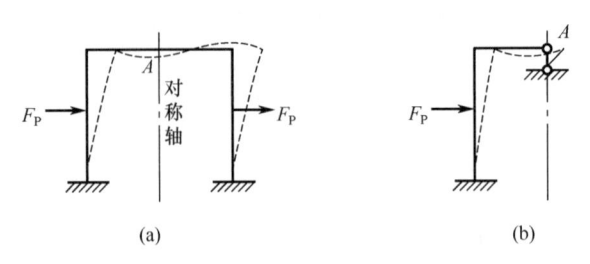

**图 7.39 反对称荷载奇数跨结构**

【例题 7-14】试计算图 7.40（a）所示对称结构，作弯矩图。

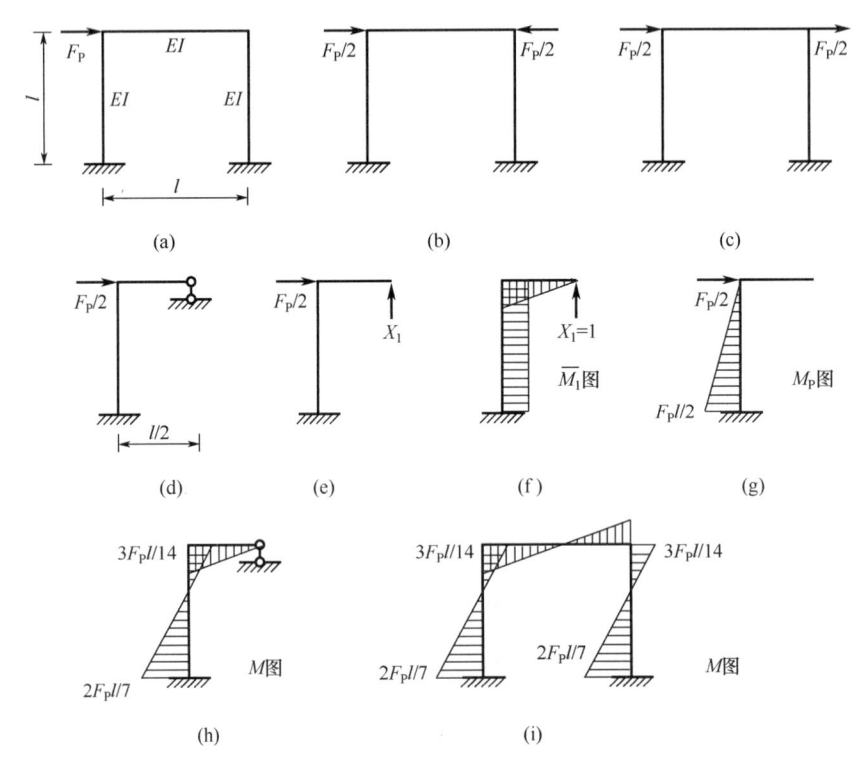

**图 7.40 例题 7-14 图**

【解】图 7.40（a）所示对称结构上作用的荷载为一般荷载，可将一般荷载分解成对称荷载与反对称荷载，如图 7.40（b）、(c) 所示，叠加这两种荷载引起的弯矩图即为原结构弯矩图。图 7.40（b）所示对称荷载情况，荷载是等值反向沿一个杆的杆轴作用的一对集中力，可以证明只引起轴力而不引起弯矩。因而，图 7.40（c）所示反对称荷载作用产生的弯矩与原结构的弯矩相同。图 7.40（c）所示体系的半边结构如图 7.40（d）所示，其力法的基本体系及单位弯矩图和荷载弯矩图如图 7.40（e）、(f)、(g) 所示，力法作出的半边结构的弯矩图如图 7.40（h）所示，原结构的弯矩图如图 7.40（i）所示。

② 偶数跨结构。

a. 对称荷载情况。

图 7.41（a）所示为偶数跨结构，由于不计轴向变形，$A$ 点无竖向位移；荷载对称，

因此变形对称，$A$ 截面无水平位移和转角，$AB$ 杆无变形、无弯矩。取半边结构时，应在 $A$ 点加固定支座，如图 7.41（b）所示。

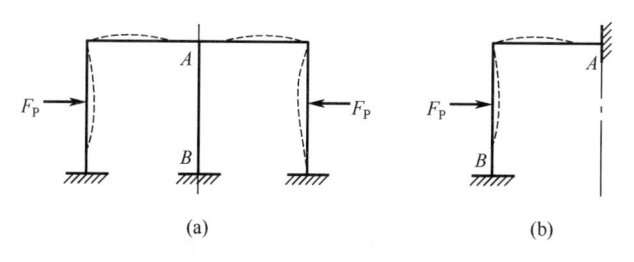

图 7.41　对称荷载偶数跨结构

【**例题 7 – 15**】试计算图 7.42（a）所示对称结构，作弯矩图。

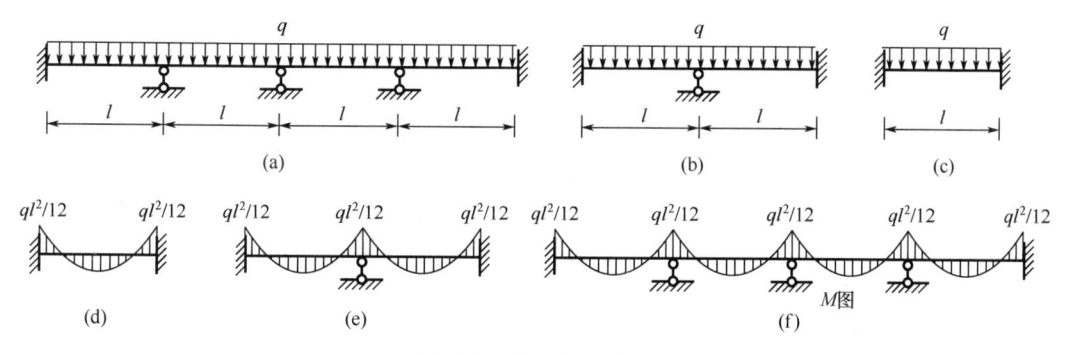

图 7.42　例题 7 – 15 图

【**解**】图 7.42（a）所示连续梁为偶数跨对称结构，在对称荷载作用下的半边结构如图 7.42（b）所示。图 7.42（b）所示结构仍为偶数跨对称结构，其半边结构如图 7.42（c）所示。

图 7.42（c）所示四分之一结构的弯矩图已在例题 7 – 13 中绘出，如图 7.38（g）所示，由此得到四分之一结构的弯矩图 [图 7.42（d）]，进而由对称性绘出图 7.42（b）所示半边结构的弯矩图 [图 7.42（e）]。根据半边结构的弯矩图 [图 7.42（e）]，利用对称性作出原结构的弯矩图，如图 7.42（f）所示。

b. 反对称荷载情况。

图 7.43（a）所示为偶数跨结构，这里可以将图中刚度为 $EI$ 的中柱看成由刚度为 $EI/2$ 的两根柱子组成，对称轴从柱子之间穿过，如图 7.43（b）所示。图 7.43（a）所示偶数跨结构变成了如图 7.43（b）所示奇数跨结构，利用前述奇数跨的结果，半边结构如图 7.43（c）所示。$A$ 处的竖向链杆约束 $A$ 点的竖向位移，因为柱子已约束 $A$ 点不能发生竖向位移，所以 $A$ 支座可以去掉。最终的半边结构如图 7.43（d）所示。

【**例题 7 – 16**】试计算图 7.44（a）所示对称结构，作弯矩图。

【**解**】图 7.44（a）所示对称结构上作用的荷载为一般荷载，可将其分解成对称荷载与反对称荷载，如图 7.44（b）、（c）所示。图 7.44（b）所示对称荷载情况，结构无弯矩，故原结构的弯矩图与反对称荷载作用下的弯矩图相同。图 7.44（c）所示反对称荷载情况，可取半边结构计算，半边结构如图 7.44（d）所示。图 7.44（d）所示半边结构的弯矩图已在例题 7 – 14 中绘出，如图 7.44（e）所示。原结构左半边部分的弯矩图与图 7.44（e）

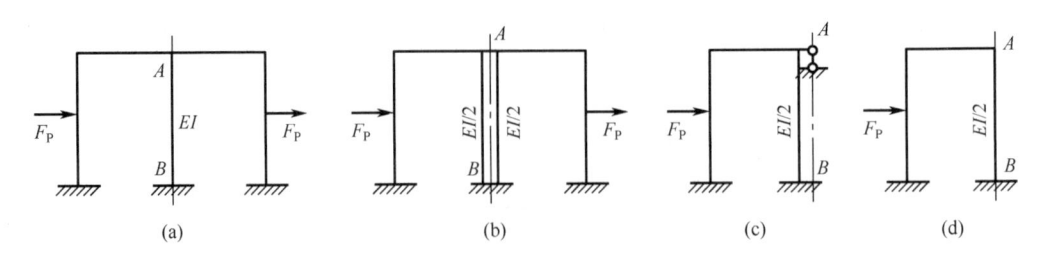

图 7.43 反对称荷载偶数跨结构

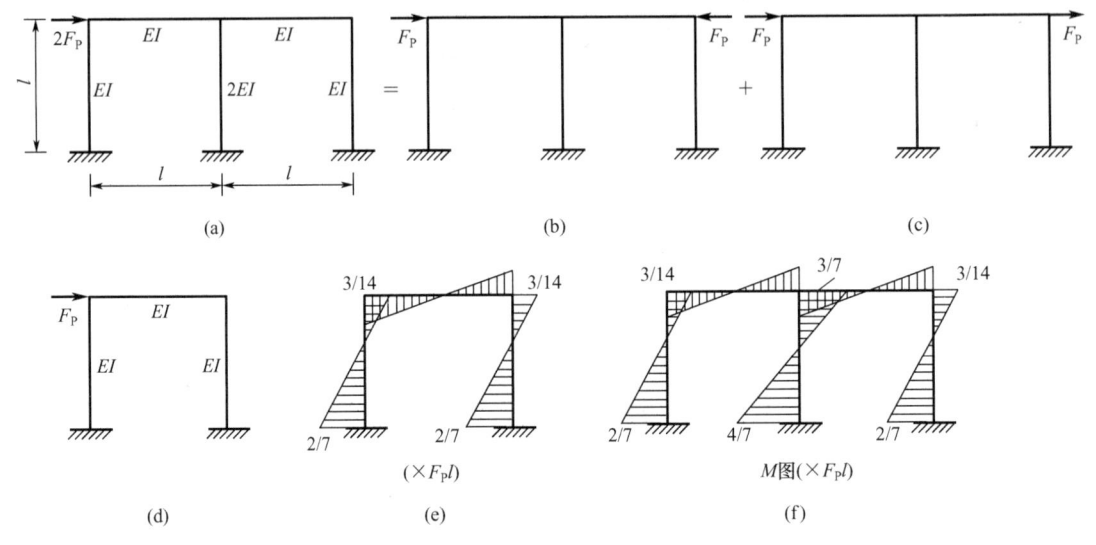

图 7.44 例题 7-16 图

相同，右半边部分与左半边部分反对称，中柱的弯矩图为半边结构的弯矩图的竖标乘以 2，作出的最终弯矩图如图 7.44（f）所示。

在对称结构的计算中，可能还会遇到其他情况，但理解了上面的内容，就不难给出相应的半边结构。下面给出一些对称结构及相应的半边结构，如图 7.45 所示。读者可对以下结果进行思考。

**【例题 7-17】** 试计算图 7.46（a）所示结构，作弯矩图。$EI=$ 常数。

**【解】** 图 7.46（a）所示结构有两个对称轴，先考虑上下对称，取半边结构如图 7.46（b）所示。图 7.46（b）结构为左右对称的结构，再取其半边结构如图 7.46（c）所示。图 7.46（c）为静定结构，按静定结构计算方法作出其弯矩图如图 7.46（d）所示。根据左右对称先画出上半部分的弯矩图，如图 7.46（e）所示；再根据上下对称画出整体结构的弯矩图，如图 7.46（f）所示。

以上例题仅作出了弯矩图，剪力图和轴力图可用静定结构计算方法绘制。当荷载对称时，弯矩图和轴力图是对称的，但剪力图正负号却是反对称的，即对称轴两侧的剪力图形状、数值相同，符号相反（实际上剪力也是对称的）；当荷载反对称时，弯矩图、轴力图是反对称的，剪力图符号是对称的。

对称结构受温度、支座位移等作用时的内力计算也可利用对称性，方法与上面类似。

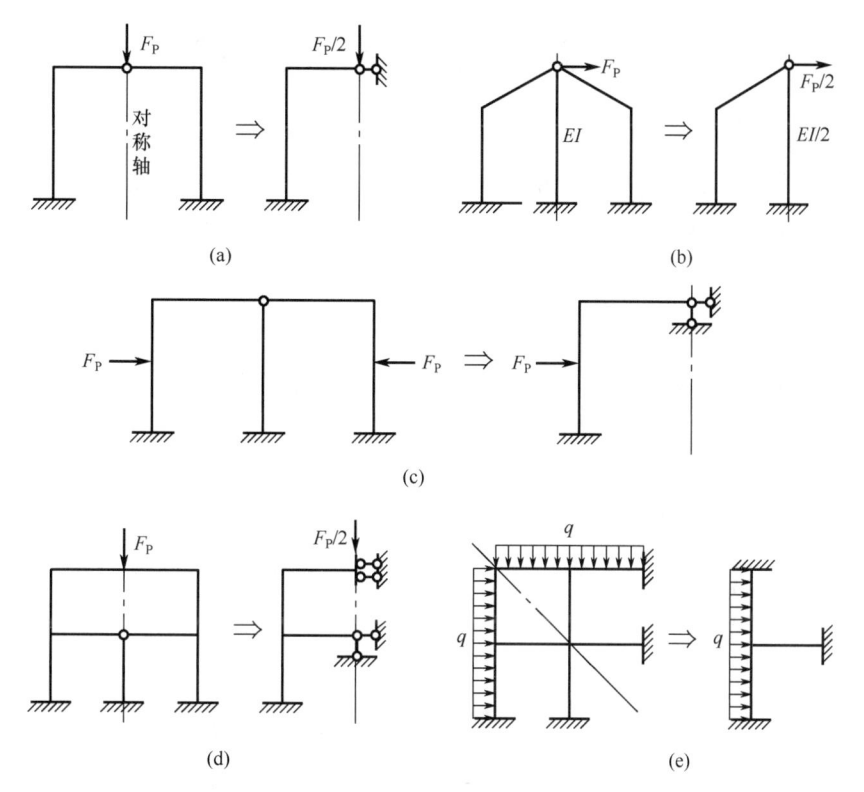

图 7.45 各种对称结构的半边结构

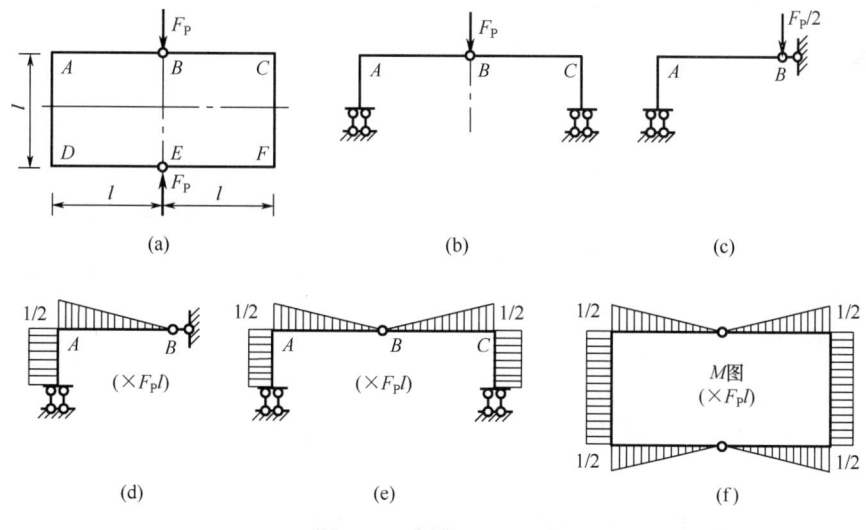

图 7.46 例题 7-17 图

**学习指导**：理解对称结构、对称荷载、反对称荷载的概念，理解将一般荷载分解为对称荷载和反对称荷载的方法，理解对称结构的受力特点，能利用对称性判断结构中的一些内力。熟练掌握利用对称性计算结构内力。请完成习题：15～18、24、25。

## 7.7 力法计算超静定桁架

超静定桁架的计算从方法上与超静定刚架的计算相同，不同点仅是计算力法方程中的系数和常数项所用的公式不同，因为超静定桁架中的位移是杆件轴向变形引起的，计算系数和常数项要按超静定桁架位移计算公式计算，即

$$\delta_{ij} = \sum \overline{F}_{Ni} \frac{\overline{F}_{Nj} l}{EA}, \quad \Delta_{iP} = \sum \overline{F}_{Ni} \frac{F_{NP} l}{EA} \quad (7-11)$$

下面举例说明。

**【例题 7-18】** 试计算图 7.47（a）所示桁架，求出所有杆件轴力。$EA=$ 常数。

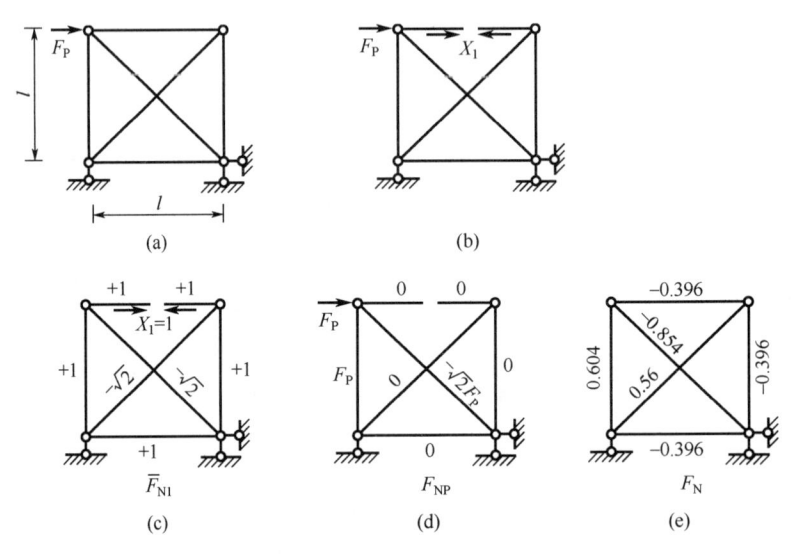

图 7.47 例题 7-18 图

**【解】**（1）确定力法的基本体系。

图 7.47（a）所示桁架为一次超静定结构，截断一个杆件，杆件轴力为力法的基本未知量，力法的基本体系如图 7.47（b）所示。

（2）变形条件和力法方程。

变形条件为

$$\Delta_1 = 0$$

表示力法的基本体系上截口两侧截面无相对水平位移。力法方程为

$$\delta_{11} X_1 + \Delta_{1P} = 0$$

其中，$\delta_{11}$ 为 $\overline{X}_1 = 1$ 引起的力法的基本结构截口两侧截面的相对水平位移，$\Delta_{1P}$ 为荷载引起的力法的基本结构截口两侧截面的相对水平位移。

（3）作出单位轴力图和荷载轴力图。

先求出 $\overline{X}_1 = 1$ 引起的力法的基本结构各杆的轴力，如图 7.47（c）所示；荷载引起的力法的基本结构各杆的轴力如图 7.47（d）所示。

（4）计算系数和常数项。

按式(7-11)计算系数和常数项,得

$$\delta_{11} = \sum \overline{F}_{N1} \frac{\overline{F}_{N1}l}{EA} = 1 \times \frac{1 \times l}{EA} \times 4 + (-\sqrt{2}) \frac{(-\sqrt{2}) \times \sqrt{2}l}{EA} \times 2 \approx 9.657 \frac{l}{EA}$$

$$\Delta_{1P} = \sum \overline{F}_{N1} \frac{F_{NP}l}{EA} = 1 \times \frac{F_P l}{EA} + (-\sqrt{2}) \frac{(-\sqrt{2}F_P) \times \sqrt{2}l}{EA} \approx 3.828 \frac{F_P l}{EA}$$

(5) 解力法方程。

解力法方程,得

$$X_1 = -\frac{\Delta_{1P}}{\delta_{11}} \approx -0.396 F_P$$

(6) 计算原结构轴力。

按式 $F_N = \overline{F}_{N1} X_1 + F_{NP}$ 计算各杆轴力。

绘得最终各杆轴力图如图 7.47 (e) 所示。

**学习指导**:掌握超静定桁架的内力计算。请完成习题:22。

## *7.8 超静定结构的位移计算与力法计算结果的校核

1. 超静定结构的位移计算

计算超静定结构的位移仍可用单位荷载法,下面以计算图 7.48 (a) 所示结构 B 结点的转角为例说明。

用单位荷载法计算位移时需确定单位力状态,单位力状态如图 7.48 (d) 所示。画出荷载状态和单位力状态的弯矩图,这两种状态的弯矩图均需用力法画出。荷载弯矩图已在 7.4 节中画出,如图 7.48 (c) 所示,单位力状态的弯矩图用力法作出(过程略),如图 7.48 (d) 所示。

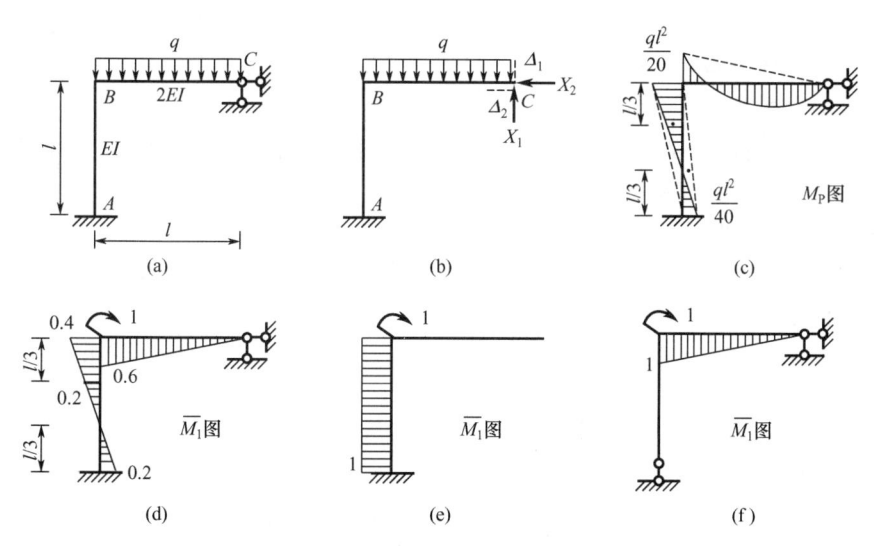

**图 7.48 单位荷载法计算超静定结构的位移**

图 7.48 (c) 和图 7.48 (d) 弯矩图图乘得 B 结点的转角,为

$$\theta_B = \frac{1}{2EI}\left[\left(\frac{1}{2}l \times \frac{ql^2}{20}\right)\left(-\frac{2}{3} \times 0.6\right) + \left(\frac{2}{3}l \times \frac{ql^2}{8}\right)\left(\frac{1}{2} \times 0.6\right)\right] +$$

$$\frac{1}{EI}\left[\left(\frac{1}{2}l \times \frac{ql^2}{20}\right) \times 0.2 - \left(\frac{1}{2}l \times \frac{ql^2}{40}\right) \times 0\right] = \frac{ql^3}{80EI}$$

结果为正，说明转角方向与单位力偶方向相同，按顺时针方向转动。

注意到力法的基本体系[图 7.48（b）]在满足力法的变形条件时与原体系的受力、变形一致，可以用计算力法的基本体系的位移来代替计算原体系的位移。在力法的基本结构上加单位力偶如图 7.48（e）所示，将图 7.48（e）与图 7.48（c）弯矩图图乘，得

$$\theta_B = \frac{1}{EI}\left[\left(\frac{1}{2}l \times \frac{ql^2}{20}\right) \times 1 + \left(\frac{1}{2}l \times \frac{ql^2}{40}\right)(-1)\right] = \frac{ql^3}{80EI}$$

结果与求原体系的位移结果相同。

由于力法的基本结构不唯一，取其他力法的基本结构也可以求得相同的弯矩图，故也可以用求其他力法的基本体系的位移来代替求原体系的位移，比如选图 7.48（f）所示结构为力法的基本结构，其单位弯矩图如图 7.48（f）所示，将图 7.48（f）和图 7.48（c）弯矩图图乘，得

$$\theta_B = \frac{1}{2EI}\left[\left(\frac{1}{2}l \times \frac{ql^2}{20}\right)\left(-\frac{2}{3} \times 1\right) + \left(\frac{2}{3}l \times \frac{ql^2}{8}\right)\left(\frac{1}{2} \times 1\right)\right] = \frac{ql^3}{80EI}$$

通过上面的讨论可知，在用单位荷载法计算超静定结构的位移时，单位力状态可在任意的力法的基本结构上构造。

**2. 计算结果的校核**

由于超静定结构的计算过程冗长，容易出错，因此对计算过程的检查和对计算结果的校核是非常重要的。

(1) 计算过程的检查。

对于力法，要检查力法的基本结构的选取、力法的基本未知量的个数、力法方程、单位弯矩图和荷载弯矩图、系数和常数项的计算、副系数是否满足互等定理、方程的解和最终弯矩图等各个环节是否正确。当各杆的抗弯刚度、杆长不相等时要特别注意。

(2) 最终结果的校核。

对于超静定结构，既满足变形条件又满足平衡条件的结果才是正确的，所以校核时既要校核变形条件也要校核平衡条件。

① 校核变形条件。

利用解出的内力结果，计算原体系上已知点的位移，如支座、约束处的位移，看是否满足原体系的变形连续性条件和支座处的位移边界条件。

例如图 7.49（a）所示结构，用力法作出的弯矩图如图 7.49（b）所示，现校核 $C$ 点的竖向位移是否为零。

在力法的基本结构上构造单位力状态，如图 7.49（c）所示。将图 7.49（b）和图 7.49（c）弯矩图图乘，得

$$\Delta_{Cy} = \frac{1}{2EI}\left[\left(\frac{1}{2}l \times \frac{ql^2}{20}\right)\left(\frac{2}{3}l\right) + \left(\frac{2}{3}l \times \frac{ql^2}{8}\right)\left(-\frac{1}{2}l\right)\right] +$$

$$\frac{1}{EI}\left[\left(\frac{1}{2}l \times \frac{ql^2}{20}\right) \times l + \left(\frac{1}{2}l \times \frac{ql^2}{40}\right)(-l)\right] = 0$$

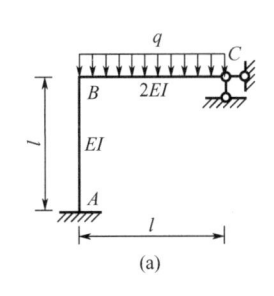

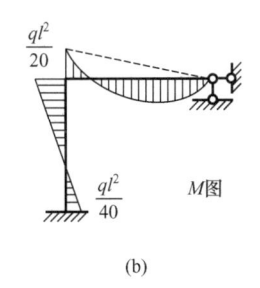

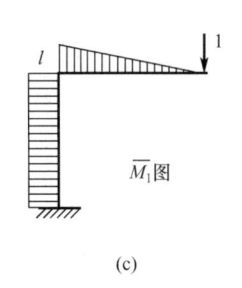

图 7.49 校核变形条件

满足 $C$ 点的竖向位移为零的位移边界条件。

② 校核平衡条件。

在结构上取出任一隔离体，隔离体在内力和荷载共同作用下均应是平衡的。

上面提到的检查及校核中，最重要的是变形条件的校核。

3．超静定结构的特性

与静定结构相比，超静定结构有如下特性。

（1）内力分布与结构各杆件的刚度有关，即与杆件截面的几何性质、材料的物理性质有关。

静定结构的内力仅由平衡条件即可确定，结构的刚度不会出现在求解过程中，所得内力结果当然不会出现刚度，而求解超静定结构则会用到几何条件，几何条件中含有结构的位移，位移是与刚度有关的，所以内力是与刚度有关的。

因为内力与刚度有关，所以在荷载保持不变的情况下，改变超静定结构各杆的刚度一般会使结构内力重新分布。

（2）温度改变、支座位移、制造误差一般会使超静定结构产生内力。

温度改变、支座位移、制造误差会使结构发生变形，超静定结构中的多余约束会限制变形，从而产生约束力和内力。

图 7.50（a）所示悬臂梁是静定结构，当上下侧温度发生改变，如上侧温度降低 $t$℃ 而下侧温度上升 $t$℃ 时，热胀冷缩的原因，杆件上侧纤维会缩短而下侧纤维会伸长，使得杆件发生如图 7.50（a）所示的温度变形，取出杆件任一部分为隔离体，算出的内力均为零，不会产生内力。图 7.50（b）所示为有一个多余约束的超静定梁，在同样的温度变化的情况下，由于右端支座限制了右端的自由移动，会产生支座反力，因此梁中也会产生内力。

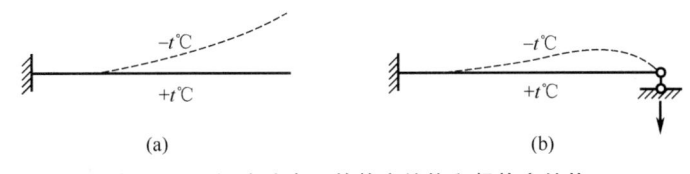

图 7.50 温度改变下的静定结构和超静定结构

支座位移不会使静定结构 ［图 7.51（a）］产生内力，但会使超静定结构 ［图 7.51（b）］产生内力。

（3）超静定结构抵抗破坏的能力强。

当超静定结构中的一些多余约束毁坏后，结构仍为几何不变体系，仍具有一定的承载能力，与静定结构相比其抵抗破坏的能力强。工程中的大多数结构都是超静定结构，静定

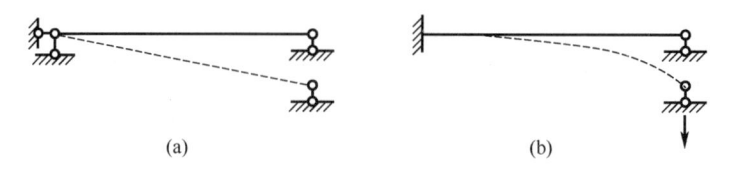

图 7.51 支座位移下的静定结构和超静定结构

结构一般只用于结构形式简单、受力简单的情况。

（4）超静定结构整体性强，内力分布较均匀。

图 7.52（a）是静定结构，在第一跨中作用的荷载只在第一跨产生内力和变形；图 7.52（b）是超静定结构（$EI=$ 常数），在相同荷载作用下，在两跨均产生内力（图中为弯矩图）和变形（图中虚线为挠度曲线）。两者相比，超静定结构的内力最大值和挠度均比静定结构的小。

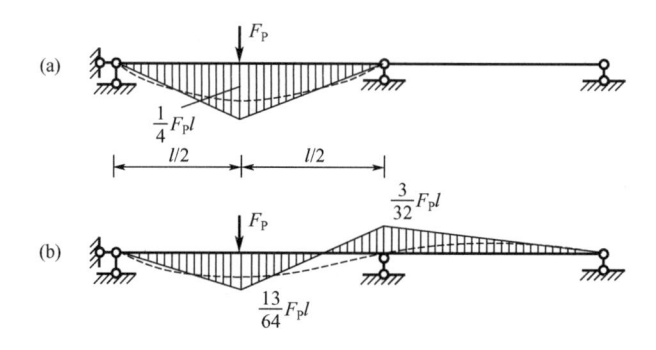

图 7.52 静定和超静定结构内力分布

**学习指导**：理解荷载作用下超静定结构的位移计算方法，了解超静定结构内力的校核方法，掌握变形条件的校核。请完成习题：1、2、26、27。

## 习 题

一、单项选择题

1. 图 7.53 所示结构温度发生变化，会产生内力的结构有（　　）。
   A.（a）、(b)　　B.（b）、(c)　　C.（a）、(c)　　D.（a）、(b)、(c)

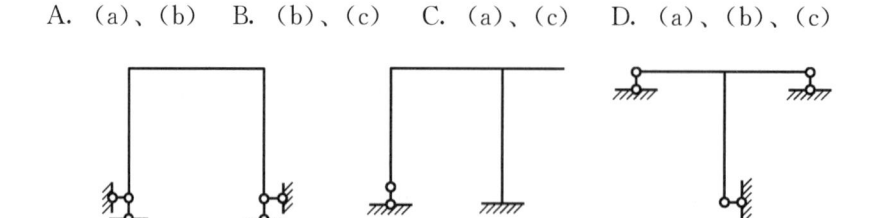

图 7.53 题 1 图

2. 图 7.54 所示 3 个结构的几何尺寸相同、刚度不同，在相同荷载作用下，（　　）的内力相同。

A. (a)、(b)　B. (b)、(c)　C. (a)、(c)　D. (a)、(b)、(c)

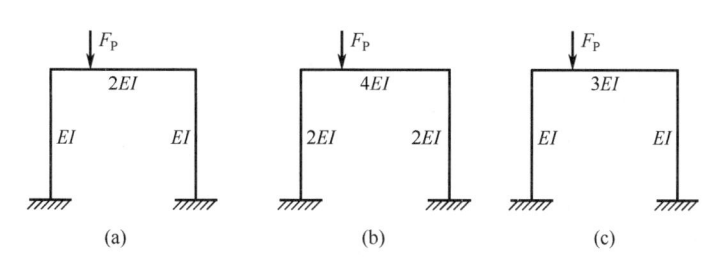

图 7.54　题 2 图

## 二、填空题

3. 超静定结构的几何特征是_____。
4. 超静定结构的静力特征是_____。
5. 求解超静定结构内力需同时考虑_____、_____、_____条件。
6. 求解超静定结构的基本方法有_____法、_____法。
7. 试确定图 7.55 所示结构的超静定次数：(a)_____次；(b)_____次；(c)_____次；(d)_____次；(e)_____次；(f)_____次；(g)_____次；(h)_____次；(i)_____次；(j)_____次；(k)_____次。

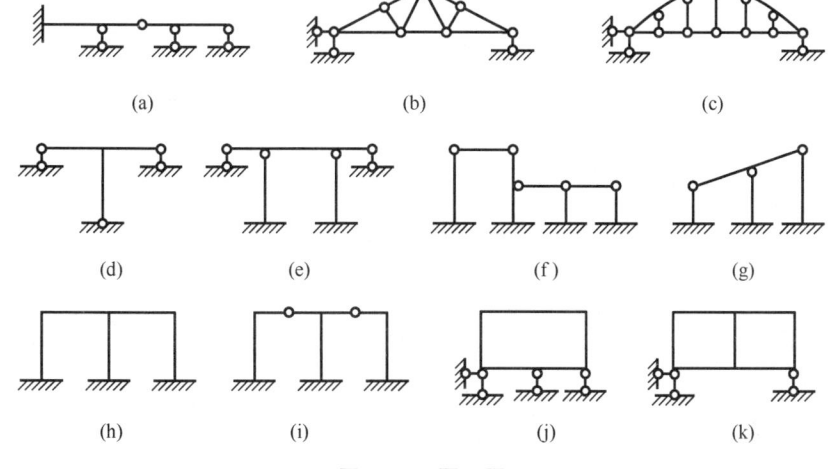

图 7.55　题 7 图

8. 试确定图 7.56 所示桁架的超静定次数：(a)_____次；(b)_____次。

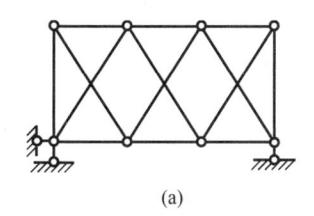

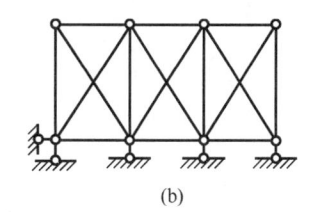

图 7.56　题 8 图

9. 力法方程中系数 $\delta_{ij}$ 的含义是_____；$\Delta_{iP}$ 的含义是_____。

10. 力法典型方程是_____条件，表示力法的基本结构在_____和_____共同作用下所产生的_____处位移与_____位移相同。

11. 二次超静定结构的力法方程中，恒为正的系数为_____。

12. 力法方程中的副系数 $\delta_{ij}=\delta_{ji}$，是因为符合_____定理。

13. 图 7.57（a）所示梁，取图 7.57（b）所示力法的基本结构，力法方程为_____，常数项 $\Delta_{1C}=$ _____。

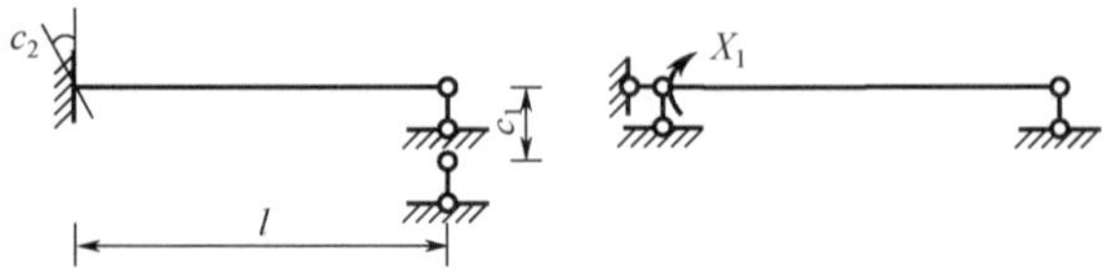

图 7.57　题 13 图

14. 计算超静定结构内力时，在_____情况下，只需给出各杆刚度的相对值；在_____情况下，需给出绝对值。

15. 利用对称性可知图 7.58 所示对称结构 AB 杆的轴力 $F_{NAB}=$ _____，C 截面的轴力 $F_{NC}=$ _____，C 截面的弯矩 $M_C=$ _____，C 点的竖向位移 $\Delta_{Cy}=$ _____。

16. 利用对称性可知图 7.59 所示对称结构 A 截面的剪力 $F_{QA}=$ _____，A 截面的弯矩 $M_A=$ _____。

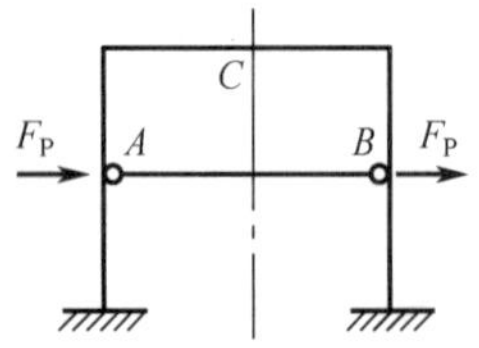

图 7.58　题 15 图

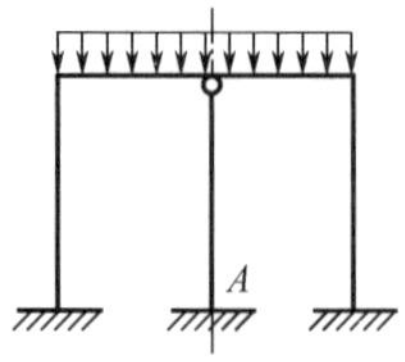

图 7.59　题 16 图

17. 图 7.60 所示对称结构 A 支座的竖向反力 $F_{Ay}=$ _____，水平反力 $F_{Ax}=$ _____。

18. 图 7.61 所示对称结构 A 支座的竖向反力 $F_{Ay}=$ _____，水平反力 $F_{Ax}=$ _____。

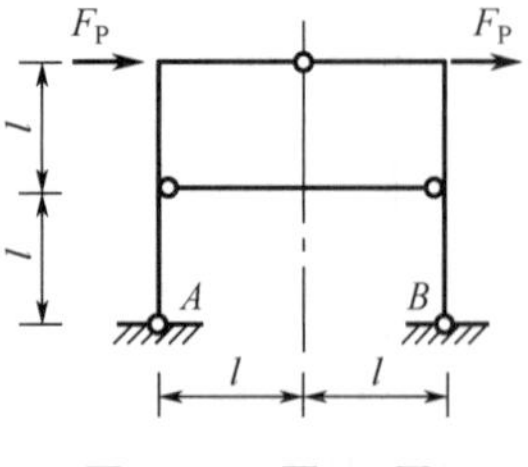

图 7.60　题 17 图

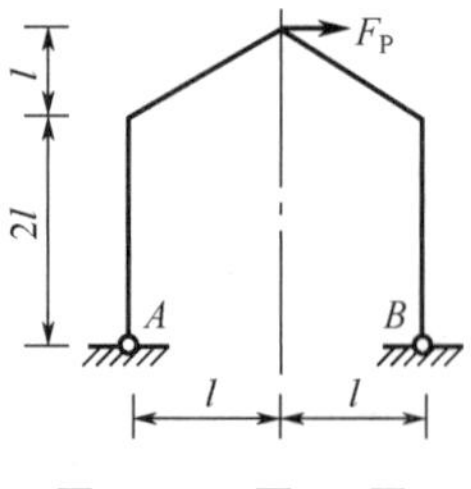

图 7.61　题 18 图

三、计算题

19. 试用力法计算图 7.62 所示结构，作弯矩图。

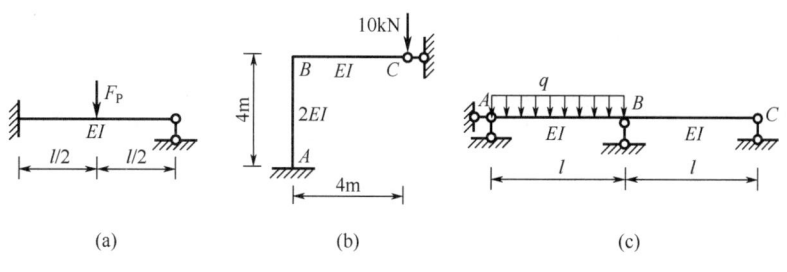

图 7.62 题 19 图

20. 试用力法计算图 7.63 所示结构，作弯矩图。

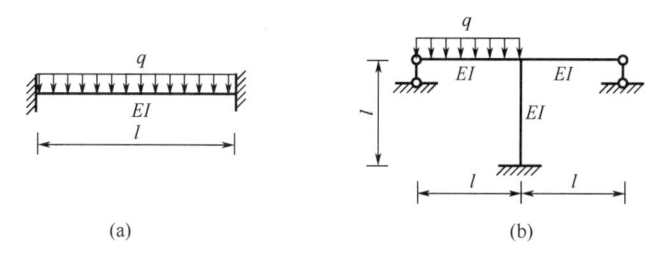

图 7.63 题 20 图

*21. 试用力法计算图 7.64 所示排架，作弯矩图。横梁 $EA=\infty$。
*22. 试用力法计算图 7.65 所示桁架，求各杆件轴力。$EA=$ 常数。

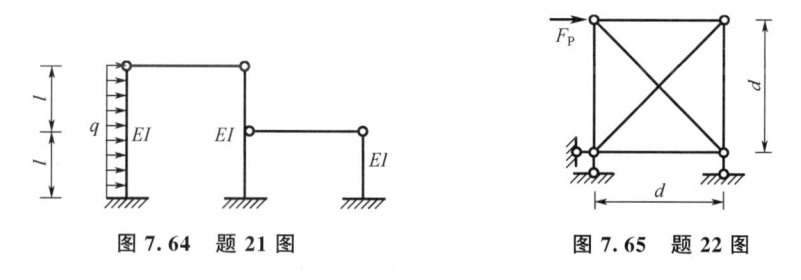

图 7.64 题 21 图

图 7.65 题 22 图

*23. 试用力法计算图 7.66 所示梁由支座发生位移引起的内力，作弯矩图。

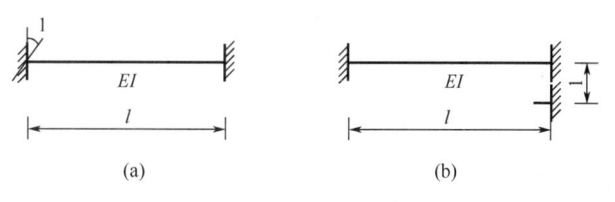

图 7.66 题 23 图

24. 利用对称性计算图 7.67 所示结构，作弯矩图。$EI=$ 常数。
*25. 利用对称性计算图 7.68 所示结构，作弯矩图。$EI=$ 常数。
*26. 图 7.69（a）所示结构在荷载作用下的弯矩图如图 7.69（b）所示，试求 A 截面的转角和 C 点的竖向位移。
*27. 图 7.70 所示结构的弯矩图是错误的，试根据是否满足变形条件或平衡条件来说明原因。

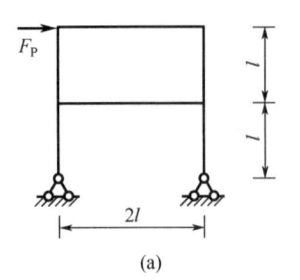

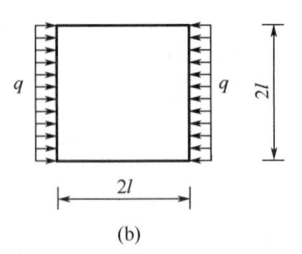

图 7.67 题 24 图

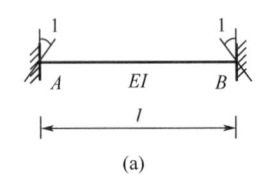

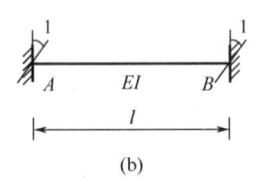

图 7.68 题 25 图

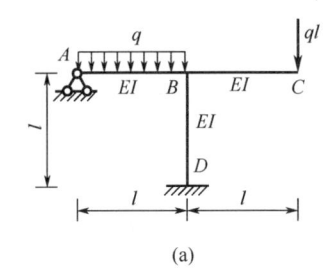

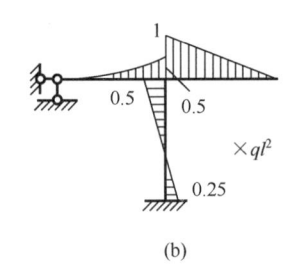

图 7.69 题 26 图

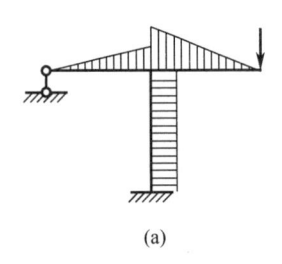

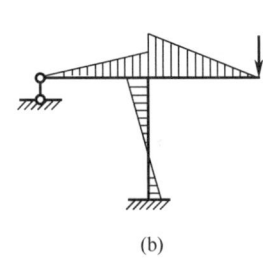

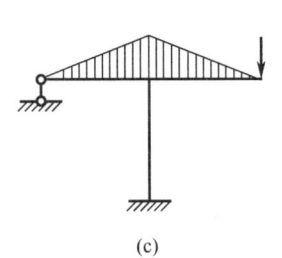

图 7.70 题 27 图

# 第8章 位 移 法

## 知识结构图

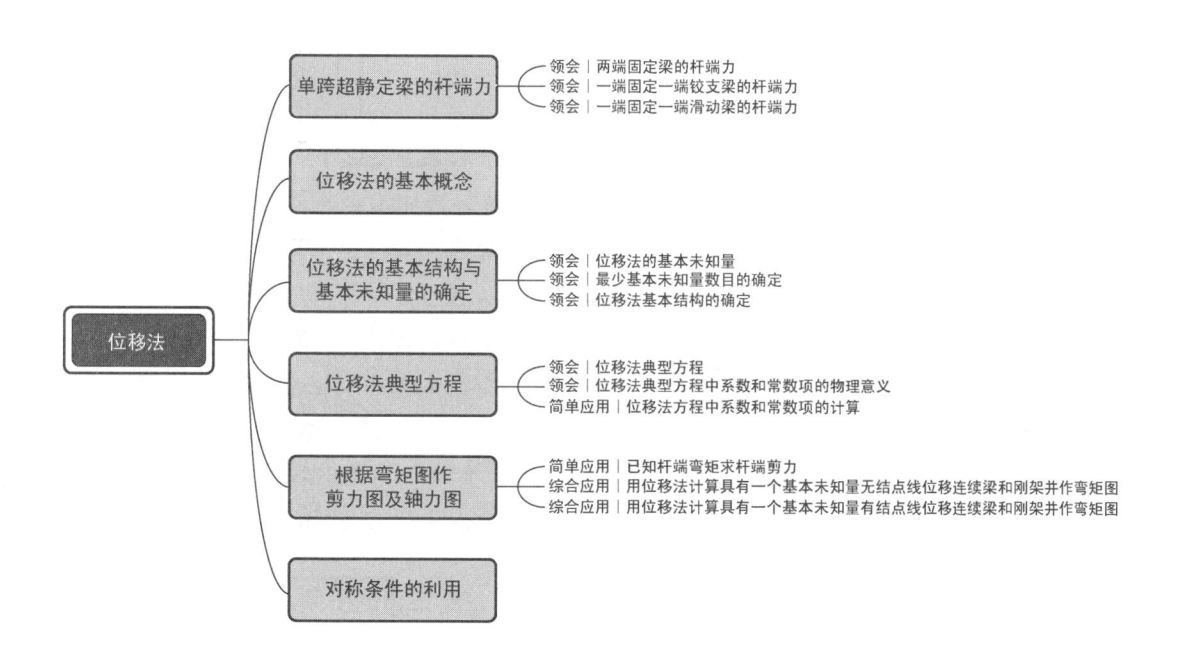

位移法
- 单跨超静定梁的杆端力
  - 领会 | 两端固定梁的杆端力
  - 领会 | 一端固定一端铰支梁的杆端力
  - 领会 | 一端固定一端滑动梁的杆端力
- 位移法的基本概念
- 位移法的基本结构与基本未知量的确定
  - 领会 | 位移法的基本未知量
  - 领会 | 最少基本未知量数目的确定
  - 领会 | 位移法基本结构的确定
- 位移法典型方程
  - 领会 | 位移法典型方程
  - 领会 | 位移法典型方程中系数和常数项的物理意义
  - 简单应用 | 位移法方程中系数和常数项的计算
- 根据弯矩图作剪力图及轴力图
  - 简单应用 | 已知杆端弯矩求杆端剪力
  - 综合应用 | 用位移法计算具有一个基本未知量无结点线位移连续梁和刚架并作弯矩图
  - 综合应用 | 用位移法计算具有一个基本未知量有结点线位移连续梁和刚架并作弯矩图
- 对称条件的利用

位移法是另一种解算超静定结构的基本方法，位移法以结构的结点位移作为基本未知量。尽管掌握了力法就可计算各种超静定结构，但在有些情况下使用力法不如使用位移法方便，比如图 8.1 所示超静定结构，是 8 次超静定结构，用力法计算有 8 个基本未知量，而用位移法计算却只有 1 个基本未知量。

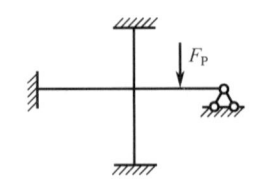

图 8.1　力法与位移法基本未知量的对比

另外，基于位移法的矩阵位移法及有限单元法是目前各种结构分析软件所采用的方法，掌握位移法对进一步掌握这些方法是很重要的。

用位移法计算梁、刚架内力时，为减少基本未知量的个数均不计杆件的轴向变形，即认为杆件是不能伸长缩短的。

## 8.1　单跨超静定梁的杆端力

位移法中要用到单跨超静定梁在荷载或支座位移作用下引起的杆端弯矩和杆端剪力，在学习位移法之前先对其符号规定及数值予以说明。

在结构中截出一段杆件 $AB$，其两端截面上的弯矩和剪力称为杆端弯矩、杆端剪力，$A$ 端的杆端弯矩记作 $M_{AB}$，$B$ 端的杆端弯矩记作 $M_{BA}$，绕杆端顺时针方向转动为正；$A$ 端的杆端剪力记作 $F_{QAB}$，$B$ 端的杆端剪力记作 $F_{QBA}$，符号规定与前面相同，即以绕截面上一点顺时针方向转动为正。杆端弯矩和杆端剪力合称杆端力。

位移法中要用到的单跨超静定梁有 3 种：两端固定梁、一端固定一端铰支梁、一端固定一端滑动梁。下面分别讲述它们由荷载和支座位移引起的杆端力，这些杆端力是用力法计算出来的。注意：这些杆端力的值需要记住，考试时不会给出。

1．两端固定梁的杆端力

（1）满跨均布荷载引起的杆端力。

图 8.2（a）所示为在满跨均布荷载作用下的两端固定梁，其产生的弯矩图已在例题 7 - 13 中作出，如图 8.2（b）所示。

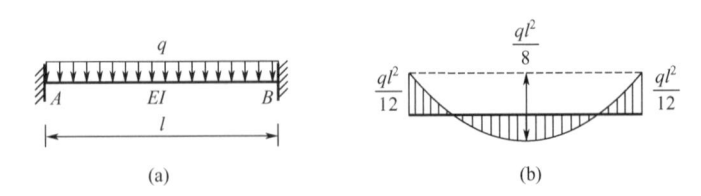

图 8.2　满跨均布荷载引起的两端固定梁的杆端力

杆端弯矩、杆端剪力为

$$M_{AB}=-\frac{ql^2}{12},\ M_{BA}=\frac{ql^2}{12},\ F_{QAB}=\frac{ql}{2},\ F_{QBA}=-\frac{ql}{2}$$

(2) 集中力作用于跨中央引起的杆端力。

图 8.3（a）所示为集中力作用于跨中央的两端固定梁，其产生的弯矩图已在例题 7-8 中作出，如图 8.3（b）所示。

图 8.3 集中力引起的两端固定梁的杆端力

杆端弯矩、杆端剪力为

$$M_{AB}=-\frac{1}{8}F_P l,\ M_{BA}=\frac{1}{8}F_P l,\ F_{QAB}=\frac{1}{2}F_P,\ F_{QBA}=-\frac{1}{2}F_P$$

(3) 支座发生单位转角引起的杆端力。

图 8.4（a）所示为左端支座发生顺时针单位转角的两端固定梁，其产生的弯矩图已在例题 7-12 中作出，如图 8.4（b）所示，两端的杆端弯矩方向与杆端转角方向相同。

图 8.4 支座发生单位转角引起的两端固定梁的杆端力

图 8.4（b）中，$i=\dfrac{EI}{l}$，称为杆件的线刚度。杆端弯矩、杆端剪力为

$$M_{AB}=4i,\ M_{BA}=2i,\ F_{QAB}=-\frac{6i}{l},\ F_{QBA}=-\frac{6i}{l}$$

根据两端的杆端弯矩的方向与杆端转角的方向相同，不难得到左端支座发生转角或右端支座发生转角产生的杆端弯矩、杆端剪力可由微分关系确定。

(4) 支座发生单位线位移引起的杆端力。

图 8.5（a）所示为右端支座发生向下的单位线位移的两端固定梁，其产生的弯矩图如图 8.5（b）所示，两端的杆端弯矩方向与杆轴的转角方向相反。

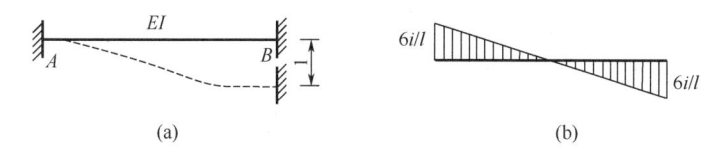

图 8.5 支座发生单位线位移引起的两端固定梁的杆端力

杆端弯矩、杆端剪力为

$$M_{AB}=-\frac{6i}{l},\ M_{BA}=-\frac{6i}{l},\ F_{QAB}=\frac{12i}{l^2},\ F_{QBA}=\frac{12i}{l^2}$$

若右端支座发生向上的位移或左端支座发生向上、向下的位移，杆端力也不难从上面

的结果中得到。

2. 一端固定一端铰支梁的杆端力

(1) 满跨均布荷载引起的杆端力。

图 8.6（a）所示为在满跨均布荷载作用下的一端固定一端铰支梁，其产生的弯矩图已在 7.2 节中作出，如图 8.6（b）所示。

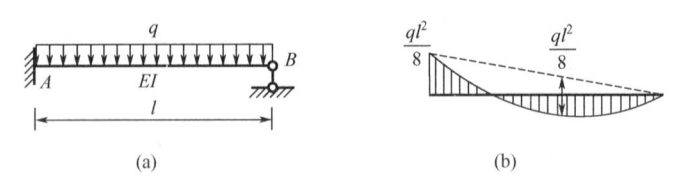

图 8.6 满跨均布荷载引起的一端固定一端铰支梁的杆端力

杆端弯矩、杆端剪力为

$$M_{AB} = -\frac{1}{8}ql^2, \quad M_{BA} = 0, \quad F_{QAB} = \frac{5}{8}ql, \quad F_{QBA} = -\frac{3}{8}ql$$

(2) 集中力作用于跨中央引起的杆端力。

图 8.7（a）所示为集中力作用于跨中央的一端固定一端铰支梁，其产生的弯矩图已在例题 7-1 中作出，如图 8.7（b）所示。

图 8.7 集中力引起的一端固定一端铰支梁的杆端力

杆端弯矩、杆端剪力为

$$M_{AB} = -\frac{3}{16}F_P l, \quad M_{BA} = 0, \quad F_{QAB} = \frac{11}{16}F_P, \quad F_{QBA} = -\frac{5}{16}F_P$$

(3) 支座发生单位转角引起的杆端力。

图 8.8（a）所示为左端支座发生顺时针单位转角的一端固定一端铰支梁，其产生的弯矩图已在例题 7-11 中作出，如图 8.8（b）所示，$A$ 端的杆端弯矩方向与 $A$ 端的转角方向相同。

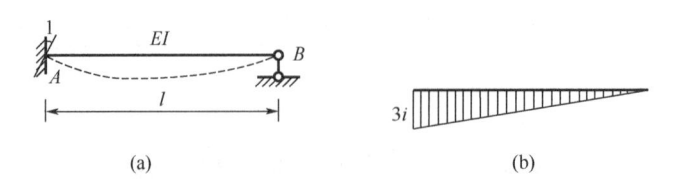

图 8.8 支座发生单位转角引起的一端固定一端铰支梁的杆端力

杆端弯矩、杆端剪力分别为

$$M_{AB} = 3i, \quad M_{BA} = 0, \quad F_{QAB} = -3i/l, \quad F_{QBA} = -3i/l$$

# 第8章 位移法

（4）支座发生单位线位移。

图 8.9（a）所示为右端支座发生向下的单位线位移的一端固定一端铰支梁，其产生的弯矩图如图 8.9（b）所示，$A$ 端的杆端弯矩方向与杆轴的转角方向相反。

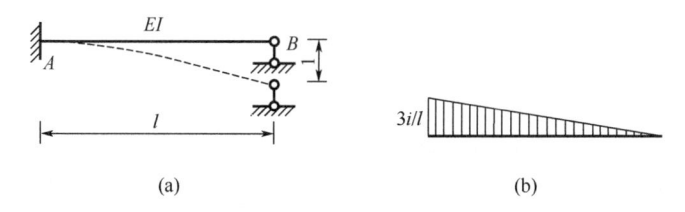

图 8.9 支座发生单位线位移引起的一端固定一端铰支梁的杆端力

杆端弯矩、杆端剪力为

$$M_{AB}=-3i/l,\ M_{BA}=0,\ F_{QAB}=3i/l^2,\ F_{QBA}=3i/l^2$$

如果铰支座不动，固定端发生向上的单位线位移，如图 8.10（a）所示，弯矩图与杆端力［图 8.10（b）］与上相同。

图 8.10 固定端发生单位线位移引起的一端固定一端铰支梁的杆端力

### 3. 一端固定一端滑动梁的杆端力

（1）满跨均布荷载引起的杆端力。

图 8.11（a）所示为在满跨均布荷载作用下的一端固定一端滑动梁，其产生的弯矩图如图 8.11（b）所示。

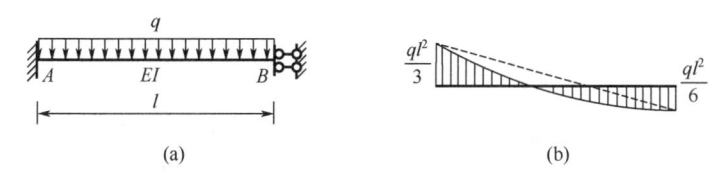

图 8.11 满跨均布荷载引起的一端固定一端滑动梁的杆端力

杆端弯矩、杆端剪力为

$$M_{AB}=-\frac{1}{3}ql^2,\ M_{BA}=-\frac{1}{6}ql^2,\ F_{QAB}=ql,\ F_{QBA}=0$$

（2）集中力作用于滑动端引起的杆端力。

图 8.12（a）所示集中力作用于滑动端的一端固定一端滑动梁，其产生的弯矩图如图 8.12（b）所示。

杆端弯矩、杆端剪力为

$$M_{AB}=-\frac{1}{2}F_P l,\ M_{BA}=-\frac{1}{2}F_P l,\ F_{QAB}=F_P,\ F_{QBA}=F_P$$

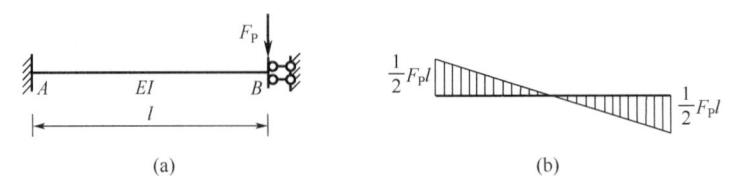

**图 8.12** 集中力引起的一端固定一端滑动梁的杆端力

（3）支座发生单位转角引起的杆端力。

图 8.13（a）所示左端支座发生顺时针单位转角产生的弯矩图如图 8.13（b）所示，$A$ 端杆端弯矩方向与 $A$ 端转角方向相同。

**图 8.13** 支座发生单位转角引起的一端固定一端滑动梁的杆端力

杆端弯矩、杆端剪力为

$$M_{AB}=i, \quad M_{BA}=-i, \quad F_{QAB}=0, \quad F_{QBA}=0$$

利用上面的结果，当已知杆件两端截面的位移和其上的荷载时，可以求出杆端力。

为了便于查找，将前述杆端力列于表 8-1 中。

**表 8-1  常见单跨超静定梁的杆端力**

| 作用情况 | 编号 | 梁的类型（跨长 $l$，线刚度 $i$） 两端固定梁 | 编号 | 一端固定一端铰支梁 | 编号 | 一端固定一端滑动梁 |
|---|---|---|---|---|---|---|
| 支座转动 | 1 | $4i$, $2i$; $6i/l$, $6i/l$ | 2 | $3i$; $3i/l$, $3i/l$ | 3 | $i$; $0$, $0$ |
| 支座移动 | 4 | $6i/l$, $6i/l$; $12i/l^2$, $12i/l^2$ | 5 | $3i/l$; $3i/l^2$ | 6 | $0$ |
| 集中力作用 | 7 | $F_Pl/8$, $F_Pl/8$; $F_P/2$, $F_P/2$ | 8 | $3F_Pl/16$; $11F_P/16$, $5F_P/16$ | 9 | $F_Pl/2$, $F_Pl/2$; $F_P$ |
| 均布荷载作用 | 10 | $ql^2/12$, $ql^2/12$; $ql/2$, $ql/2$ | 11 | $ql^2/8$; $5ql/8$, $3ql/8$ | 12 | $ql^2/3$; $ql$, $ql^2/6$ |

表 8-1 中所列出的单跨超静定梁的杆端力要牢记,在本章和第 9 章中均要用到。

【**例题 8-1**】试作图 8.14(a)所示结构(水平杆的轴向刚度无穷大表示无轴向变形,两个柱端的水平位移相等)的弯矩图。

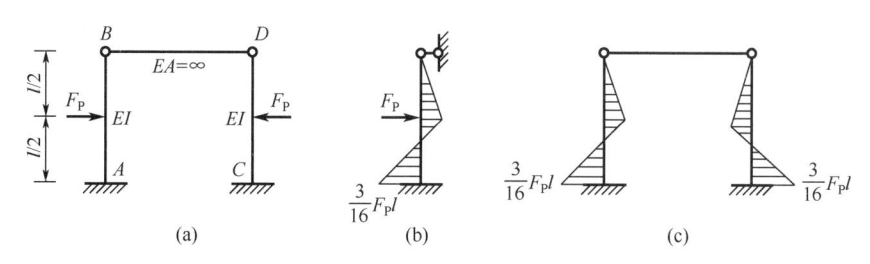

图 8.14　例题 8-1 图

【**解**】图 8.14(a)所示结构为对称结构,结构上作用的荷载为对称荷载,可取半边结构进行计算。半边结构的弯矩图可根据前面给出的一端固定一端铰支梁在跨中集中力作用下的弯矩(图 8.7)得到,如图 8.14(b)所示。原结构弯矩图如图 8.14(c)所示。

【**例题 8-2**】已知图 8.15(a)所示结构在荷载作用下产生向右的水平位移 $\Delta = \dfrac{F_P l^2}{6i}$,试作弯矩图。

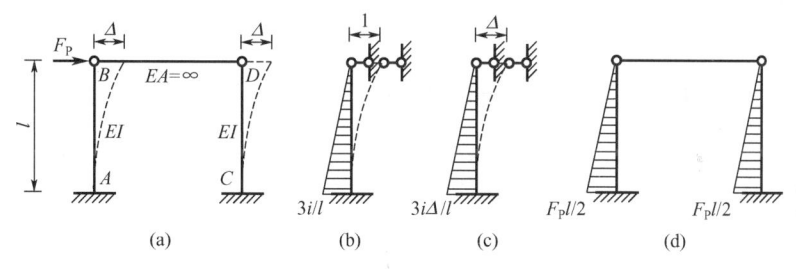

图 8.15　例题 8-2 图

【**解**】根据一端固定一端铰支梁在支座发生单位位移引起的弯矩图(图 8.9),可知在柱端发生单位位移时的弯矩图如图 8.15(b)所示,发生 $\Delta$ 位移时的弯矩图如图 8.15(c)所示。根据已知条件,得

$$M_{AB} = M_{CD} = \frac{3i}{l}\Delta = \frac{3i}{l} \times \frac{F_P l^2}{6i} = \frac{1}{2}F_P l$$

弯矩图如图 8.15(d)所示。

【**例题 8-3**】已知图 8.16(a)所示结构在结点力偶作用下 $B$ 截面的转角为 $\theta = \dfrac{m}{7i}$,试作弯矩图。

【**解**】$AB$ 杆的 $A$ 端为固定端,$B$ 端无竖向位移但有转角,与两端固定梁一端发生转角的情况[图 8.16(b)]的变形相同,内力也相同,弯矩图如图 8.16(e)所示。$BC$ 杆的 $C$ 端为铰支端,$B$ 端无竖向位移但有转角,与一端固定一端铰支梁固定端发生转角的情况[图 8.16(c)]的变形相同,内力也相同,弯矩图如图 8.16(f)所示。根据已知转角,得杆端弯矩为

图 8.16　例题 8-3 图

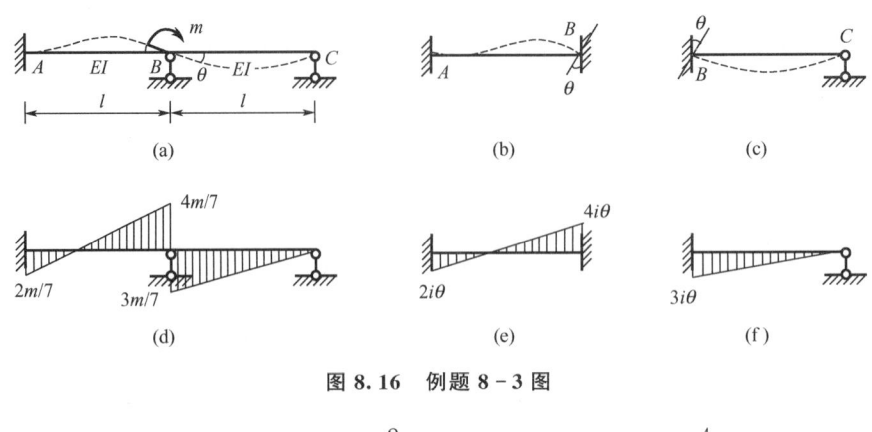

$$M_{AB}=2i\theta=2i\times\frac{m}{7i}=\frac{2}{7}m,\ M_{BA}=4i\theta=4i\times\frac{m}{7i}=\frac{4}{7}m$$

$$M_{BC}=3i\theta=3i\times\frac{m}{7i}=\frac{3}{7}m,\ M_{CB}=0$$

弯矩图如图 8.16（d）所示。

**【例题 8-4】** 已知图 8.17（a）所示结构的 $A$ 支座顺时针转动 $\theta=\dfrac{ql^2}{48i}$，试作在荷载和支座位移共同作用下引起的弯矩图。

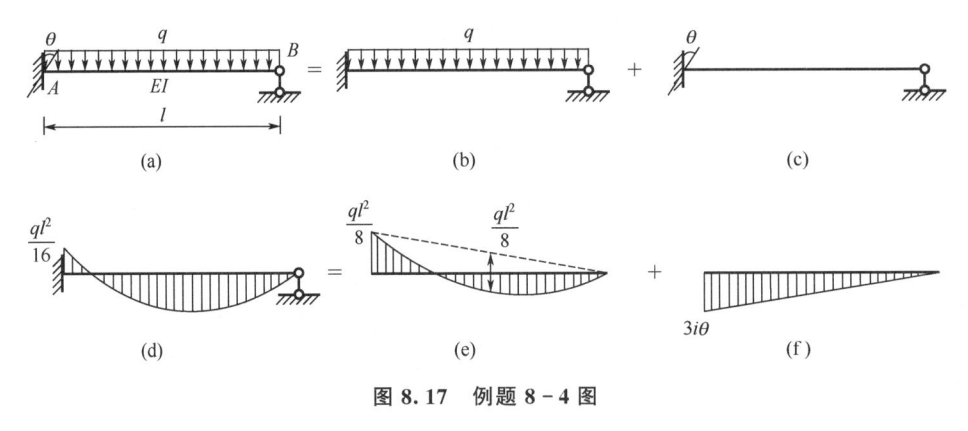

图 8.17　例题 8-4 图

**【解】** 将荷载和支座位移分开计算，如图 8.17（b）、（c）所示，其相应的弯矩图如图 8.17（e）、（f）所示。叠加得原结构的弯矩图，如图 8.17（d）所示。

**学习指导**：记忆表 8-1 中的内容时，对于弯矩图，结合微分关系，只要记住杆端弯矩即可，弯矩图画在哪一侧可根据外部作用引起的弹性变形来判断。对于弯矩图为一根直线的情况，可根据斜线的斜率为剪力来确定杆端剪力，其他情况的杆端剪力可由荷载和杆端弯矩用平衡条件计算。结合着做习题，记住它们并不困难。请完成习题：3～15、21。

## 8.2　位移法的基本概念

下面以作图 8.18（a）所示结构的弯矩图为例，介绍位移法的基本思路和基本概念。

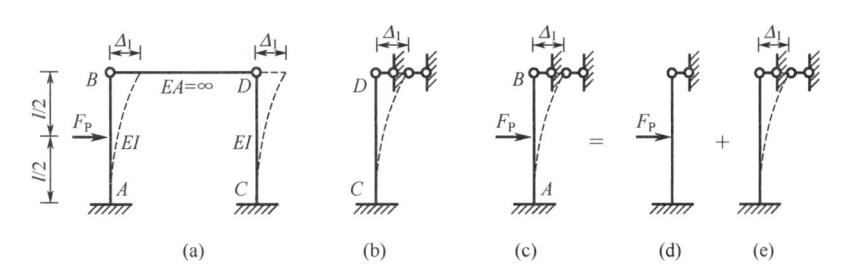

**图 8.18  结点有线位移时的位移法解题思路**

图 8.18（a）所示结构在荷载作用下发生变形，$D$ 点产生水平位移 $\Delta_1$，因为 $BD$ 杆刚度无穷大无轴向变形，故 $B$ 点的水平位移也为 $\Delta_1$，如图 8.18（a）所示。如果 $\Delta_1$ 为已知量，按 8.1 节介绍的内容可知结构弯矩图可借助表 8-1 提供的杆端力作出：$CD$ 杆件上无荷载作用，其变形与图 8.18（b）相同，故内力相同，而图 8.18（b）的弯矩图可由表 8-1 中编号为 5 的弯矩图作出；$AB$ 杆上有荷载作用，其内力与图 8.18（c）所示杆件的内力相同，根据叠加法，图 8.18（c）所示杆件的受力可分解为图 8.18（d）和图 8.18（e）两种情况来求，图 8.18（e）的弯矩图作法同 $CD$ 杆，而图 8.18（d）的弯矩图可利用表 8-1 编号为 8 的弯矩图作出。可见，只需求出结点位移 $\Delta_1$ 即能作出弯矩图，下面讨论结点位移 $\Delta_1$ 的求解方法。

图 8.19（a）所示结构，若在加荷载前先在 $D$ 点加水平链杆，如图 8.19（b）所示，则 $D$ 点无水平位移，因为 $BD$ 杆刚度无穷大无轴向变形，$B$ 点也无水平位移，使得 $AB$ 杆和 $CD$ 杆均相当于下端固定上端铰支的单跨梁，该结构称为位移法的基本结构。在位移法的基本结构上加荷载，$D$ 点被约束无位移，链杆会产生反力，而原体系在 $D$ 点有位移 $\Delta_1$，无链杆反力。为了消除位移法的基本结构在荷载作用下与原结构的差别，可令链杆发生位移，计算简图中用 ↦ 表示链杆沿箭头方向的位移。随着链杆发生位移，链杆中的反力也在发生变化，当链杆的位移等于原结构 $D$ 点的位移 $\Delta_1$ 时，链杆不起作用，即链杆反力 $F_1=0$，如图 8.19（c）所示，这时原结构的受力与变形与图 8.19（c）相同。图 8.19（c）中，位移法的基本结构受两种作用，一种是荷载，另一种是链杆位移，可将这两种作用分开计算，如图 8.19（d）、（e）所示，这两种作用共同产生的约束反力 $F_1$ 等于它们单独作用引起的反力之和，即

$$F_1 = k_{11}\Delta_1 + F_{1P} = 0 \qquad (8-1)$$

其中，$k_{11}$ 为链杆沿 $\Delta_1$ 方向发生单位位移时的链杆反力，以与 $\Delta_1$ 方向一致为正；$k_{11}\Delta_1$ 为链杆发生位移 $\Delta_1$ 时的链杆反力；$F_{1P}$ 为链杆不动时荷载产生的链杆反力，以与 $\Delta_1$ 方向一致为正。只要求出 $k_{11}$ 和 $F_{1P}$，即可由方程解出位移 $\Delta_1$。

为了计算 $k_{11}$ 和 $F_{1P}$，应先利用表 8-1 中编号为 8 的弯矩图作出位移法的基本结构在荷载作用下的弯矩图，如图 8.19（d）所示，称为荷载弯矩图，记作 $M_P$ 图；利用表 8-1 中编号为 5 的弯矩图可作出位移法的基本结构在链杆发生单位位移时的弯矩图，如图 8.19（e）所示，称为单位弯矩图，记作 $\overline{M}_1$ 图。取隔离体如图 8.19（f）所示，可求得

$$k_{11}=\frac{3i}{l^2}+\frac{3i}{l^2}=\frac{6i}{l^2},\ F_{1P}=-\frac{5F_P}{16}$$

将 $k_{11}$ 和 $F_{1P}$ 代入方程（8-1），解出 $D$ 点位移为

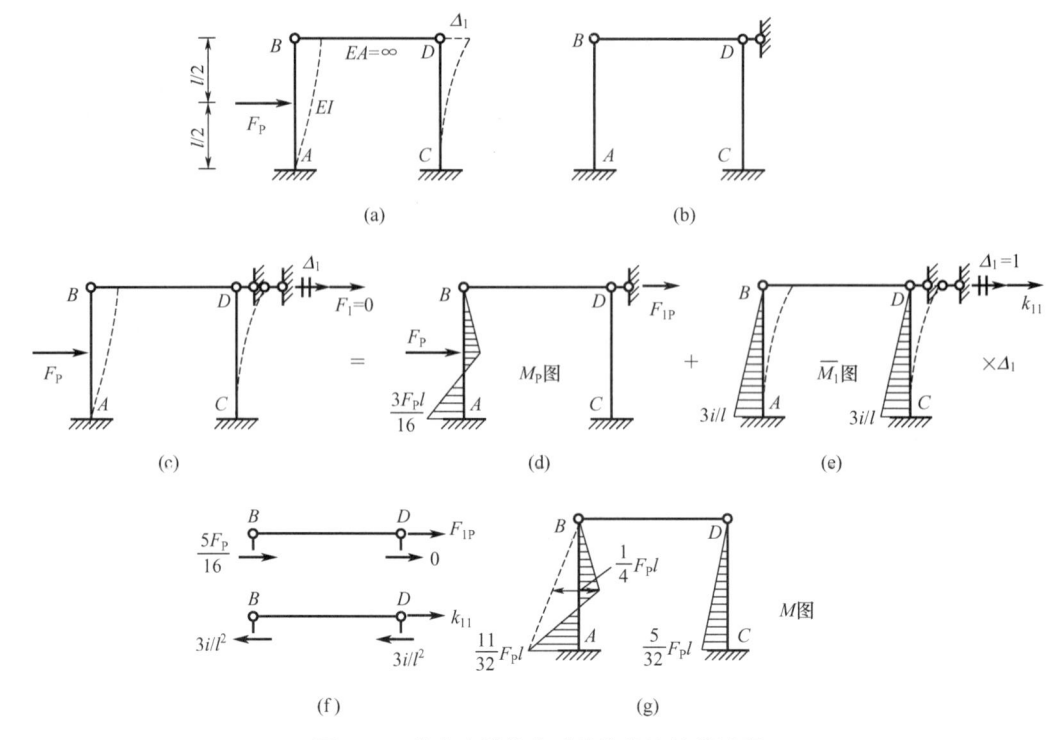

图 8.19 结点有线位移时的位移法计算过程

$$\Delta_1 = \frac{5F_P l^2}{96i}$$

求解前，位移 $\Delta_1$ 的大小和方向均是未知的，对于本例，因为受力简单，所以不用计算也可以确定 $\Delta_1$ 的方向是向右的。当荷载或结构复杂一些，方向并不能事先确定时，可先假定 $\Delta_1$ 的方向，当计算结果为正时，$\Delta_1$ 的实际方向与假定方向相同；当计算结果为负时，实际方向与假定方向相反。假定 $\Delta_1$ 的方向后，链杆中的反力 $k_{11}$ 和 $F_{1P}$ 均以与 $\Delta_1$ 的方向一致为正。

得到结点位移后即可按 8.1 节的方法作出各杆的弯矩图。因为图 8.19（c）所示体系与原体系受力相同，所以可用计算图 8.19（c）所示体系的内力代替计算原体系，而图 8.19（c）所示体系的内力可用叠加法计算，即

$$M = \overline{M}_1 \Delta_1 + M_P$$

按上式算出各杆端的杆端弯矩为

$$M_{AB} = -\frac{3i}{l}\Delta_1 - \frac{3}{16}F_P l = -\frac{3i}{l} \times \frac{5}{96i}F_P l^2 - \frac{3}{16}F_P l = -\frac{11}{32}F_P l$$

$$M_{CD} = -\frac{3i}{l}\Delta_1 + 0 = -\frac{3i}{l} \times \frac{5}{96i}F_P l^2 = -\frac{5}{32}F_P l$$

作出弯矩图如图 8.19（g）所示。

这种求内力的方法最先求出的是结点位移，即位移法的基本未知量是结点位移，故称这种方法为位移法。位移法的所有运算均是在图 8.19（b）所示结构上进行的，该结构称为位移法的基本结构，它是通过在原结构的结点上加限制结点位移的约束构成的，这个约

束称为附加约束，位移法的基本结构上的各杆件均可看成单跨梁。位移法的基本结构在荷载和附加约束发生位移共同作用时的体系称为位移法的基本体系，如图 8.19（c）所示。当基本体系上附加约束发生的位移与原体系在该点的位移相同时，附加约束的反力等于零，由此得到方程（8-1），该方程称为位移法方程，它是一个平衡方程。

为了加深对概念的理解，下面再以作图 8.20（a）所示两跨连续梁的弯矩图为例，将上面讲到的位移法基本思路和基本概念通过结构的求解过程进一步加以说明。

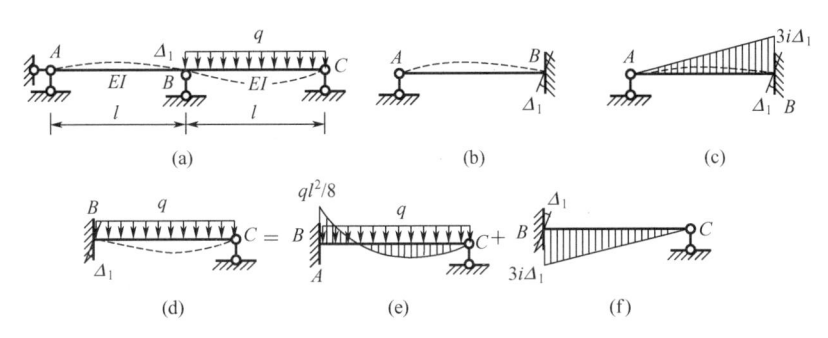

**图 8.20　有结点转角时的位移法解题思路**

图 8.20（a）所示连续梁在荷载作用下产生弹性变形，在 B 截面有截面转角 $\Delta_1$。如果 $\Delta_1$ 已知，那么梁的弯矩图可借助表 8-1 所提供的杆端力作出：AB 杆件上无荷载作用，其变形与图 8.20（b）相同，故内力相同，而图 8.20（b）的弯矩图可由表 8-1 中编号为 2 的弯矩图作出，如图 8.20（c）所示；BC 杆上有荷载作用，其内力与图 8.20（d）所示梁的内力相同，根据叠加法，图 8.20（d）所示梁的内力可分解为图 8.20（e）和图 8.20（f）两种情况，图 8.20（f）的弯矩图作法同 AB 杆，而图 8.20（e）的弯矩可利用表 8-1 编号为 11 的弯矩图作出。可见，只需求出截面转角 $\Delta_1$，借助表 8-1 即能作出弯矩图。下面讨论截面转角 $\Delta_1$ 的求解方法。

图 8.21（a）所示结构，在 B 结点加一个限制转动的附加约束——刚臂，刚臂在计算简图中用▽表示，它是限制转动的约束，在结构的任何地方加这种约束，加约束的截面都不能发生角位移。在 B 点加刚臂后，原结构转化成图 8.21（b）所示结构，其中 B 截面受刚臂约束不能转动，这使得 AB 杆的 B 端和 BC 杆的 B 端不能转动，AB 杆相当于左端铰支右端固定的单跨梁，BC 杆相当于左端固定右端铰支的单跨梁，该结构为位移法的基本结构。

在位移法的基本结构上加荷载，B 结点不能转动，刚臂产生对体系的约束反力矩，如图 8.21（c）所示。这与原结构是不同的，原结构 B 结点有转角 $\Delta_1$，无反力矩。为了消除与原结构的差别，可令刚臂转动，如图 8.21（d）所示，在图中用↰表示使刚臂沿箭头方向转动，图 8.21（d）所示体系为位移法的基本体系，即受到荷载和附加约束发生位移共同作用的位移法的基本结构为位移法的基本体系。

随着刚臂的转动，刚臂的反力矩也在变化。当刚臂转动了 $\Delta_1$ 时，刚臂不起作用，反力矩为零，即

$$F_1 = 0$$

这时位移法的基本体系的受力、变形与原体系一致，内力相同。这样，就将计算原结构

在荷载作用下的问题转化成了计算位移法的基本结构在刚臂转动和荷载共同作用下的问题。

位移法的基本结构现受两种外部作用,一种是外荷载,另一种是刚臂转动。这两种外部作用可以分开计算,然后相加。当荷载单独作用时,其弯矩图可利用表 8-1 绘制,该弯矩图称为荷载弯矩图,记作 $M_P$ 图,如图 8.21(f)所示。刚臂转动时,也可利用表 8-1 绘制弯矩图。计算刚臂转动 $\Delta_1$ 时的弯矩图,可先计算刚臂转动单位角度时的弯矩图,如图 8.21(e)所示,该弯矩图称为单位弯矩图,记作 $\overline{M}_1$ 图,然后将得到的结果乘以 $\Delta_1$。位移法的基本结构在外荷载及刚臂转动 $\Delta_1$ 共同作用下的刚臂反力矩应等于这两种外部作用分别引起的反力矩之和,即

$$F_1 = k_{11}\Delta_1 + F_{1P} = 0 \tag{8-2}$$

式(8-2)称为位移法方程,其中 $k_{11}$、$F_{1P}$ 可利用结点平衡条件计算。取隔离体如图 8.21(g)、(h)所示,由隔离体的平衡可得

$$k_{11} = 3i + 3i = 6i, \quad F_{1P} = -\frac{ql^2}{8}$$

代入式(8-2),得 $B$ 结点的转角

$$\Delta_1 = \frac{ql^2}{48i}$$

原结构弯矩图可用单位弯矩图乘以 $\Delta_1$ 后与荷载弯矩图叠加获得,即

$$M = \overline{M}_1 \Delta_1 + M_P$$

作出的弯矩图如图 8.21(i)所示。

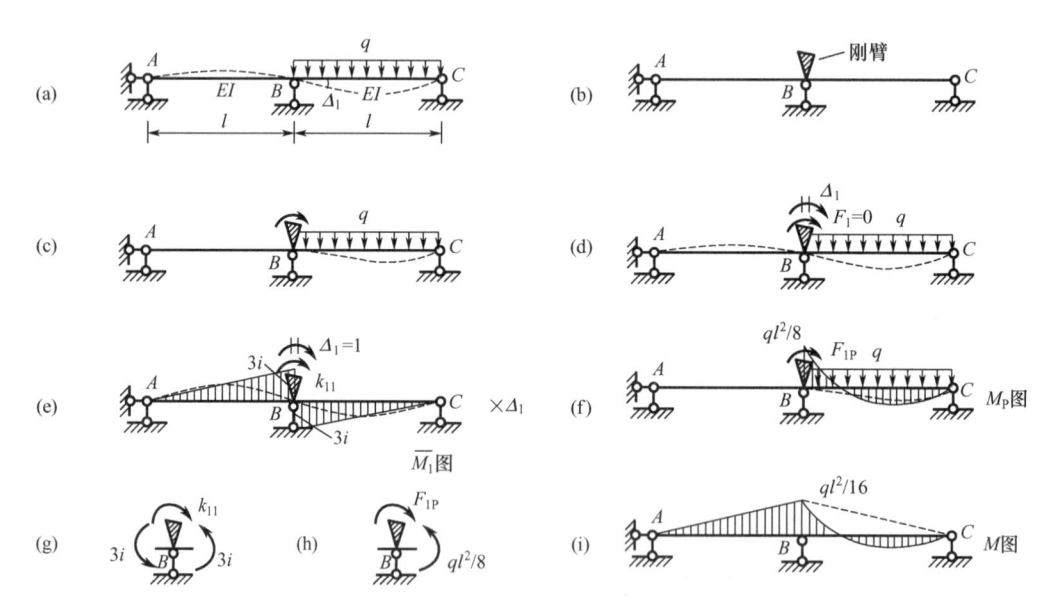

图 8.21 有结点转角时的位移法计算过程

从以上过程可见,位移法的基本思想与力法类似,即先将原结构改造成能计算的结构——基本结构,力法是通过减约束将原结构转化成静定结构作为基本结构,位移法是通过加约束将原结构转化成若干单跨梁组成的单跨梁作为基本结构;然后消除基本体系与原体系的差别,力法是通过变形条件使基本体系解除约束处的位移与原体系相同来实现

的，位移法是通过放松约束使基本体系上附加约束的反力为零来实现的。所有计算过程都是在基本结构上进行的。

通过上面的分析可知位移法解题的步骤如下。

(1) 确定位移法的基本体系。

(2) 列位移法方程。

(3) 作单位弯矩图和荷载弯矩图。

(4) 求系数和常数项。

(5) 解方程，求位移。

(6) 用叠加法作弯矩图。

下面举例说明。

【例题 8-5】用位移法计算图 8.22（a）所示结构，作弯矩图。

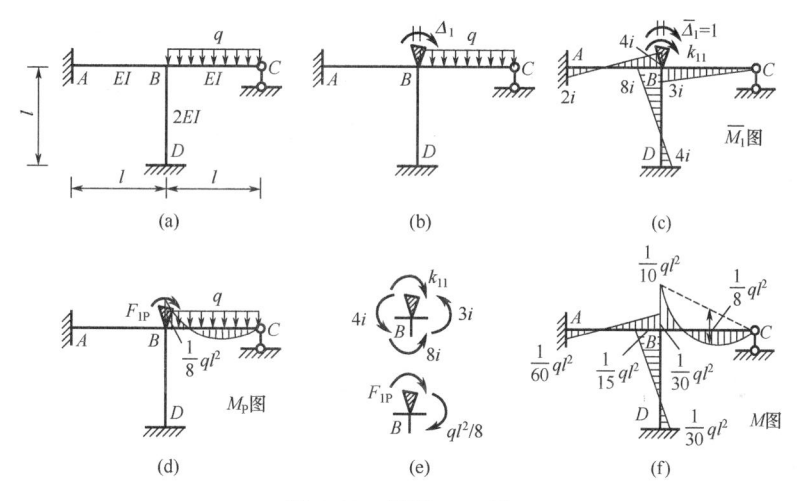

图 8.22　例题 8-5 图

【解】（1）确定位移法的基本体系。

$B$ 结点无线位移，但有角位移，在 $B$ 结点加刚臂后，$AB$ 杆和 $BD$ 杆均相当于两端固定梁，$BC$ 杆相当于左端固定右端铰支梁，位移法的基本体系如图 8.22（b）所示。$B$ 结点转角为位移法的基本未知量，设以绕杆端顺时针转向为正。

（2）列位移法方程。

$$k_{11}\Delta_1 + F_{1P} = 0$$

（3）作单位弯矩图和荷载弯矩图。

单位弯矩图是位移法的基本结构在附加约束发生单位位移时所产生的弯矩图。刚臂顺时针方向转动单位角度，带动 3 个杆端发生单位转角，根据表 8-1 可作出各杆的单位弯矩图，如图 8.22（c）所示。作图时应注意各杆的抗弯刚度不同，设 $AB$ 杆和 $BC$ 杆的线刚度 $i=EI/l$，则 $BD$ 杆的线刚度为 $2i$。

荷载弯矩图是位移法的基本结构在荷载单独作用下所产生的弯矩图。由于 $AB$ 杆和 $BD$ 杆上无荷载，因此无弯矩；根据表 8-1 中编号为 11 的弯矩图可作出 $BC$ 杆的弯矩图，如图 8.22（d）所示。

(4) 求系数和常数项。

在图 8.22 (c)、(d) 中取 B 结点为隔离体，如图 8.22 (e) 所示，由结点平衡得

$$k_{11}=4i+8i+3i=15i, \quad F_{1P}=-\frac{1}{8}ql^2$$

(5) 解方程，求位移。

$$\Delta_1=\frac{ql^2}{120i}$$

计算结果为正，表示 B 结点的转角与所设方向相同，是绕杆端顺时针方向转动的。

(6) 用叠加法作弯矩图

根据叠加公式 $M=\overline{M}_1\Delta_1+M_P$ 作出的弯矩图，如图 8.22 (f) 所示。

【例题 8-6】用位移法计算图 8.23 (a) 所示结构，作弯矩图。

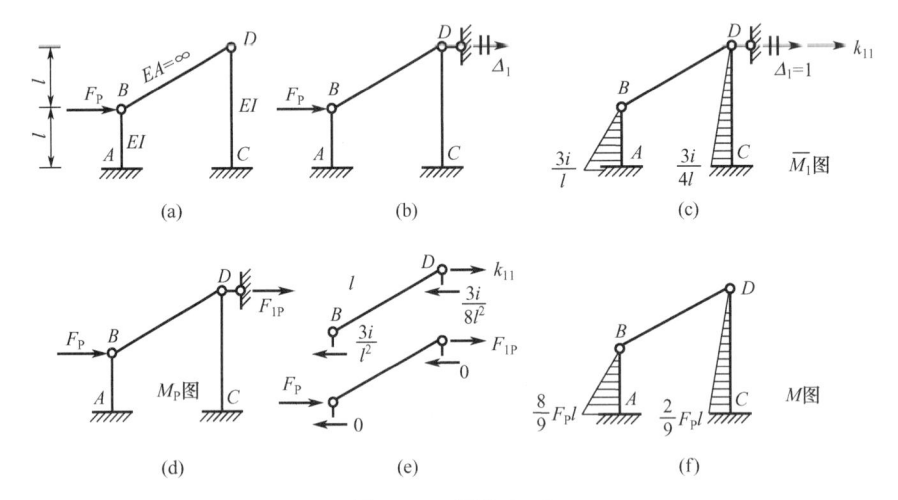

图 8.23 例题 8-6

【解】(1) 确定位移法的基本体系。

在 D 结点处加水平链杆，D 点不能发生位移，这时 CD 杆相当于下端固定上端铰支梁；因为 BD 杆无轴向变形，D 点不动使得 B 点也不能动，故 AB 杆也相当于下端固定上端铰支梁。位移法的基本体系如图 8.23 (b) 所示，位移法的基本未知量为 D 点的水平位移，设以向右为正。

(2) 列位移法方程。

$$k_{11}\Delta_1+F_{1P}=0$$

(3) 作单位弯矩图和荷载弯矩图。

位移法的基本结构在荷载作用下只有轴力而无弯矩（可以证明，当集中力作用于无线位移的结点上时不会产生弯矩），荷载弯矩图如图 8.23 (d) 所示，单位弯矩图如图 8.23 (c) 所示。因为不计柱子的轴向变形，D、B 两点无竖向位移，BD 杆只能发生平动，平动时各点位移相等，故 D 点产生单位水平位移时 B 点也产生单位水平位移。注意 AB 杆与 CD 杆的长度不同，其线刚度也不同，设 $i=EI/l$，AB 杆的线刚度为 $i$，CD 杆的线刚度为 $i/2$。

(4) 求系数和常数项。

取隔离体如图 8.23 (e) 所示，由隔离体的平衡，可得

$$k_{11}=\frac{27i}{8l^2},\ F_{1P}=-F_P$$

（5）解方程，求位移。

$$\Delta_1=\frac{8F_Pl^2}{27i}$$

（6）用叠加法作弯矩图。

由叠加公式 $M=\overline{M}_1\Delta_1+M_P$ 作出弯矩图，如图 8.23（f）所示。

**学习指导**：熟练掌握用位移法计算具有一个位移法的基本未知量的梁和刚架。请完成习题：22、23。

## 8.3 位移法的基本结构与基本未知量的确定

位移法的基本未知量为结点的角位移（转角）和线位移，位移法的基本结构是通过附加刚臂和链杆约束这些位移得到的，因此位移法的基本结构确定了其基本未知量也就确定了。下面讨论位移法的基本结构的确定方法。

结构一般可以分成两类：一类是无结点线位移的结构，也称无侧移结构；另一类是有结点线位移的结构，也称有侧移结构。

1. 无结点线位移的结构

对于无结点线位移的结构，只需在所有刚结点上加刚臂即可得位移法的基本结构。图 8.24（a）所示刚架，各结点无线位移，在刚结点上加刚臂即得位移法的基本结构，如图 8.24（b）所示。注意，$B$ 结点是组合结点（半铰结点），刚臂加在连接 $BC$ 杆和 $BF$ 杆的 $B$ 结点的刚结部分。加刚臂后，$AE$ 杆和 $BF$ 杆相当于两端固定的梁，其他杆件均相当于一端固定一端铰支梁。刚臂约束的结点转角即为位移法的基本未知量。

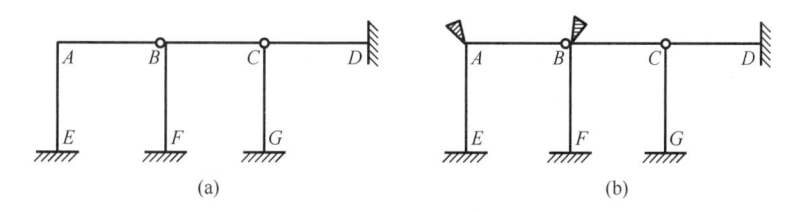

**图 8.24** 无结点线位移的结构及其位移法的基本结构

需要注意的是，刚臂仅能约束结点转角，相当于一个约束，不能限制结点线位移，这一点与固定端支座不同，固定端支座相当于 3 个约束，既限制结点转角也限制结点线位移。

2. 有结点线位移的结构

对于有结点线位移的结构，除所有刚结点需加刚臂外，还需在结点上加链杆约束结点线位移。加多少个链杆，加在什么位置，沿什么方向，对于简单结构可直接看出。图 8.25（a）所示结构，由于 $A$、$B$、$C$、$D$ 点均无竖向位移，且水平位移相同，因此只需在 $D$ 点加水平链杆即可得到位移法的基本结构，如图 8.25（b）所示。链杆也可不加在 $D$ 点，而加在 $A$、$B$、$C$ 任意一点上。位移法的基本未知量有 3 个，即 $B$、$C$ 点的转角和 $D$ 点的水平位移。

(a)

(b)

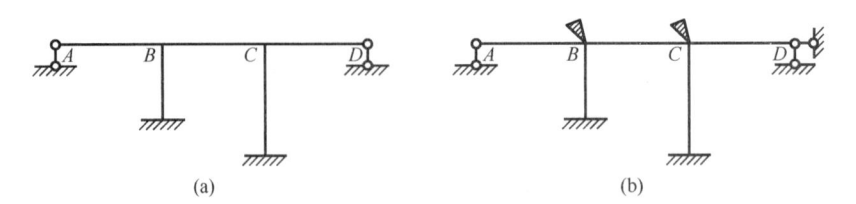

图 8.25 有结点线位移的结构及其位移法的基本结构

对于较复杂结构可采用下述方法确定加链杆的数量及位置。

将结构上所有刚结点（包括限制转动的支座）用铰结点代替，使结构变为铰结体系。用第 2 章讲过的几何组成分析的方法对铰结体系进行几何组成分析。若铰结体系是几何不变体系，则不需加链杆；若铰结体系是几何可变体系（包括瞬变体系），则将其变为几何不变体系在结点上所需加的链杆即是构成位移法的基本结构所需加的链杆。图 8.26（a）所示结构，将其变为铰结体系，如图 8.26（b）所示。图 8.26（b）所示体系是几何可变体系，若将其变为几何不变体系需加 4 个链杆，如图 8.26（c）所示。位移法的基本结构如图 8.26（d）所示，共有 14 个位移法的基本未知量，其中有 10 个结点转角，4 个结点线位移。

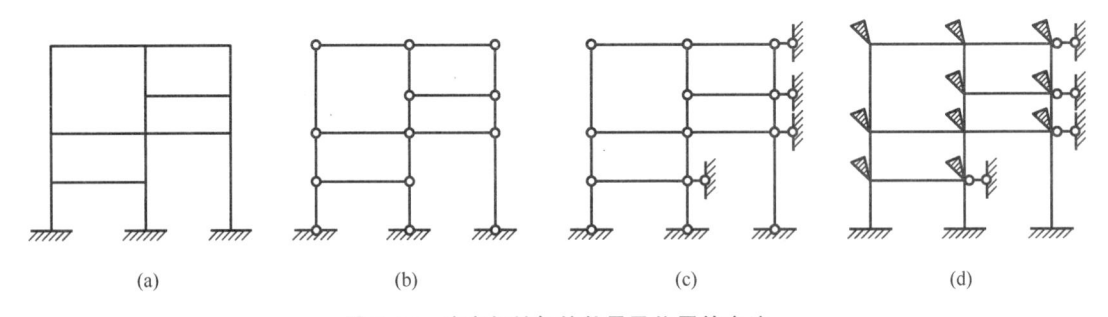

(a)　　　(b)　　　(c)　　　(d)

图 8.26 确定加链杆的数量及位置的方法

图 8.27（a）中的 BG 杆是悬臂杆，G 点有水平位移，在 G 点加上水平链杆，得到如图 8.27（b）所示的位移法的基本结构；BG 杆为一端固定一端铰支梁，但如果不限制 G 点的水平位移，可得到如图 8.27（c）所示的位移法的基本结构。BG 杆是悬臂杆，可以计算得到结点位移和荷载作用下的内力，所以如果结构上有静定部分，静定部分的结点位移不作为位移法的基本未知量。

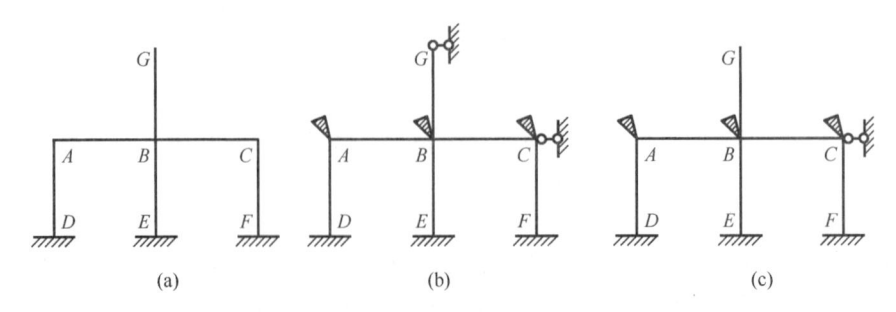

(a)　　　(b)　　　(c)

图 8.27 悬臂部分的处理

## 第8章 位移法

【例题 8-7】确定图 8.28（a）所示结构的位移法的基本结构和基本未知量。

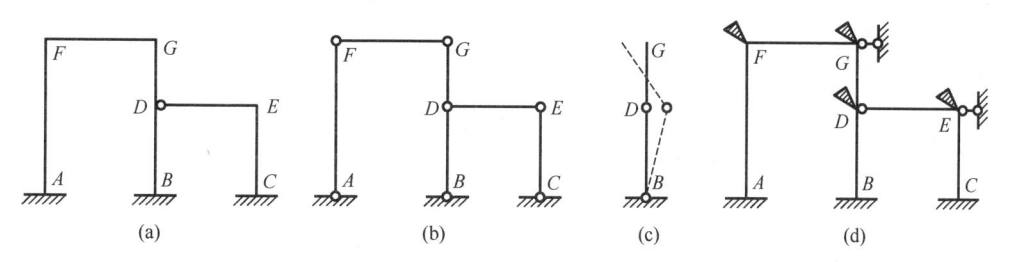

图 8.28　例题 8-7 图

【解】将图 8.28（a）所示结构变为铰结体系，如图 8.28（b）所示。图 8.28（b）所示结构去掉二元体后变成图 8.26（c）所示体系，该体系有两个自由度，故铰结体系若变成几何不变体系需要加两个链杆，如在 D、G 点处各加一个水平链杆。因此位移法的基本结构是在刚结点 F、G、E 点处和半铰结点 D 点处加刚臂，并在 G、E（或 D）点处加水平链杆，如图 8.28（d）所示。

F、G、D、E 点的转角和 G、E 点的水平位移为位移法的基本未知量。

【例题 8-8】确定图 8.29（a）所示结构的位移法的基本结构和基本未知量。

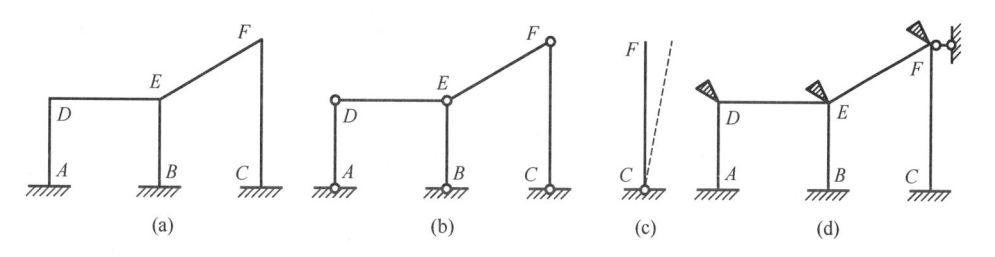

图 8.29　例题 8-8 图

【解】将图 8.29（a）所示结构变为铰结体系，如图 8.29（b）所示。图 8.29（b）所示结构去掉二元体后变成图 8.29（c）所示体系，该体系有一个自由度，故铰结体系若变成几何不变体系需要加一个链杆，如在 F 点处加一个水平链杆。因此位移法的基本结构是在刚结点 D、E、F 点处加刚臂，并在 F 点处加水平链杆，如图 8.29（d）所示。

D、E、F 点的转角和 F 点的水平位移为位移法的基本未知量。

【例题 8-9】确定图 8.30（a）所示结构的位移法的基本结构和基本未知量。

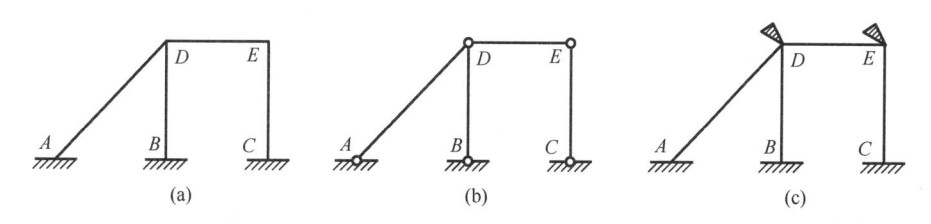

图 8.30　例题 8-9 图

【解】将图 8.30（a）所示结构变为铰结体系，如图 8.30（b）所示。对其进行几何组成分析，可知其为几何不变体系。因此不需加链杆，只在刚结点上加刚臂即可。位移法的基本结构如图 8.30（c）所示，位移法的基本未知量为 D、E 点的转角。

【例题 8-10】确定图 8.31（a）所示结构的位移法的基本结构和基本未知量。

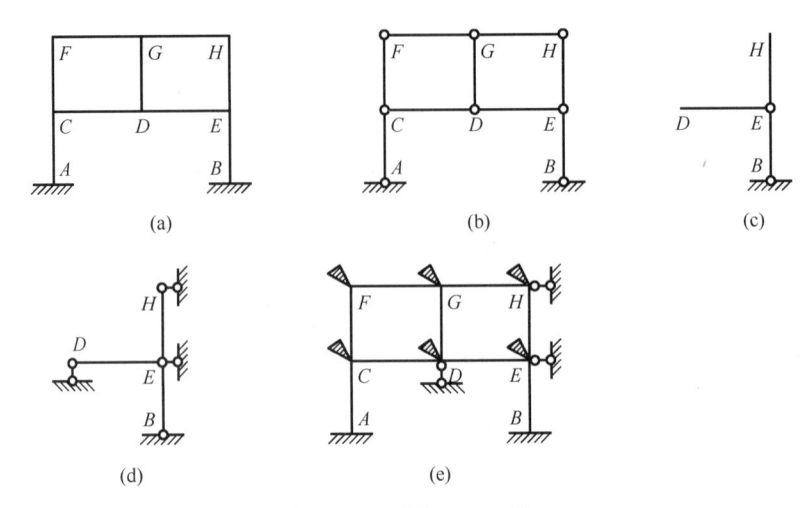

图 8.31 例题 8-10 图

【解】将图 8.31（a）所示结构变为铰结体系，如图 8.31（b）所示。对其进行几何组成分析，图 8.31（b）所示结构去掉二元体后如图 8.31（c）所示，可知其为几何可变体系，欲使其成为几何不变体系需加 3 个链杆，如图 8.31（d）所示。故位移法的基本结构如图 8.31（e）所示，位移法的基本未知量为 $F$、$G$、$H$、$C$、$D$、$E$ 6 个点的转角和 $H$、$E$ 点的水平位移及 $D$ 点的竖向位移。

【例题 8-11】确定图 8.32（a）所示结构的位移法的基本结构和基本未知量。

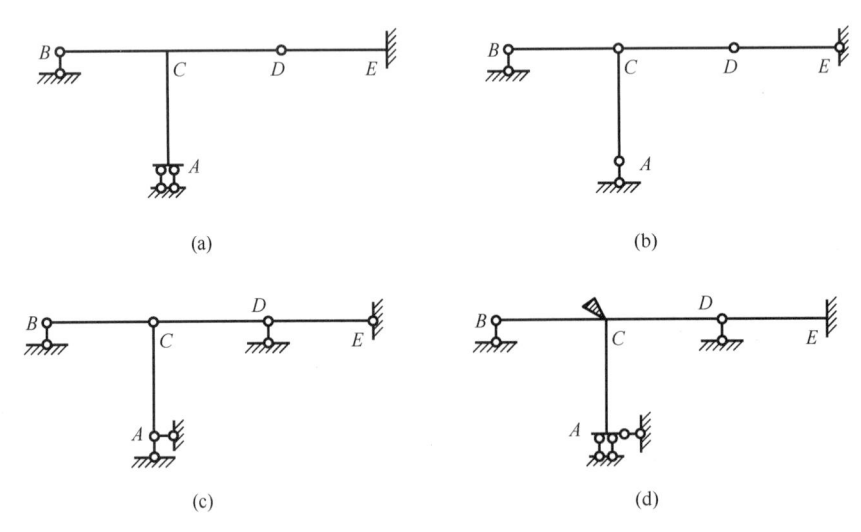

图 8.32 例题 8-11 图

【解】将图 8.32（a）所示结构变为铰结体系，如图 8.32（b）所示，其中 $A$ 点处的滑动支座相当于两个约束，变为铰结体系后相当于去掉限制转动的约束，保留限制移动的约束，故滑动支座变为竖向链杆。欲使铰结体系几何不变，需在 $D$ 点加竖向链杆，在 $A$ 点加水平链杆，如图 8.32（c）所示。位移法的基本结构如图 8.32（d）所示，其中 $A$ 点相当于固定端支座。$A$ 点的水平链杆也可不加，这时 $CA$ 杆相当于一端固定一端滑动梁。

【例题 8-12】确定图 8.33（a）所示结构的位移法的基本结构和基本未知量。

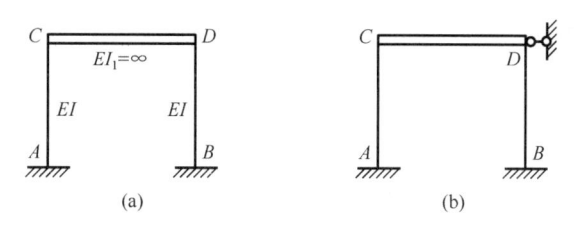

图 8.33　例题 8-12 图

【解】横梁的抗弯刚度无穷大意味着横梁是不能变形的刚体，两根立柱约束了梁的竖向平动和转动，故横梁只能发生水平平动，不能转动，横梁上的 C、D 截面也不能转动，即 C、D 两点无转角，只有水平位移，位移法的基本未知量是结点的水平位移，位移法的基本结构如图 8.33（b）所示。

对于本例题，如果横梁的刚度不是无穷大，且结点会产生转角，则位移法的基本未知量个数为 3，可见把横梁看成刚体会减少位移法的基本未知量的个数。为了减少位移法的基本未知量的个数，当结构中的有些杆件的抗弯刚度比其他杆件大许多时，可以将这些刚度大的杆件假设成刚体。

学习指导：掌握位移法的基本结构与基本未知量的确定。请完成习题：1、2、24。

## 8.4　位移法典型方程

在 8.2 节中介绍了具有一个位移法的基本未知量的结构用位移法求解的过程，不具有一般性，下面以图 8.34（a）所示结构为例介绍位移法求解的一般过程。

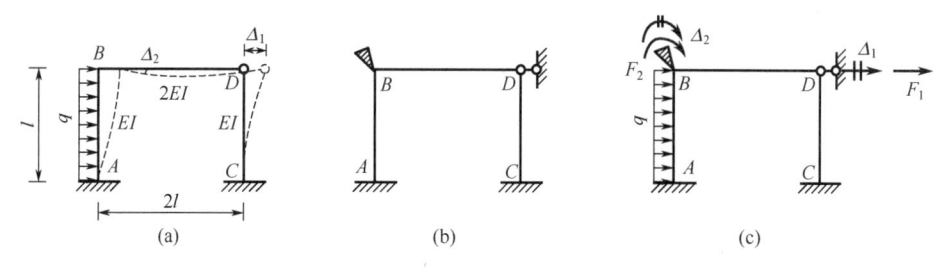

图 8.34　具有两个基本未知量的刚架、基本结构和基本体系

该结构有两个位移法的基本未知量，一个是 B 结点的转角，另一个是 D 结点的水平线位移，位移法的基本结构如图 8.34（b）所示。在位移法的基本结构上加荷载并放松约束，得位移法的基本体系如图 8.34（c）所示。若使位移法的基本体系与原体系受力相同，需使放松约束时的附加约束反力满足如下条件。

$$\left.\begin{array}{l}F_1=0\\F_2=0\end{array}\right\} \quad (8-3)$$

图 8.34（c）所示位移法的基本体系上有 3 种因素作用：荷载、链杆移动、刚臂转动。将 3 种因素作用分开计算，然后叠加，如图 8.35 所示。它们共同产生的约束反力应等于分别作用时产生的约束反力之和，即

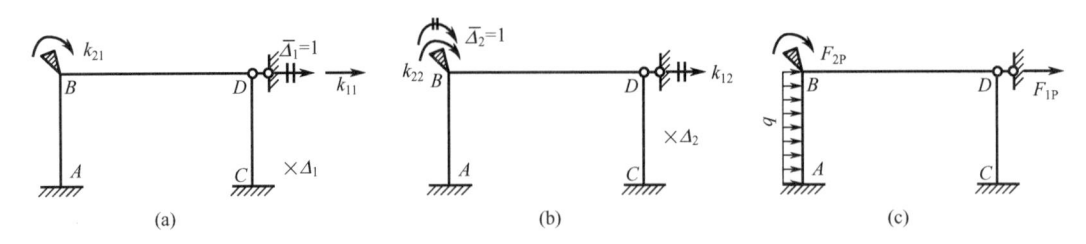

图 8.35 位移法的基本结构上外部作用的分解

$$F_1 = k_{11}\Delta_1 + k_{12}\Delta_2 + F_{1P} \brace F_2 = k_{21}\Delta_1 + k_{22}\Delta_2 + F_{2P}} \quad (8-4)$$

由式(8-3),得

$$k_{11}\Delta_1 + k_{12}\Delta_2 + F_{1P} = 0 \brace k_{21}\Delta_1 + k_{22}\Delta_2 + F_{2P} = 0} \quad (8-5)$$

此即位移法基本方程,也称位移法典型方程。它所表示的是消除位移法的基本体系与原体系差别的条件,其实质是平衡条件。在图 8.34(c)所示的位移法的基本体系中,若将 $AB$ 杆上端和 $CD$ 杆上端切断,取上侧部分作隔离体,$F_1=0$ 相当于两个杆端剪力满足水平方向平衡方程;$F_2=0$ 相当于位移法的基本体系中 $B$ 结点的力矩平衡方程。

方程式(8-5)具有典型意义,无论什么结构,只要具有两个位移法的基本未知量,位移法典型方程均为方程式(8-5)所示形式。位移法典型方程中的第一个方程表示位移法的基本体系上各因素产生的第一个附加约束中的反力为零,方程中各项均为一种因素单独产生附加约束的反力,每个系数的下角标即说明这一点,第一个下角标表示在哪个约束中产生的反力,第二个下角标表示哪个因素产生的这个反力。

下面计算系数和常数项。

(1) 计算 $k_{11}$、$k_{21}$。

作出 $\overline{\Delta}_1 = 1$ 作用下位移法的基本结构的弯矩图,如图 8.36(a)所示。

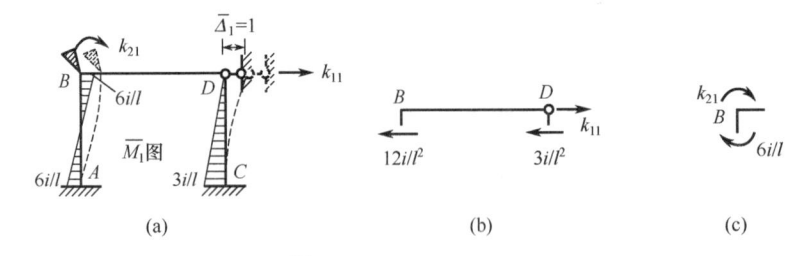

图 8.36 $\overline{M}_1$ 图及计算 $k_{11}$、$k_{21}$ 时的隔离体

取隔离体如图 8.36(b)、(c)所示,在列平衡方程时不出现的力不必画出。由隔离体的平衡,得

$$k_{11} = \frac{15i}{l^2}, \quad k_{21} = \frac{-6i}{l}$$

(2) 计算 $k_{12}$、$k_{22}$。

作出 $\overline{\Delta}_2 = 1$ 作用下位移法的基本结构的弯矩图,如图 8.37(a)所示。

取隔离体如图 8.37(b)、(c)所示。由隔离体的平衡,得

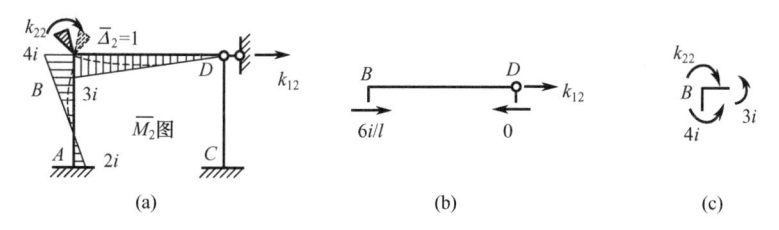

图 8.37 $\overline{M}_2$ 图及计算 $k_{12}$、$k_{22}$ 时的隔离体

$$k_{12}=\frac{-6i}{l},\ k_{22}=7i$$

比较 $k_{12}$ 和 $k_{21}$，可以发现二者相等，这是因为符合反力互等定理。实际在求系数时可以找更容易求取的附加刚臂上的反力 $k_{21}$。

（3）计算 $F_{1P}$、$F_{2P}$。

作出位移法的基本结构在荷载作用下的弯矩图，如图 8.38（a）所示。

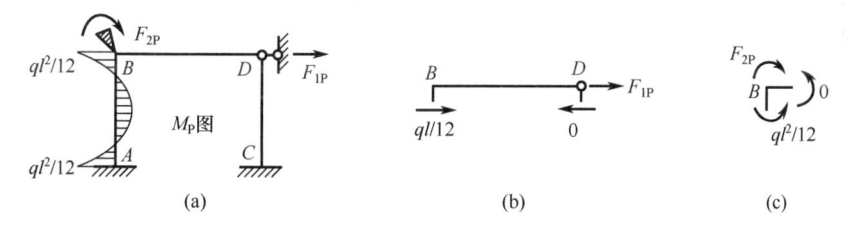

图 8.38 $M_P$ 图及计算 $F_{1P}$、$F_{2P}$ 时的隔离体

取隔离体如图 8.38（b）、（c）所示。由隔离体的平衡，得

$$F_{1P}=-\frac{ql}{12},\ F_{2P}=\frac{ql^2}{12}$$

将求得的系数和常数项代入位移法典型方程，求得结点位移为

$$\left.\begin{array}{l}\Delta_1=0.0435\dfrac{ql^3}{i}\\[4pt]\Delta_2=0.0254\dfrac{ql^2}{i}\end{array}\right\}$$

由叠加公式

$$M=\overline{M}_1\Delta_1+\overline{M}_2\Delta_2+M_P \tag{8-6}$$

算出的各杆端弯矩为

$$M_{AB}=-\frac{6i}{l}\Delta_1+2i\Delta_2-\frac{ql^2}{12}=-\frac{6i}{l}\times0.0435\frac{ql^3}{i}+2i\times0.0254\frac{ql^2}{i}-\frac{ql^2}{12}\approx-0.294ql^2$$

$$M_{BA}=-\frac{6i}{l}\Delta_1+4i\Delta_2+\frac{ql^2}{12}=-\frac{6i}{l}\times0.0435\frac{ql^3}{i}+4i\times0.0254\frac{ql^2}{i}+\frac{ql^2}{12}\approx-0.076ql^2$$

$$M_{BD}=3i\Delta_2=3i\times0.0254\frac{ql^2}{i}\approx0.076ql^2$$

$$M_{CD}=-\frac{3i}{l}\Delta_1=-\frac{3i}{l}\times0.0435\frac{ql^3}{i}\approx-0.131ql^2$$

据此画出弯矩图，如图 8.39 所示。

当结构有 $n$ 个位移法的基本未知量时，不难写出其位移法典型方程为

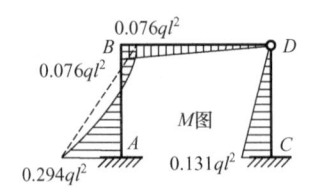

图 8.39 用叠加公式作出的结构弯矩图

$$\left.\begin{array}{r}k_{11}\Delta_1+k_{12}\Delta_2+\cdots+k_{1n}\Delta_n+F_{1P}=0\\ k_{21}\Delta_1+k_{22}\Delta_2+\cdots+k_{2n}\Delta_n+F_{2P}=0\\ \vdots\\ k_{n1}\Delta_1+k_{n2}\Delta_2+\cdots+k_{nn}\Delta_n+F_{nP}=0\end{array}\right\}$$

方程中的系数 $k_{ij}$ 称为刚度系数，其为体系常数，与外部作用无关，其意义是：当第 $j$ 个约束发生单位位移 $\Delta_j=1$ 时，在第 $i$ 个约束中产生的反力。当 $i=j$ 时，$k_{ij}$ 称为主系数，恒大于零；当 $i\neq j$ 时，$k_{ij}$ 称为副系数，满足关系 $k_{ij}=k_{ji}$（反力互等定理）。$F_{iP}$ 称为荷载项或常数项，是荷载单独作用于位移法的基本结构时，在第 $i$ 个约束中产生的反力。刚度系数和常数项均以与假设位移法的基本未知量的方向相同为正。

【**例题 8 - 13**】用位移法计算图 8.40（a）所示结构，作弯矩图。已知各杆 $l=4\mathrm{m}$，$q=20\mathrm{kN/m}$。

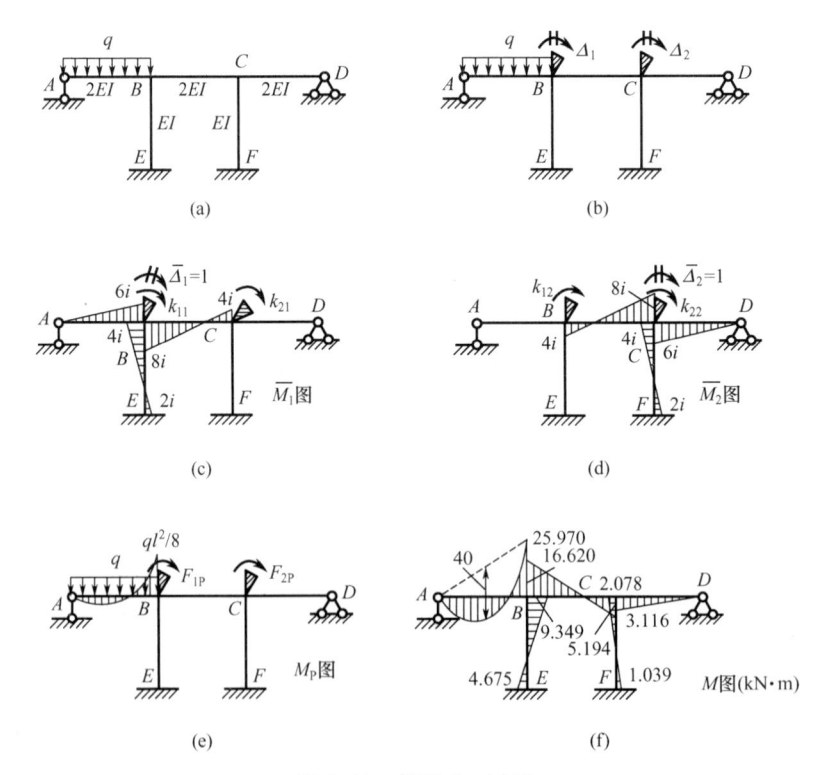

图 8.40 例题 8 - 13 图

【**解**】（1）确定位移法的基本体系。

由于图 8.40（a）所示结构为无结点线位移的刚架，因此只需在两个刚结点上加刚臂即得位移法的基本结构。刚结点的转角为位移法的基本未知量，设以绕杆端顺时针转向为正，加荷载后得位移法的基本体系如图 8.40（b）所示。

（2）建立位移法典型方程。

$$\left.\begin{array}{l}k_{11}\Delta_1+k_{12}\Delta_2+F_{1P}=0\\k_{21}\Delta_1+k_{22}\Delta_2+F_{2P}=0\end{array}\right\}$$

（3）作单位弯矩图、荷载弯矩图。

设柱的线刚度为 $i=EI/l$，则梁的线刚度为 $2i$。单位弯矩图、荷载弯矩图如图 8.40（c）、（d）、（e）所示。

（4）求刚度系数和常数项。

在 $\overline{M}_1$ 图中截取 $B$ 结点和 $C$ 结点作隔离体，可求得

$$k_{11}=18i, \quad k_{21}=4i$$

在 $\overline{M}_2$ 图中截取 $B$ 结点和 $C$ 结点作隔离体，可求得

$$k_{12}=4i, \quad k_{22}=18i$$

在 $M_P$ 图中截取 $B$ 结点和 $C$ 结点作隔离体，可求得

$$F_{1P}=\frac{ql^2}{8}, \quad F_{2P}=0$$

（5）解位移法典型方程，求结点位移。

将刚度系数和常数项代入位移法典型方程，有

$$\left.\begin{array}{l}18i\Delta_1+4i\Delta_2+\dfrac{ql^2}{8}=0\\4i\Delta_1+18i\Delta_2=0\end{array}\right\}$$

解方程得

$$\left.\begin{array}{l}\Delta_1=-\dfrac{9ql^2}{1232i}\\\Delta_2=\dfrac{2ql^2}{1232i}\end{array}\right\}$$

（6）作弯矩图。

由叠加公式 $M=\overline{M}_1\Delta_1+\overline{M}_2\Delta_2+M_P$ 计算各杆端弯矩，得

$$M_{BA}=6i\Delta_1+\frac{1}{8}ql^2\approx 25.970\text{kN}\cdot\text{m}$$

$$M_{BE}=4i\Delta_1\approx -9.349\text{kN}\cdot\text{m}$$

$$M_{EB}=2i\Delta_1\approx -4.675\text{kN}\cdot\text{m}$$

$$M_{BC}=8i\Delta_1+4i\Delta_2\approx -16.620\text{kN}\cdot\text{m}$$

$$M_{CB}=4i\Delta_1+8i\Delta_2\approx -5.194\text{kN}\cdot\text{m}$$

$$M_{CF}=4i\Delta_2\approx 2.078\text{kN}\cdot\text{m}$$

$$M_{FC}=2i\Delta_2\approx 1.039\text{kN}\cdot\text{m}$$

$$M_{CD}=6i\Delta_2\approx 3.116\text{kN}\cdot\text{m}$$

由杆端弯矩作弯矩图，如图 8.40（f）所示。

【例题 8-14】列出图 8.41（a）所示结构的位移法方程，求方程中的刚度系数和常数

项。$EI=$ 常数。

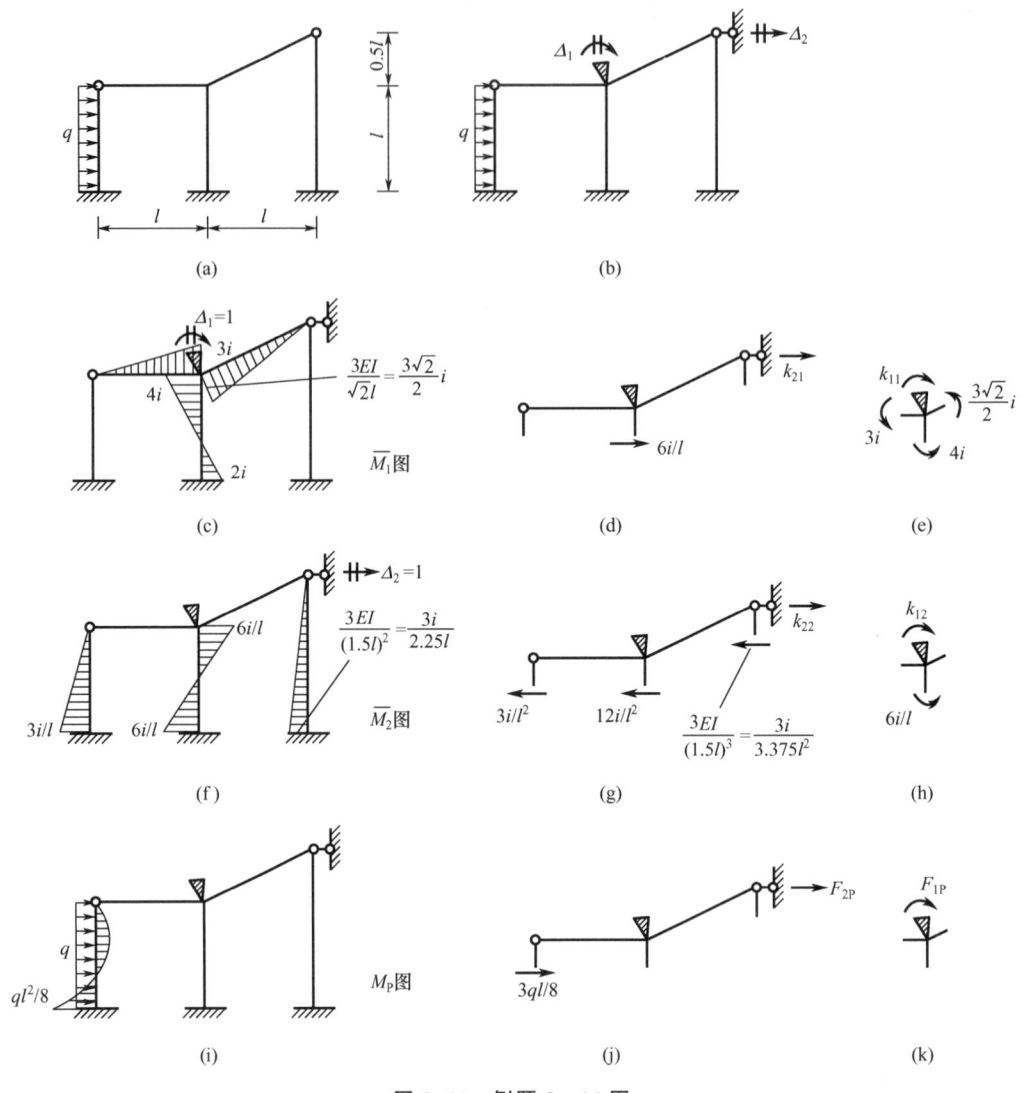

图 8.41 例题 8-14 图

【解】(1) 确定位移法的基本体系。

加荷载后位移法的基本体系如图 8.41 (b) 所示。

(2) 建立位移法典型方程。

$$\left.\begin{array}{r}k_{11}\Delta_1+k_{12}\Delta_2+F_{1P}=0\\k_{21}\Delta_1+k_{22}\Delta_2+F_{2P}=0\end{array}\right\}$$

(3) 作单位弯矩图、荷载弯矩图。

单位弯矩图、荷载弯矩图如图 8.41 (c)、(f)、(i) 所示。

(4) 求刚度系数和常数项。

按用结点法求刚臂反力矩、用截面法求链杆反力，分别取隔离体，如图 8.41 (d)、(e)、(g)、(h)、(j)、(k) 所示。由隔离体的平衡求得方程中的刚度系数和常数项，分

别为
$$k_{11}=\left(7+\frac{3\sqrt{2}}{2}\right)i, \quad k_{21}=-\frac{6i}{l}$$
$$k_{12}=-\frac{6i}{l}, \quad k_{22}=\left(15+\frac{3}{3.375}\right)\frac{i}{l^2}$$
$$F_{1P}=0, \quad F_{2P}=-\frac{3}{8}ql$$

【例题 8-15】用位移法计算图 8.42（a）所示结构，作弯矩图。

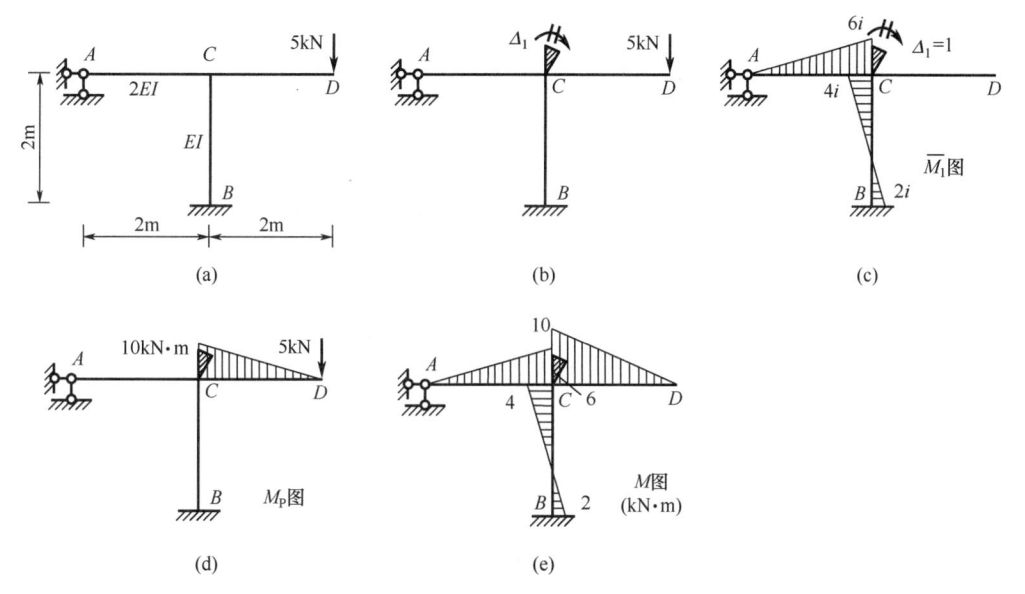

图 8.42 例题 8-15 图

【解】（1）确定位移法的基本体系。

图 8.42（a）所示结构 C 点无线位移，可以在 C 点加刚臂，得位移法的基本体系，如图 8.42（b）所示。

（2）建立位移法典型方程。
$$k_{11}\Delta_1+F_{1P}=0$$

（3）作单位弯矩图、荷载弯矩图。

单位弯矩图（图中 $i=EI/2m$）、荷载弯矩图如图 8.42（c）、（d）所示。

（4）求刚度系数和常数项。
$$k_{11}=10i, \quad F_{1P}=-10\text{kN}\cdot\text{m}$$

（5）解位移法典型方程，求结点位移。

将刚度系数和常数项代入方程，解得结点转角为
$$\Delta_1=1\text{kN}\cdot\text{m}/i$$

（6）作弯矩图。

由叠加公式 $M=\overline{M}_1\Delta_1+M_P$ 计算各杆端弯矩，得

$$M_{CA}=6i\Delta_1=6\text{kN}\cdot\text{m}$$
$$M_{CB}=4i\Delta_1=4\text{kN}\cdot\text{m}$$
$$M_{BC}=2i\Delta_1=2\text{kN}\cdot\text{m}$$
$$M_{CD}=10\text{kN}\cdot\text{m}$$

弯矩图如图 8.42（e）所示。

本例题中，CD 杆是静定部分，其内力可先由平衡条件求出，其他部分内力再用位移法计算。先求出 CD 杆的内力，如图 8.43（a）所示，将截面内力作用于 C 点，如图 8.43（b）所示，沿柱轴作用的集中力对弯矩图没有影响可以去掉，再用位移法计算其他部分 [图 8.43（c）]。

计算图 8.43（c）所示体系的位移法的基本体系如图 8.43（d）所示，单位弯矩图和荷载弯矩图如图 8.43（e）、（f）所示。荷载弯矩图中各杆无弯矩图，结点力偶被刚臂承受，其他杆件不受弯矩作用。计算常数项仍用结点平衡条件，计算结果为 $F_{1P}=-10\text{kN}\cdot\text{m}$。其他计算同前。

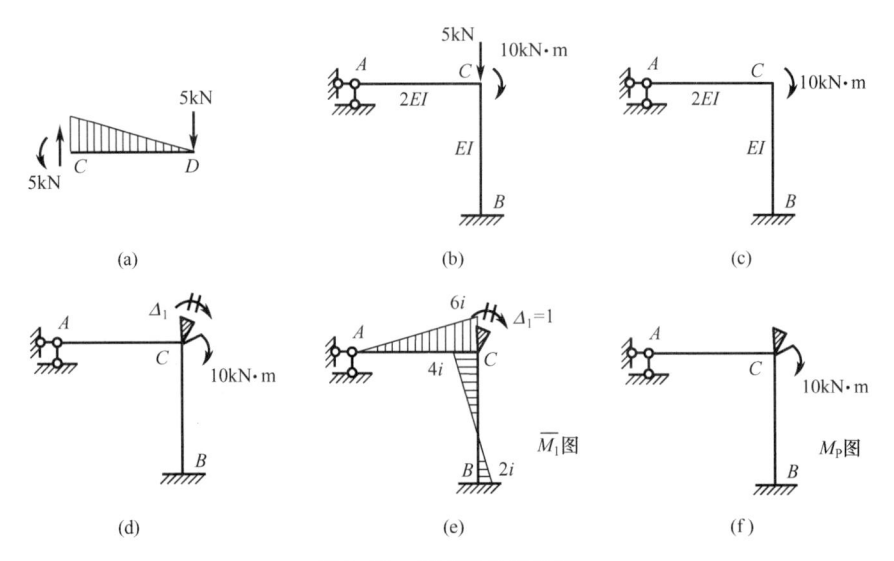

图 8.43 静定部分的处理

【**例题 8-16**】用位移法计算图 8.44（a）所示结构，作弯矩图。已知：$l=5\text{m}$，$F_P=10\text{kN}$。

【**解**】（1）确定位移法的基本体系。

位移法的基本体系及基本未知量如图 8.44（b）所示。

（2）建立位移法典型方程。

$$\left.\begin{array}{l}k_{11}\Delta_1+k_{12}\Delta_2+F_{1P}=0\\ k_{21}\Delta_1+k_{22}\Delta_2+F_{2P}=0\end{array}\right\}$$

（3）作单位弯矩图、荷载弯矩图。

单位弯矩图、荷载弯矩图如图 8.44（c）、（f）、（i）所示。

（4）求刚度系数和常数项。

在 $\overline{M}_1$ 图中截取隔离体如图 8.44（d）、（e）所示。由隔离体的平衡可求得

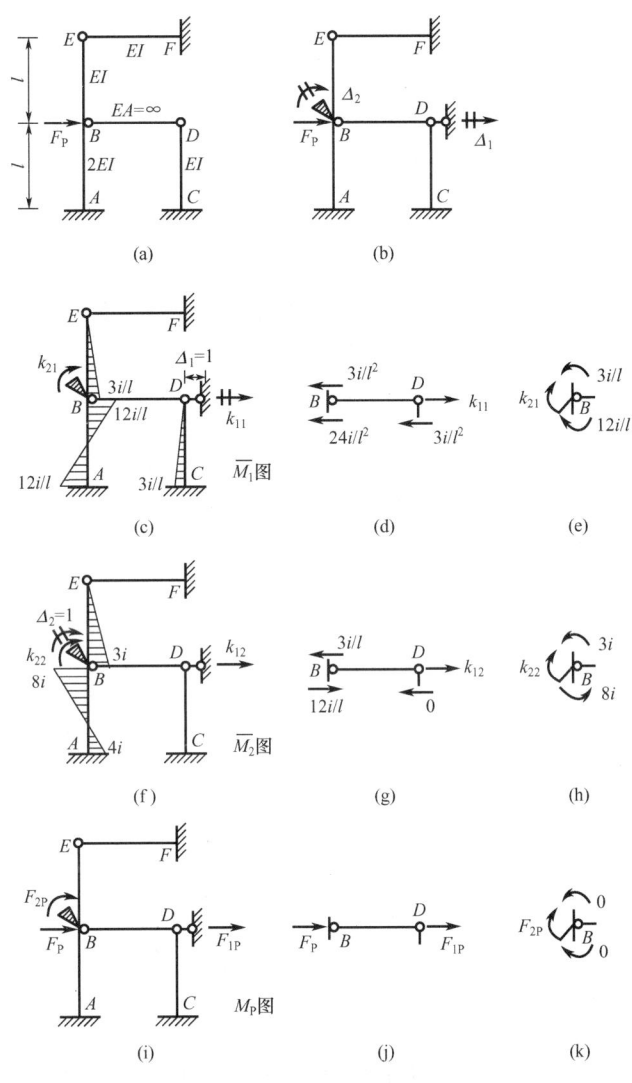

图 8.44 例题 8-16 图

$$k_{11}=\frac{30i}{l^2},\ k_{21}=-\frac{9i}{l}$$

在 $\overline{M}_2$ 图中截取隔离体如图 8.44（g）、（h）所示。由隔离体的平衡可求得

$$k_{12}=-\frac{9i}{l},\ k_{22}=11i$$

在 $M_P$ 图中截取隔离体如图 8.44（j）、（k）所示。由隔离体的平衡可求得

$$F_{1P}=-F_P,\ F_{2P}=0$$

（5）解位移法典型方程，求结点位移。

将刚度系数和常数项代入位移法典型方程，有

$$\left.\begin{array}{r}\dfrac{30i}{l^2}\Delta_1-\dfrac{9i}{l}\Delta_2-F_P=0\\[2mm]-\dfrac{9i}{l}\Delta_1+11i\Delta_2=0\end{array}\right\}$$

解方程得

$$\left.\begin{array}{l}\Delta_1=0.044\dfrac{F_P l^2}{i}\\ \Delta_2=0.036\dfrac{F_P l}{i}\end{array}\right\}$$

(6) 作弯矩图。

由叠加公式 $M=\overline{M}_1\Delta_1+\overline{M}_2\Delta_2+M_P$ 计算各杆端弯矩，得

$$M_{AB}=-\frac{12i}{l}\Delta_1+4i\Delta_2=-\frac{12i}{l}\times 0.044\frac{F_P l^2}{i}+4i\times 0.036\frac{F_P l}{i}\approx -19.2\text{kN}\cdot\text{m}$$

$$M_{BA}=-\frac{12i}{l}\Delta_1+8i\Delta_2=-\frac{12i}{l}\times 0.044\frac{F_P l^2}{i}+8i\times 0.036\frac{F_P l}{i}\approx -12\text{kN}\cdot\text{m}$$

$$M_{BE}=\frac{3i}{l}\Delta_1+3i\Delta_2=\frac{3i}{l}\times 0.044\frac{F_P l^2}{i}+3i\times 0.036\frac{F_P l}{i}\approx 12\text{kN}\cdot\text{m}$$

$$M_{CD}=-\frac{3i}{l}\Delta_1=-\frac{3i}{l}\times 0.044\frac{F_P l^2}{i}\approx -6.6\text{kN}\cdot\text{m}$$

由杆端弯矩作弯矩图，如图 8.45 所示。

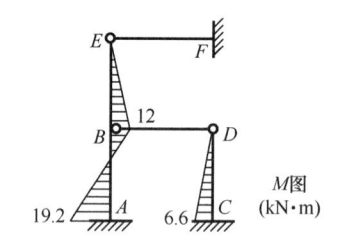

图 8.45　例题 8-16 的结构弯矩图

**学习指导**：掌握位移法计算荷载作用下的刚架和连续梁，理解位移法典型方程的意义及方程中各系数的意义。请完成习题：16～20、25。

## 8.5　根据弯矩图作剪力图及轴力图

用位移法可以直接作出弯矩图，若还要作剪力图及轴力图，则可依据平衡条件由弯矩图作剪力图，再由剪力图作轴力图。

**1. 根据弯矩图作剪力图**

由弯矩图读出杆件两端的杆端弯矩，将杆件作为隔离体，根据隔离体的平衡求出杆端剪力，由杆端剪力作剪力图。下面以作图 8.46（a）所示结构的剪力图为例加以说明。

图 8.46（a）所示结构的弯矩图已在例题 8-5 中作出，如图 8.46（b）所示。截取各杆为隔离体，根据弯矩图标出各杆端弯矩，受力图如图 8.47（a）所示。对各隔离体列平衡方程求杆端剪力。

对 $AB$ 杆，有

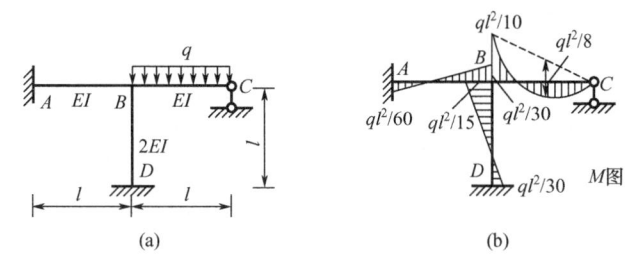

图 8.46 结构及其弯矩图

$$\sum M_B = 0 \qquad F_{QAB}l + \frac{1}{60}ql^2 + \frac{1}{30}ql^2 = 0$$

$$F_{QAB} = -\frac{1}{20}ql$$

$$\sum F_y = 0 \qquad F_{QBA} = F_{QAB} = -\frac{1}{20}ql$$

对 BC 杆，有

$$\sum M_C = 0 \qquad F_{QBC}l - \frac{1}{10}ql^2 - ql \times \frac{l}{2} = 0$$

$$F_{QBC} = \frac{3}{5}ql$$

$$\sum F_y = 0 \qquad F_{QCB} = F_{QBC} - ql = \frac{3}{5}ql - ql = -\frac{2}{5}ql$$

对 BD 杆，有

$$\sum M_B = 0 \qquad F_{QDB}l + \frac{1}{30}ql^2 + \frac{1}{15}ql^2 = 0$$

$$F_{QDB} = -\frac{1}{10}ql$$

$$\sum F_x = 0 \qquad F_{QBD} = F_{QDB} = -\frac{1}{10}ql$$

根据杆端剪力作出剪力图如图 8.47（b）所示。

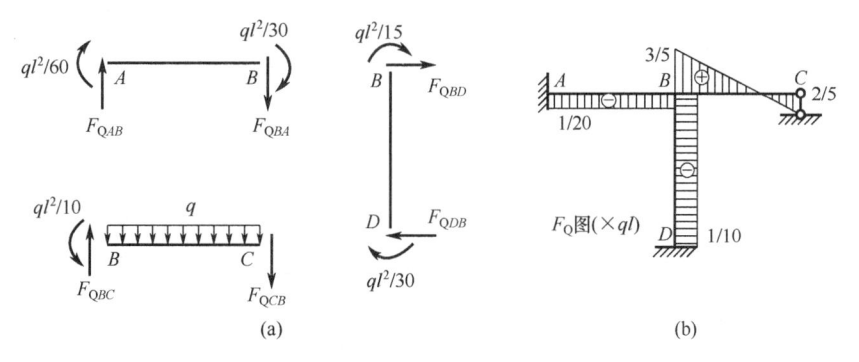

图 8.47 求结构的剪力时的隔离体及剪力图

当杆件上无荷载时，利用微分关系和杆端弯矩作剪力图会方便一些。根据微分关系可知，杆件上无荷载时弯矩图是斜直线，剪力图是与杆轴平行的直线，剪力值等于弯矩图斜直线的斜率，正负号可由杆轴转向弯矩图斜线的旋转方向确定，以沿顺时针方向转动为正，这一点已在 3.2 节中讲过。比如，$AB$ 杆上无荷载，剪力为常数，剪力值等于弯矩图斜直线的斜率，根据图 8.48（a）所示弯矩图可求得斜率

$$\tan\theta = \left(\frac{1}{30}ql^2 + \frac{1}{60}ql^2\right)/l = \frac{1}{20}ql$$

即剪力值等于 $\frac{1}{20}ql$。将杆轴线转向弯矩图斜线，如图 8.48（b）所示，由于是沿逆时针方向转动的，故剪力为负，$AB$ 杆的剪力图如图 8.48（c）所示。

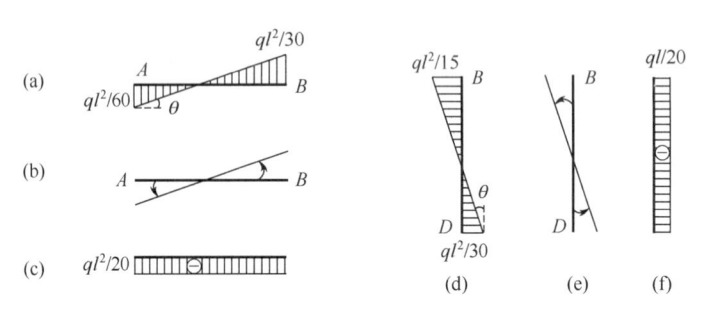

图 8.48　杆件上无荷载时的剪力图作法

$BD$ 杆上也无荷载作用，剪力图的作法与 $AB$ 杆剪力图的作法相同，如图 8.48（d）、（e）、（f）所示。

2. 根据剪力图作轴力图

作出剪力图后，取结点为隔离体，由结点平衡求出杆端轴力，由杆端轴力作轴力图。下面仍以图 8.46（a）所示结构为例加以说明，其剪力图已作出，如图 8.47（b）所示。

取 $B$、$C$ 结点为隔离体，标出从剪力图中得到的杆端剪力和待求的杆端轴力，如图 8.49（a）、（b）所示。

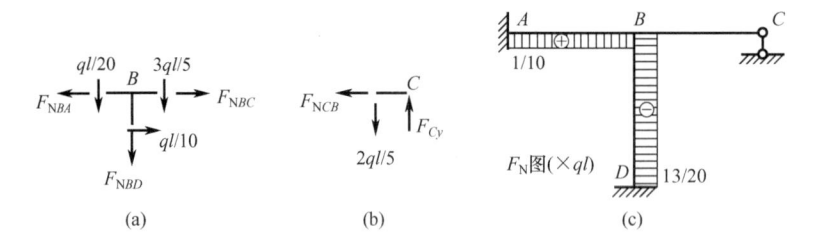

图 8.49　求结构的轴力的隔离体和轴力图

由 $B$ 结点的平衡，可求得

$$\sum F_x = 0 \qquad F_{NBA} = \frac{1}{10}ql$$

$$\sum F_y = 0 \qquad F_{NBD} = -\frac{3}{5}ql - \frac{1}{20}ql = -\frac{13}{20}ql$$

由 $C$ 结点的平衡，可求得

$$F_{NCB} = 0$$

由求得的杆端轴力作轴力图，如图 8.49（c）所示。

## 8.6 对称条件的利用

当结构是对称结构时，用位移法求解可利用对称性取半边结构进行计算，取半边结构的方法同前。

**【例题 8-17】** 试用位移法计算图 8.50（a）所示对称结构，作弯矩图。

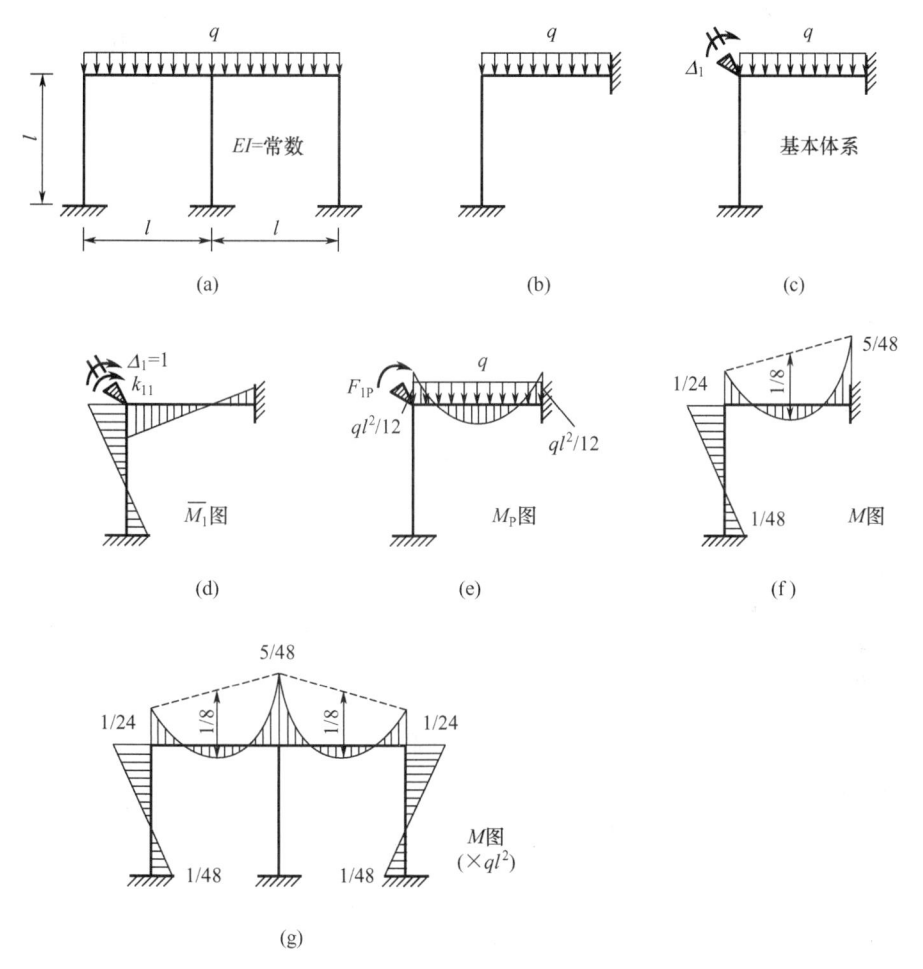

图 8.50 例题 8-17 图

**【解】** 图 8.50（a）所示对称结构，其上作用的荷载为对称荷载，可取半边结构进行计算，如图 8.50（b）所示。用力法计算半边结构有 3 个基本未知量，用位移法计算却只有一个基本未知量，故选用位移法计算。

取位移法的基本体系如图 8.50（c）所示。平衡条件和位移法典型方程为
$$F_1 = 0, \quad k_{11}\Delta_1 + F_{1P} = 0$$

作单位弯矩图和荷载弯矩图，如图 8.50（d）、（e）所示。由结点平衡条件求得刚度系数和常数项为
$$k_{11} = 8i, \quad F_{1P} = -\frac{ql^2}{12}$$

代入位移法典型方程，求得结点位移为

$$\Delta_1 = \frac{ql^2}{96i}$$

由叠加公式 $M = \overline{M}_1 \Delta_1 + M_P$ 作出半边结构的弯矩图，如图 8.50（f）所示。

根据对称性，原结构的弯矩图是对称的，由左侧弯矩图作出右侧弯矩图，最终弯矩图如图 8.50（g）所示。

【例题 8-18】试用位移法计算图 8.51（a）所示对称结构，作弯矩图。

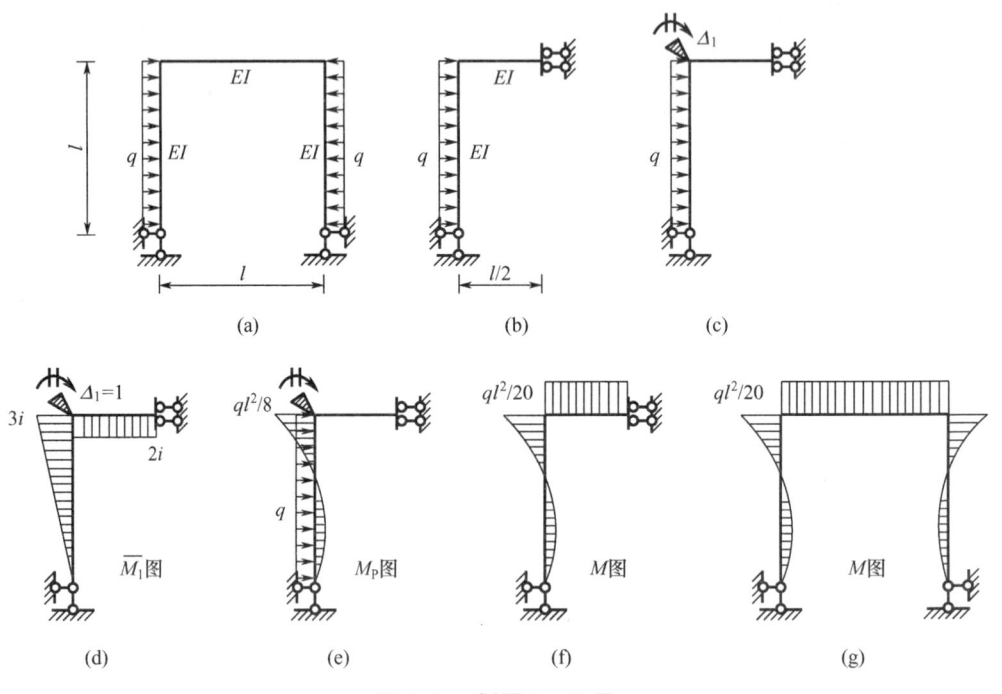

图 8.51　例题 8-18 图

【解】图 8.51（a）所示对称结构，其上作用的荷载为对称荷载，取半边结构进行计算，如图 8.51（b）所示。位移法的基本体系如图 8.51（c）所示。单位弯矩图和荷载弯矩图如图 8.51（d）、（e）所示。位移法典型方程及刚度系数、常数项为

$$k_{11} \Delta_1 + F_{1P} = 0$$

$$k_{11} = 5i, \quad F_{1P} = -\frac{ql^2}{8}$$

代入位移法典型方程，求得结点位移为

$$\Delta_1 = -\frac{ql^2}{40i}$$

用叠加公式 $\overline{M} = \overline{M}_1 \Delta_1 + \overline{M}_P$ 作出半边结构的弯矩图，如图 8.51（f）所示。

根据对称性，原结构的弯矩图是对称的，由左侧弯矩图作出右侧弯矩图，最终弯矩图如图 8.51（g）所示。

**学习指导**：掌握对称性在位移法中的应用。请完成习题：26。

# 第8章 位移法

## 一、单项选择题

1. 用位移法解图 8.52 所示结构，基本未知量最少为 2 个的结构是（　　）。
   A.（a）、（b）　B.（b）、（c）　C.（a）、（c）　D.（a）、（b）、（c）

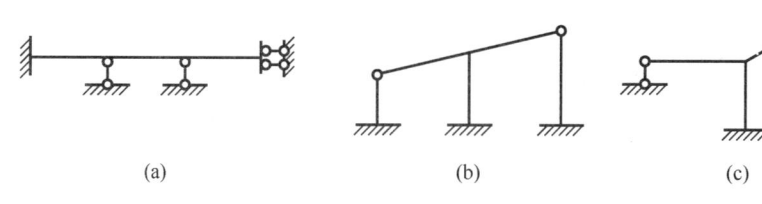

(a)　　　　　　　(b)　　　　　　　(c)

图 8.52　题 1 图

2. 用位移法解图 8.53 所示结构，基本未知量最少为 3 个的结构是（　　）。
   A.（a）、（b）　B.（b）、（c）　C.（a）、（c）　D.（a）、（b）、（c）

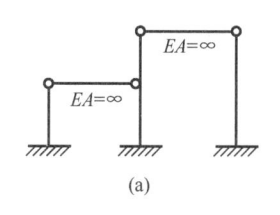

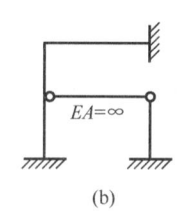

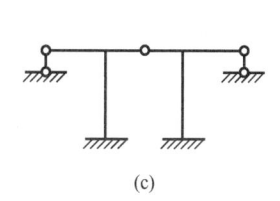

(a)　　　　　　　(b)　　　　　　　(c)

图 8.53　题 2 图

3. 图 8.54 所示梁杆端弯矩 $M_{AB}$ = _____，_____ 侧受拉；杆端剪力 $F_{QAB}$ = _____。

   A. 9kN·m，上，18kN　　　B. 9kN·m，下，18kN
   C. 13.5kN·m，上，18kN　　D. 13.5kN·m，下，18kN

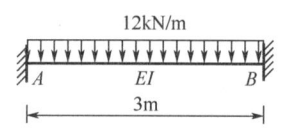

图 8.54　题 3 图

4. 图 8.55 所示梁杆端弯矩 $M_{BA}$ = _____，_____ 侧受拉；杆端剪力 $F_{QBA}$ = _____。

   A. 5.33kN·m，上，−4kN　　B. 5.33kN·m，下，4kN
   C. 8kN·m，上，−4kN　　　D. 8kN·m，下，4kN

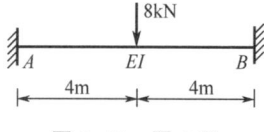

图 8.55　题 4 图

## 二、填空题

5. 图 8.56 所示梁杆端弯矩 $M_{AB}=$ _____，_____ 侧受拉；杆端剪力 $F_{QBA}=$ _____。设 $i=EI/l$。

6. 图 8.57 所示梁杆端弯矩 $M_{AB}=$ _____，_____ 侧受拉；杆端剪力 $F_{QBA}=$ _____。设 $i=EI/l$。

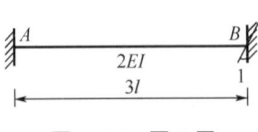

图 8.56 题 5 图

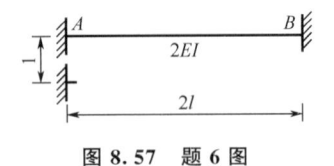

图 8.57 题 6 图

7. 图 8.58 所示梁杆端弯矩 $M_{BA}=$ _____，_____ 侧受拉；杆端剪力 $F_{QAB}=$ _____，$F_{QBA}=$ _____。

8. 图 8.59 所示梁杆端弯矩 $M_{BA}=$ _____，_____ 侧受拉；杆端剪力 $F_{QBA}=$ _____，$F_{QAB}=$ _____。

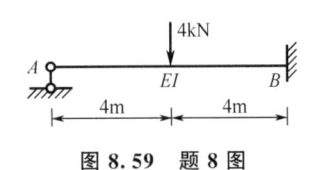

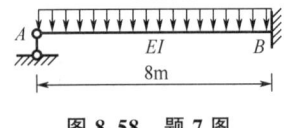

图 8.58 题 7 图

图 8.59 题 8 图

9. 图 8.60 所示梁杆端弯矩 $M_{BA}=$ _____，_____ 侧受拉；杆端剪力 $F_{QBA}=$ _____。设 $i=EI/l$。

10. 图 8.61 所示梁杆端弯矩 $M_{AB}=$ _____，_____ 侧受拉；杆端剪力 $F_{QBA}=$ _____。设 $i=EI/l$。

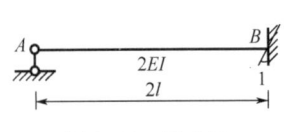

图 8.60 题 9 图

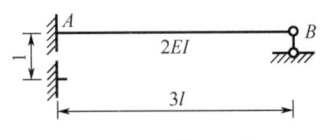

图 8.61 题 10 图

11. 图 8.62 所示梁杆端弯矩 $M_{BA}=$ _____，_____ 侧受拉；杆端剪力 $F_{QBA}=$ _____。

12. 图 8.63 所示梁杆端弯矩 $M_{BA}=$ _____，_____ 侧受拉；杆端剪力 $F_{QBA}=$ _____。

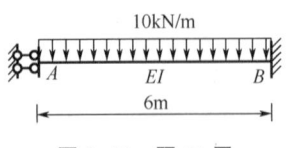

图 8.62 题 11 图

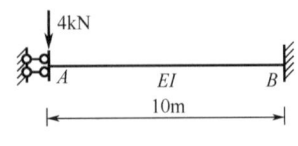

图 8.63 题 12 图

13. 图 8.64 所示梁杆端弯矩 $M_{AB}=$ _____，_____ 侧受拉；杆端剪力 $F_{QBA}=$ _____。设 $i=EI/l$。

14. 图 8.65 所示梁中 $B$ 支座的反力为 _____。

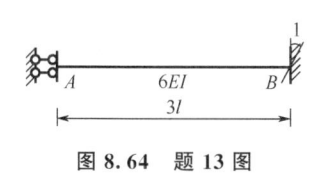

图 8.64 题 13 图

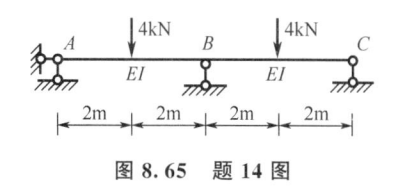

图 8.65 题 14 图

15. 图 8.66 所示梁的跨度为 $l$，若使 $A$ 端截面的转角为零，在 $A$ 端施加的弯矩 $M_{AB}=$ _____。

图 8.66 题 15 图

16. 位移法典型方程实质上是_____方程，方程中主系数的值恒_____，副系数 $k_{ij}$ 和 $k_{ji}$ 的值_____，符合_____定理。

17. 设图 8.67 所示结构 $A$ 结点的转角为 $\Delta_1$（顺时针为正），$B$ 结点的转角为 $\Delta_2$（顺时针为正），$B$ 结点的竖向位移为 $\Delta_3$（向下为正），则位移法方程中的系数 $k_{13}=$ _____，$k_{32}=$ _____，$k_{33}=$ _____。

18. 设图 8.68 所示结构 $A$ 结点的转角为 $\Delta_1$（顺时针为正），$B$ 结点的水平位移为 $\Delta_2$（向右为正），则位移法方程中的系数 $k_{11}=$ _____，$k_{22}=$ _____，$k_{12}=$ _____。

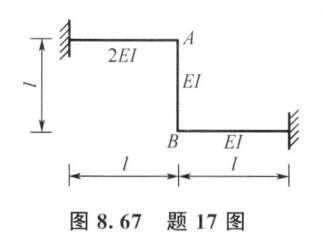

图 8.67 题 17 图

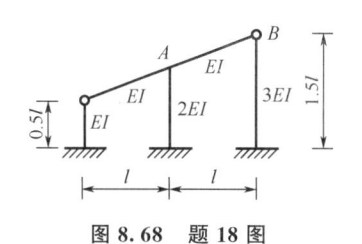

图 8.68 题 18 图

19. 设图 8.69 所示结构 $A$ 结点的转角为 $\Delta_1$（顺时针为正），$B$ 结点的转角为 $\Delta_2$（顺时针为正），则位移法方程中的常数项 $F_{1P}=$ _____，$F_{2P}=$ _____。

20. 设图 8.70 所示结构 $A$ 结点的转角为 $\Delta_1$（顺时针为正），$B$ 结点的竖向位移为 $\Delta_2$（向下为正），则位移法方程中的常数项 $F_{1P}=$ _____，$F_{2P}=$ _____。

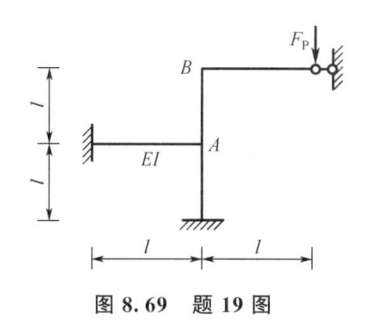

图 8.69 题 19 图

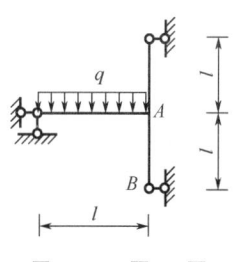

图 8.70 题 20 图

三、计算题

21. 已知图 8.71 所示结构的柱端水平位移为 $\Delta_1 = \dfrac{F_P l^3}{9EI}$，试作弯矩图。

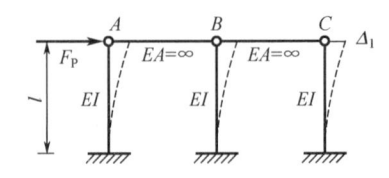

图 8.71　题 21 图

22. 试用位移法计算图 8.72 所示结构，作弯矩图。

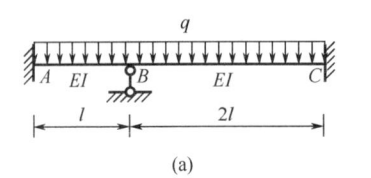

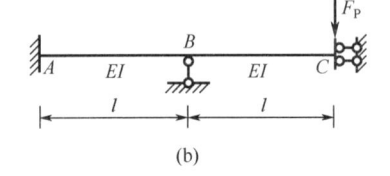

图 8.72　题 22 图

23. 试用位移法计算图 8.73 所示结构，作弯矩图。

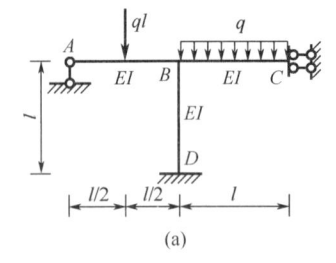

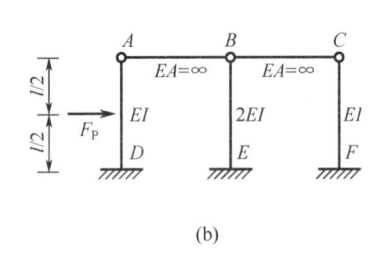

图 8.73　题 23 图

24. 试确定图 8.74 所示体系位移法的基本结构。

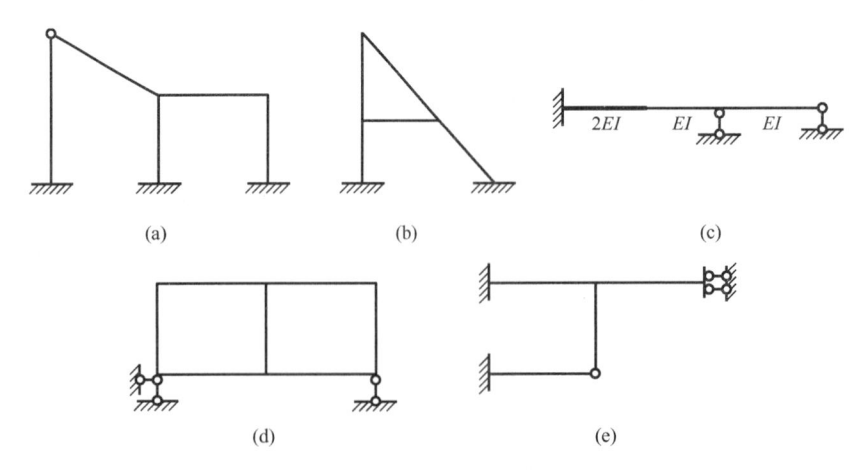

图 8.74　题 24 图

25. 试用位移法计算图 8.75 所示结构，作弯矩图。

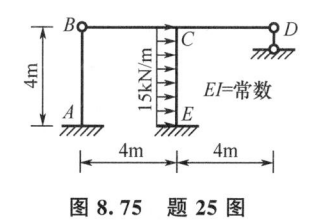

图 8.75 题 25 图

26. 利用对称性计算图 8.76 所示结构，作弯矩图。$EI=$ 常数。

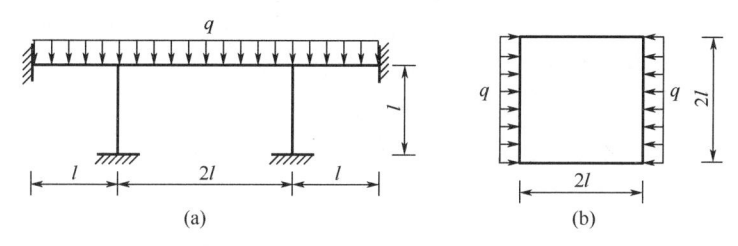

图 8.76 题 26 图

# 第9章 力矩分配法

## 知识结构图

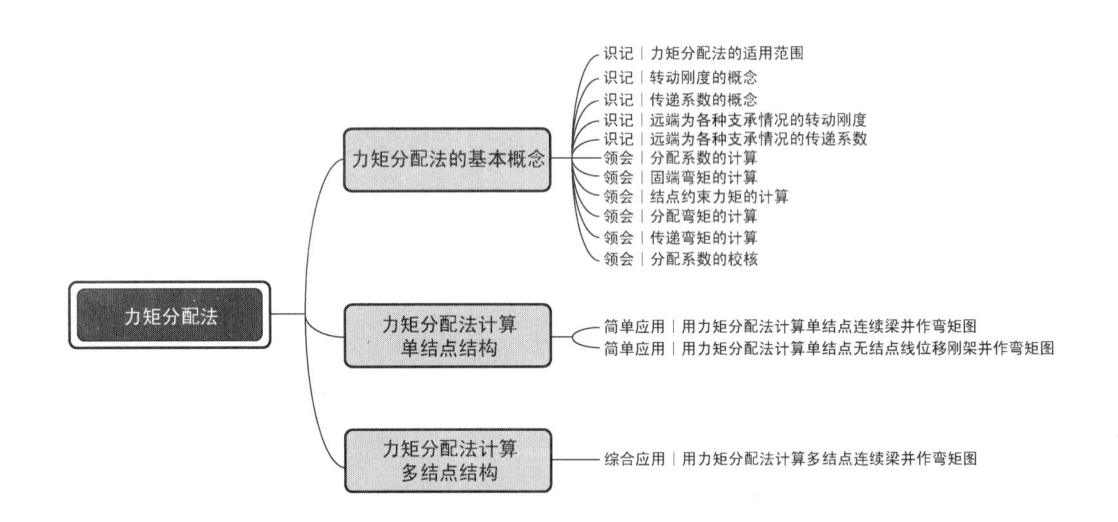

- 力矩分配法
  - 力矩分配法的基本概念
    - 识记 | 力矩分配法的适用范围
    - 识记 | 转动刚度的概念
    - 识记 | 传递系数的概念
    - 识记 | 远端为各种支承情况的转动刚度
    - 识记 | 远端为各种支承情况的传递系数
    - 领会 | 分配系数的计算
    - 领会 | 固端弯矩的计算
    - 领会 | 结点约束力矩的计算
    - 领会 | 分配弯矩的计算
    - 领会 | 传递弯矩的计算
    - 领会 | 分配系数的校核
  - 力矩分配法计算单结点结构
    - 简单应用 | 用力矩分配法计算单结点连续梁并作弯矩图
    - 简单应用 | 用力矩分配法计算单结点无结点线位移刚架并作弯矩图
  - 力矩分配法计算多结点结构
    - 综合应用 | 用力矩分配法计算多结点连续梁并作弯矩图

# 第9章　力矩分配法

第7章和第8章所介绍的力法和位移法是解算超静定结构的基本方法，其共同特点是在解算中需求解联立方程，当未知量较多时，采用手算的计算工作量是很大的。还有另一类不需解算联立方程的计算方法，如力矩分配法、无剪力分配法、反弯点法等，更适合于手算，在过去的结构设计中被广泛应用，随着计算机的普及应用，这些方法的使用逐渐减少，但在未知量较少的情况下，采用它们可能比用计算机更方便一些。本章只介绍力矩分配法，这种方法不需解方程组，就可以直接得到各杆的杆端弯矩，运算简单，方法机械，易于掌握。

力矩分配法只能计算无结点线位移的连续梁与刚架。

在本章中规定所有杆端弯矩均以绕杆端顺时针方向转动为正，在以结点为隔离体时，杆端力以绕结点逆时针方向转动为正，外荷载中的力偶以顺时针方向转动为正。

## 9.1　力矩分配法的基本概念

在讲述力矩分配法之前先介绍几个基本概念。

1. 转动刚度、传递系数

对于图 9.1（a）所示的线刚度为 $i$ 的杆件 $AB$，若在 $A$ 端施加杆端弯矩 $M$ 使 $A$ 端发生单位转角，则称该杆端弯矩为 $AB$ 杆 $A$ 端的转动刚度，记作 $S_{AB}$。其值可由表 8-1 查得，从表中可知当两端固定梁一端发生单位转角时，转动端的弯矩等于 $4i$，如图 9.1（b）所示。因为图 9.1（a）和图 9.1（b）的变形相同，杆端弯矩也相同，所以有

$$S_{AB}=M=4i \tag{9-1}$$

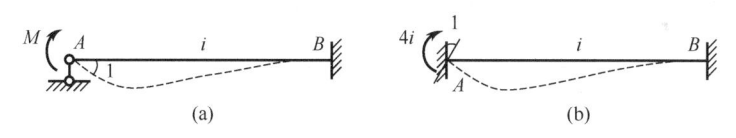

图 9.1　转动刚度

注意，转动刚度是施力端没有线位移情况下使本端发生单位转角所需施加的力矩，是杆端对转动的抵抗能力。施力端也称为近端，另一端称为远端。转动刚度既与杆件的线刚度有关也与远端的支承情况有关。式（9-1）给出的转动刚度的值是远端为固定端时的值，当远端为其他支承时，也可由表 8-1 得到相应的转动刚度的值。当远端为铰支座时，如图 9.2（a）所示，比照图 9.2（b），可知转动刚度为

$$S_{AB}=3i \tag{9-2}$$

当远端为滑动支座时，如图 9.2（c）所示，比照图 9.2（d），可知转动刚度为

$$S_{AB}=i \tag{9-3}$$

当远端为水平链杆支座或自由端时，如图 9.2（e）所示，比照图 9.2（f），可知转动刚度为

$$S_{AB}=0 \tag{9-4}$$

利用转动刚度可将杆端弯矩用杆端转角表示，例如图 9.3 所示的梁，杆端弯矩与杆端转角的关系为

$$M_{BA}=S_{BA}\varphi_B=4i\varphi_B \tag{9-5}$$

(a) (b)

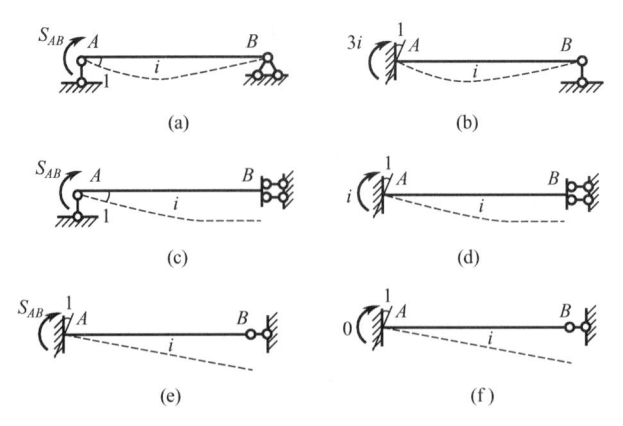

(c) (d)

(e) (f)

图 9.2 远端各种支座对应的转动刚度

图 9.3 杆端弯矩与杆端转角

若已知杆端转角则由式(9-5)可求出杆端弯矩,另一端弯矩可利用下面给出的传递系数的概念求出。观察图 9.4,可见在图 9.4（a）和图 9.4（b）两种情况下,在近端产生杆端弯矩的同时在远端也产生杆端弯矩,并且近端的杆端弯矩与远端的杆端弯矩的比值为常数,此比值记作 C,即

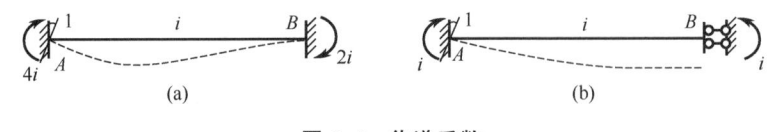

(a) (b)

图 9.4 传递系数

$$C_{AB} = \frac{远端(B端)弯矩}{近端(A端)弯矩} = \frac{2i}{4i} = \frac{1}{2} \quad 远端(B端)为固定端$$

$$C_{AB} = \frac{远端(B端)弯矩}{近端(A端)弯矩} = \frac{i}{-i} = -1 \quad 远端(B端)为滑动端$$

式中,$C_{AB}$ 称为传递系数。当远端为铰支端或自由端时,传递系数为零。有了近端弯矩和传递系数即可算出远端弯矩,远端弯矩称为传递弯矩。

【**例题 9-1**】 已知图 9.5（a）所示梁的抗弯刚度为 $EI = 2 \times 10^4 \text{kN} \cdot \text{m}^2$,利用转动刚度和传递系数的概念计算 B 截面的转角,作弯矩图。

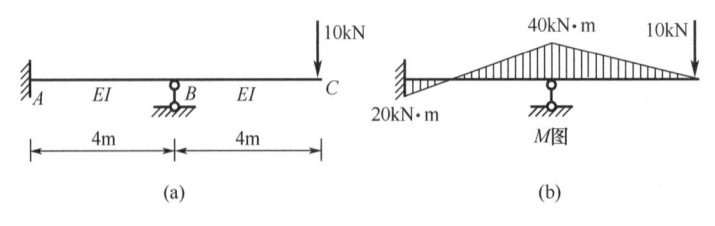

图 9.5 例题 9-1 图

【**解**】 图 9.5（a）所示梁的 BC 部分为静定部分,弯矩图可直接画出。由 B 结点的力

矩平衡条件可求出 $AB$ 杆 $B$ 端截面的弯矩 $M_{BA}=40\text{kN}\cdot\text{m}$。$B$ 端无线位移，$A$ 端为固定端，由传递系数的概念可知传递系数为 $C_{BA}=0.5$，因此 $A$ 端截面的弯矩为

$$M_{AB}=C_{BA}M_{BA}=0.5\times40\text{kN}\cdot\text{m}=20\text{kN}\cdot\text{m}$$

弯矩图如图 9.5（b）所示。

$AB$ 杆 $B$ 端的转动刚度为

$$S_{BA}=4i=4\times\frac{2\times10^4\text{kN}\cdot\text{m}^2}{4\text{m}}=2\times10^4\text{kN}\cdot\text{m}$$

$B$ 截面的转角为

$$\varphi_B=M_{BA}/S_{BA}=\frac{40\text{kN}\cdot\text{m}}{2\times10^4\text{kN}\cdot\text{m}}=2\times10^{-3}\text{rad}$$

## 2. 分配系数

利用上面给出的转动刚度、传递系数的概念和下面将要介绍的分配系数的概念，对于如图 9.6（a）所示的只有一个结点且无结点线位移的结构（也称其为单结点结构），在只有结点力偶作用时可以较方便地得到杆端弯矩。

设 $B$ 结点的转角为 $\varphi_B$，利用转动刚度可将杆端弯矩用转角 $\varphi_B$ 表示，如图 9.6（b）所示，即

$$M_{BA}=S_{BA}\varphi_B, \quad M_{BC}=S_{BC}\varphi_B, \quad M_{BD}=S_{BD}\varphi_B \tag{9-6}$$

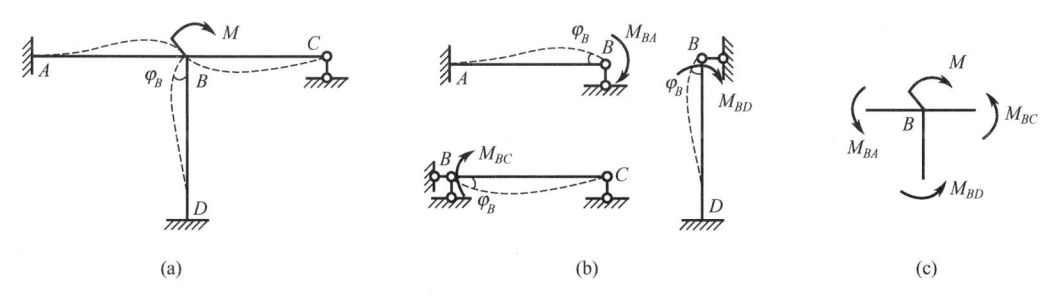

**图 9.6　结点力偶作用下的单结点结构**

取 $B$ 结点为隔离体，如图 9.6（c）所示，由隔离体的平衡，得

$$M_{BA}+M_{BC}+M_{BD}=M \tag{9-7}$$

将式(9-6)代入式(9-7)，得

$$S_{BA}\varphi_B+S_{BC}\varphi_B+S_{BD}\varphi_B=M$$

解出 $B$ 结点的转角为

$$\varphi_B=\frac{M}{S_{BA}+S_{BC}+S_{BD}} \tag{9-8}$$

代回式(9-6)，得到杆端弯矩为

$$\left.\begin{aligned}M_{BA}&=\frac{S_{BA}}{S_{BA}+S_{BC}+S_{BD}}M\\M_{BC}&=\frac{S_{BC}}{S_{BA}+S_{BC}+S_{BD}}M\\M_{BD}&=\frac{S_{BD}}{S_{BA}+S_{BC}+S_{BD}}M\end{aligned}\right\} \tag{9-9}$$

或
$$M_{BA} = \mu_{BA}M, \quad M_{BC} = \mu_{BC}M, \quad M_{BD} = \mu_{BD}M \tag{9-10}$$

其中
$$\mu_{BA} = \frac{S_{BA}}{S_{BA}+S_{BC}+S_{BD}}, \quad \mu_{BC} = \frac{S_{BC}}{S_{BA}+S_{BC}+S_{BD}}, \quad \mu_{BD} = \frac{S_{BD}}{S_{BA}+S_{BC}+S_{BD}} \tag{9-11}$$

$\mu_{BA}$、$\mu_{BC}$、$\mu_{BD}$ 称为分配系数。从图 9.6（c）可见，$B$ 结点上的外力偶 $M$ 由 3 个杆端弯矩平衡，每个杆端各应承担一定的份额。从式（9-9）可见每个杆端所承担的份额由杆端的转动刚度决定，转动刚度大的承担的多。$\mu_{BA}$ 表示 $AB$ 杆 $B$ 端所分担的比例，称为 $AB$ 杆 $B$ 端的分配系数。同样，$\mu_{BC}$ 称为 $BC$ 杆 $B$ 端的分配系数，$\mu_{BD}$ 称为 $BD$ 杆 $B$ 端的分配系数。因为结点力偶全部由杆端弯矩平衡，所以该结点所连接杆端的分配系数之和等于 1。杆端弯矩 $M_{BA}$、$M_{BC}$ 和 $M_{BD}$ 称为分配弯矩。

求出分配弯矩后，另一端的弯矩可借助传递系数求出。

【例题 9-2】计算图 9.7（a）所示结构，作弯矩图。

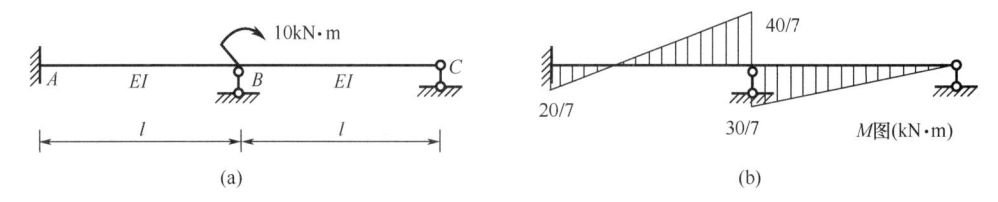

图 9.7 例题 9-2 图

【解】图 9.7（a）所示结构属于单结点结构（一个转动结点且无结点线位移），只有结点力偶作用，可直接用分配系数和传递系数计算杆端弯矩。

（1）计算转动刚度。
$$S_{BA} = 4i, \quad S_{BC} = 3i$$

（2）计算分配系数。
$$\mu_{BA} = \frac{S_{BA}}{S_{BA}+S_{BC}} = \frac{4i}{4i+3i} = \frac{4}{7}, \quad \mu_{BC} = \frac{S_{BC}}{S_{BA}+S_{BC}} = \frac{3i}{4i+3i} = \frac{3}{7}$$

（3）计算分配弯矩。
$$M_{BA} = \mu_{BA} \times 10 \text{kN} \cdot \text{m} = \frac{4}{7} \times 10 \text{kN} \cdot \text{m} = \frac{40}{7} \text{kN} \cdot \text{m}$$

$$M_{BC} = \mu_{BC} \times 10 \text{kN} \cdot \text{m} = \frac{3}{7} \times 10 \text{kN} \cdot \text{m} = \frac{30}{7} \text{kN} \cdot \text{m}$$

（4）计算传递弯矩。

$A$ 端为固定端，传递系数 $C_{BA} = \frac{1}{2}$；$B$ 端为铰支端，传递系数 $C_{BC} = 0$。据此求出传递弯矩为

$$M_{AB} = C_{BA} \times M_{BA} = \frac{1}{2} \times \frac{40}{7} \text{kN} \cdot \text{m} = \frac{20}{7} \text{kN} \cdot \text{m}$$

$$M_{CB} = C_{BC} \times M_{BC} = 0$$

（5）作弯矩图。

弯矩图如图 9.7（b）所示。

【例题 9-3】 计算图 9.8（a）所示结构，作弯矩图。

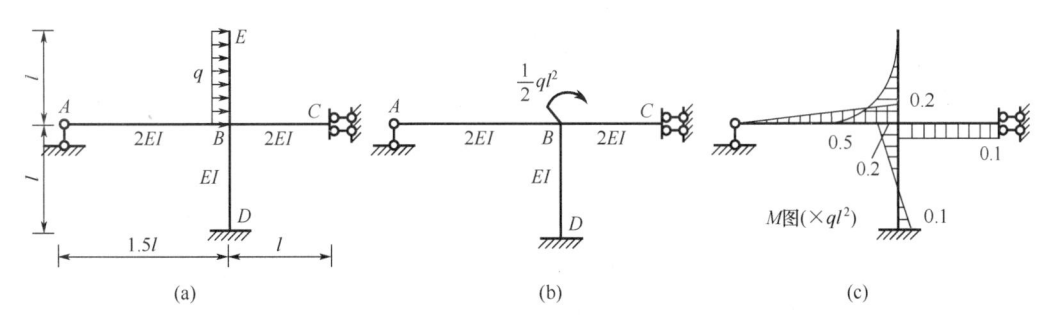

图 9.8　例题 9-3 图

【解】 图 9.8（a）所示结构 B 无结点线位移，属于单结点结构。

BE 杆是静定部分，其弯矩图可直接画出，杆端弯矩 $M_{BE}=-\frac{1}{2}ql^2$（绕杆端逆时针方向转动，为负值）。将杆端弯矩 $M_{BE}$ 反作用于 B 结点，如图 9.8（b）所示，利用前述方法可作出其弯矩图。

（1）计算 B 结点所连接的各杆端转动刚度。

设 $i=\frac{EI}{l}$，则各杆的线刚度分别为

$$i_{AB}=\frac{2EI}{1.5l}=\frac{2i}{1.5}, \ i_{BC}=\frac{2EI}{l}=2i, \ i_{BD}=\frac{EI}{l}=i$$

转动刚度为

$$S_{BA}=3i_{AB}=3\times\frac{2i}{1.5}=4i, \ S_{BC}=i_{BC}=2i, \ S_{BD}=4i_{BD}=4i$$

（2）计算分配系数。

B 结点所连接的各杆端转动刚度之和为

$$\sum S = S_{BA}+S_{BC}+S_{BD}=4i+2i+4i=10i$$

分配系数为

$$\mu_{BA}=\frac{S_{BA}}{\sum S}=\frac{4i}{10i}=0.4, \ \mu_{BC}=\frac{S_{BC}}{\sum S}=\frac{2i}{10i}=0.2, \ \mu_{BD}=\frac{S_{BD}}{\sum S}=\frac{4i}{10i}=0.4$$

B 结点所连接的各杆端分配系数之和为

$$\sum \mu = \mu_{BA}+\mu_{BC}+\mu_{BD}=0.4+0.2+0.4=1$$

计算无误。

（3）计算分配弯矩。

$$M_{BA}=\mu_{BA}\times\frac{1}{2}ql^2=0.2ql^2$$

$$M_{BC}=\mu_{BC}\times\frac{1}{2}ql^2=0.1ql^2$$

$$M_{BD}=\mu_{BD}\times\frac{1}{2}ql^2=0.2ql^2$$

（4）计算传递弯矩。

$A$ 端为铰支端，传递系数 $C_{BA}=0$；$D$ 端为固定端，传递系数 $C_{BD}=0.5$；$C$ 端为滑动端，传递系数 $C_{BC}=-1$。据此求出传递弯矩为

$$M_{AB}=C_{BA}\times M_{BA}=0$$
$$M_{DB}=C_{BD}\times M_{BD}=0.1ql^2$$
$$M_{CB}=C_{BC}\times M_{BC}=-0.1ql^2$$

(5) 作弯矩图。

弯矩图如图 9.8（c）所示。

以上两个例题中结点力偶均为顺时针方向转动的，分配得到的分配弯矩均为正值；若结点力偶为逆时针方向转动的，则分配弯矩为负值，因此规定结点力偶以顺时针方向转动为正。

**学习指导**：掌握转动刚度、分配系数和传递系数的概念，能用这些概念计算单结点结构在结点力偶作用下的杆端弯矩。请完成习题：1～15。

## 9.2　力矩分配法计算单结点结构

按 9.1 节所述，单结点结构在结点力偶作用下，利用分配系数和传递系数的概念可直接求出杆端弯矩。若荷载作用于杆中，可先将荷载转化为结点上的力偶后再按前述方法计算。下面以计算图 9.9（a）所示两跨连续梁为例加以说明。

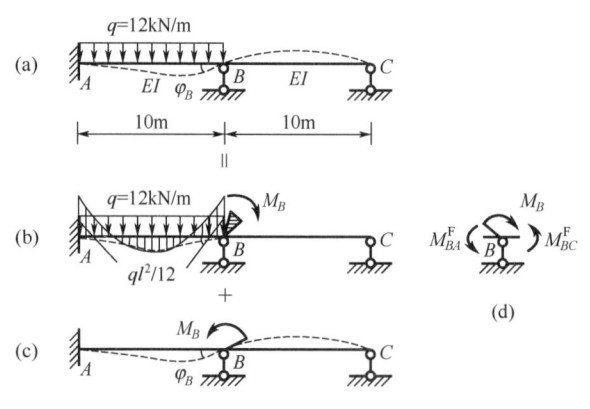

**图 9.9　单结点结构的两种状态**

像在位移法中那样，先在 $B$ 结点处加限制转动的约束，然后加荷载，如图 9.9（b）所示。这时附加刚臂中会产生反力矩 $M_B$，称其为约束力矩（也称为不平衡力矩），规定以顺时针方向转动为正。称图 9.9（b）所示状态称为固定状态。显然固定状态与原结构受力不同，位移也不同。固定状态比原结构在 $B$ 结点处多了一个约束力矩，为消除此约束力矩的影响，可在结构的 $B$ 结点处加反向的约束力矩，如图 9.9（c）所示。图 9.9（b）、(c) 两种状态的受力相加与原结构相同，位移也相同。固定状态 $B$ 结点无转角，故图 9.9（c）中的 $B$ 结点转角与原结构相同。加反向的约束力矩相当于放松约束，称图 9.9（c）所示状态为放松状态。分别计算固定状态和放松状态的内力，叠加即得到原结构的内力。下面分别计算这两种状态的内力。

## 1. 固定状态

图 9.9（b）所示固定状态的弯矩图可利用表 8-1 来作，与位移法中作荷载弯矩图相同。将荷载引起的固定状态的杆端弯矩称作固端弯矩，记作 $M^F$，规定绕杆端顺时针方向转动为正。对于本例来说，各杆端的固端弯矩为

$$M_{AB}^F = -\frac{ql^2}{12} = -100\text{kN}\cdot\text{m}, \quad M_{BA}^F = \frac{ql^2}{12} = 100\text{kN}\cdot\text{m}, \quad M_{BC}^F = M_{CB}^F = 0$$

由 $B$ 结点的平衡[见图 9.9（d），正的固端弯矩绕杆端顺时针方向转动，绕结点却是逆时针方向转动]，可求得约束力矩为

$$M_B = M_{BA}^F + M_{BC}^F = 100\text{kN}\cdot\text{m}$$

由结果可见，结点的约束力矩等于结点所连接的各杆端的固端弯矩之和。

## 2. 放松状态

图 9.9（c）所示的放松状态只在结点上有力偶作用，该力偶等于 $-M_B = -100\text{kN}\cdot\text{m}$，由其引起的杆端弯矩可利用前面给出的分配系数、传递系数计算。

根据 $AB$ 杆 $A$ 端为固定端、$BC$ 杆 $C$ 端为铰支端，得 $AB$ 杆 $B$ 端的转动刚度 $S_{BA} = 4i$、$BC$ 杆 $B$ 端的转动刚度 $S_{BC} = 3i$，分配系数分别为 $\mu_{BA} = \frac{4i}{4i+3i} \approx 0.571$、$\mu_{BC} = \frac{3i}{4i+3i} \approx 0.429$。$AB$ 杆 $B$ 端和 $BC$ 杆 $B$ 端的分配弯矩分别为

$$M'_{BA} = \mu_{BA}(-M_B) = 0.571 \times (-100\text{kN}\cdot\text{m}) = -57.1\text{kN}\cdot\text{m}$$

$$M'_{BC} = \mu_{BC}(-M_B) = 0.429 \times (-100\text{kN}\cdot\text{m}) = -42.9\text{kN}\cdot\text{m}$$

根据 $AB$ 杆 $A$ 端为固定端、$BC$ 杆 $C$ 端为铰支端，得 $AB$ 杆 $B$ 端的传递系数 $C_{BA} = \frac{1}{2}$、$BC$ 杆 $B$ 端的传递系数 $C_{BC} = 0$。据此算出传递弯矩为

$$M'_{AB} = C_{BA}M'_{BA} = \frac{1}{2} \times (-57.1\text{kN}\cdot\text{m}) = -28.55\text{kN}\cdot\text{m}$$

$$M'_{CB} = C_{BC}M'_{BC} = 0 \times (-28.55\text{kN}\cdot\text{m}) = 0$$

至此，算出了放松状态的各杆端弯矩。

## 3. 两种状态的叠加

图 9.9（a）所示原结构的杆端弯矩等于固定状态的杆端弯矩和放松状态的杆端弯矩之和，即

$$M_{AB} = M_{AB}^F + M'_{AB} = -100\text{kN}\cdot\text{m} + (-28.55\text{kN}\cdot\text{m}) = -128.55\text{kN}\cdot\text{m}$$

$$M_{BA} = M_{BA}^F + M'_{BA} = 100\text{kN}\cdot\text{m} + (-57.1\text{kN}\cdot\text{m}) = 42.9\text{kN}\cdot\text{m}$$

$$M_{BC} = M_{BC}^F + M'_{BC} = 0 + (-42.9\text{kN}\cdot\text{m}) = -42.9\text{kN}\cdot\text{m}$$

$$M_{CB} = M_{CB}^F + M'_{CB} = 0 + 0 = 0$$

据此可作出结构的最终弯矩图，如图 9.10 所示。

## 4. 计算步骤

将上面计算结构弯矩的方法称为力矩分配法。

力矩分配法的计算步骤如下：

                    128.55
                        42.9
                                    M图(kN·m)

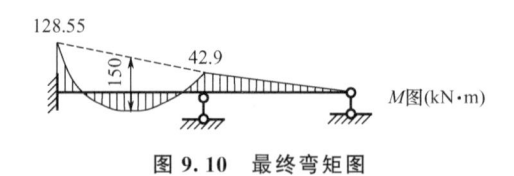

**图 9.10  最终弯矩图**

(1) 计算刚结点所连接杆端的转动刚度和分配系数。

(2) 计算各杆端的固端弯矩及约束力矩（当结点上无力偶作用时，约束力矩等于刚结点所连接杆端的固端弯矩之和）。

(3) 计算分配弯矩（将约束力矩变号乘以分配系数得分配弯矩）。

(4) 确定传递系数并计算传递弯矩（传递系数乘以分配弯矩得传递弯矩）。

(5) 将各杆端的固端弯矩与分配弯矩或传递弯矩相加得最终杆端弯矩。

(6) 作弯矩图。

整个计算过程可列表实现：首先在各杆端标出分配系数和固端弯矩，然后将刚结点所连接杆端的固端弯矩相加得约束力矩，再将约束力矩变号乘以分配系数所得到的分配弯矩标出，接着画一个箭头表示传递方向，算出传递弯矩，最后将各杆端下的弯矩相加得最终杆端弯矩，如图 9.11 所示。

| 分配系数 | | | 0.571 | 0.429 | |
|---|---|---|---|---|---|
| | A | | B | | C |
| 固端弯矩 | −100 | | 100 | 0 | 0 |
| 分配弯矩及传递弯矩 | −28.55 | ← | −57.1 | −42.9 → | 0 |
| 最终杆端弯矩 | −128.55 | | 42.9 | −42.9 | 0 |

**图 9.11  单结点结构的力矩分配法计算过程**

5. 计算举例

**【例题 9-4】** 用力矩分配法计算图 9.12 所示两跨连续梁，作弯矩图。

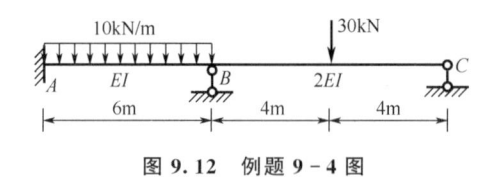

10kN/m            30kN
A    EI    B    2EI    C
    6m      4m      4m

**图 9.12  例题 9-4 图**

**【解】** 图 9.12 所示结构无结点线位移，可以用力矩分配法计算。

(1) 计算各杆线刚度。

在第 7 章中提到，荷载作用下的结构内力与各杆刚度的绝对值大小无关，而只与各杆的刚度比值有关。只要保证刚度比值不变，改变刚度值不会影响内力计算结果。因此，为了方便计算本例题可设 $EI=12$，据此算得各杆的线刚度分别为 $i_{AB}=12/6=2$、$i_{BC}=2\times 12/8=3$。

(2) 计算转动刚度。

$AB$ 杆的 $A$ 端为固定端，故 $AB$ 杆 $B$ 端的转动刚度 $S_{BA}=4i_{AB}=8$；$BC$ 杆的 $B$ 端为铰支座，故 $BC$ 杆 $B$ 端的转动刚度 $S_{BC}=3i_{BC}=9$。

（3）计算分配系数。

转动结点所连接杆端的分配系数等于杆端转动刚度除以该结点所连接的所有杆端的转动刚度之和，按此计算出分配系数为

$$\mu_{BA} = \frac{S_{BA}}{S_{BA}+S_{BC}} = \frac{8}{8+9} \approx 0.471$$

$$\mu_{BC} = \frac{S_{BC}}{S_{BA}+S_{BC}} = \frac{9}{8+9} \approx 0.529$$

校核：$\sum \mu = \mu_{BA} + \mu_{BC} = 0.471 + 0.529 = 1$，计算无误。

将分配系数写在杆端对应处，如图 9.13（a）所示。

| 分配系数 | | 0.471 | 0.529 | | |
|---|---|---|---|---|---|
| | A | | B | | C |
| 固端弯矩 | | −30.00 | 30.00 | −45.00 | 0 |
| 分配弯矩及传递弯矩 | | 3.54 ← | 7.07 | 7.93 → | 0 |
| 最终杆端弯矩 | | −26.46 | 37.07 | −37.07 | 0 |

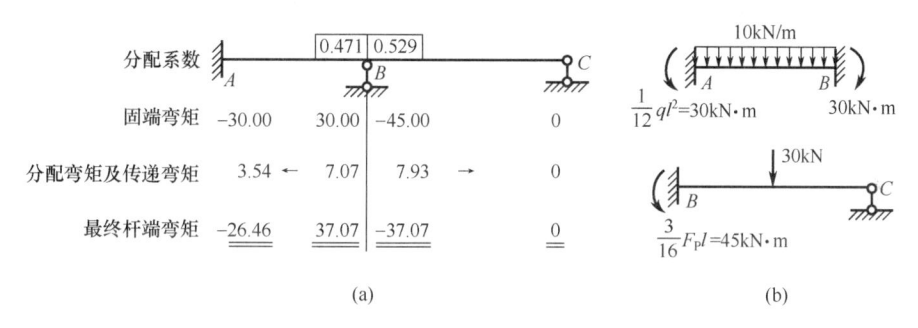

(a)　　　　　　　　　　　(b)

图 9.13　例题 9-4 的计算过程

（4）计算各杆两端的固端弯矩。

利用表 8-1 计算荷载引起的杆端弯矩，即固端弯矩。为了看得清楚，这里把荷载引起的单跨超静定梁的杆端弯矩画了出来，如图 9.13（b）所示，以绕杆端顺时针方向转动为正、逆时针方向转动为负，据此得到固端弯矩

$$M^F_{AB} = -\frac{ql^2}{12} = -30 \text{kN} \cdot \text{m}, \quad M^F_{BA} = \frac{ql^2}{12} = 30 \text{kN} \cdot \text{m}$$

$$M^F_{BC} = -\frac{3}{16}F_P l = -45 \text{kN} \cdot \text{m}, \quad M^F_{CB} = 0$$

将固端弯矩标在相应杆端下端，如图 9.13（a）所示。

（5）计算结点约束力矩。

B 结点处的约束力矩等于该结点连接的杆端固端弯矩之和，即

$$M_B = M^F_{BA} + M^F_{BC} = 30 \text{kN} \cdot \text{m} - 45 \text{kN} \cdot \text{m} = -15 \text{kN} \cdot \text{m}$$

约束力矩不需标出。

（6）计算分配弯矩与传递弯矩。

将约束力矩变号，乘以分配系数得分配弯矩，为

$$M'_{BA} = (-M_B)\mu_{BA} = 15 \text{kN} \cdot \text{m} \times 0.471 \approx 7.07 \text{kN} \cdot \text{m}$$

$$M'_{BC} = (-M_B)\mu_{BC} = 15 \text{kN} \cdot \text{m} \times 0.529 \approx 7.93 \text{kN} \cdot \text{m}$$

将分配弯矩乘以传递系数得传递弯矩，AB 杆的远端为固定端，传递系数为 $C_{BA} = 0.5$、$C_{BC} = 0$，所以

$$M'_{AB} = M'_{BA} C_{BA} = 7.07 \text{kN} \cdot \text{m} \times 0.5 \approx 3.54 \text{kN} \cdot \text{m}$$

$$M'_{CB} = M'_{BC} C_{BC} = 0$$

将分配弯矩及传递弯矩标在相应杆端的下侧,并用箭头标出传递方向,如图9.13(a)所示。

(7) 计算最终杆端弯矩。

将每个杆端下侧的固端弯矩、分配弯矩或传递弯矩相加,得最终杆端弯矩,即

$$M_{AB} = M_{AB}^F + M_{AB}' = -30 \text{kN} \cdot \text{m} + 3.54 \text{kN} \cdot \text{m} = -26.46 \text{kN} \cdot \text{m}$$

$$M_{BA} = M_{BA}^F + M_{BA}' = 30 \text{kN} \cdot \text{m} + 7.07 \text{kN} \cdot \text{m} = 37.07 \text{kN} \cdot \text{m}$$

$$M_{BC} = M_{BC}^F + M_{BC}' = -45 \text{kN} \cdot \text{m} + 7.93 \text{kN} \cdot \text{m} = -37.07 \text{kN} \cdot \text{m}$$

$$M_{CB} = M_{CB}^F + M_{CB}' = 0$$

最终杆端弯矩应满足 B 结点的力矩平衡条件,如图9.14(b)所示,即

$$M_{BA} + M_{BC} = 37.07 \text{kN} \cdot \text{m} + (-37.07) \text{kN} \cdot \text{m} = 0$$

(8) 作弯矩图。

根据杆端弯矩作出弯矩图,如图9.14(a)所示。

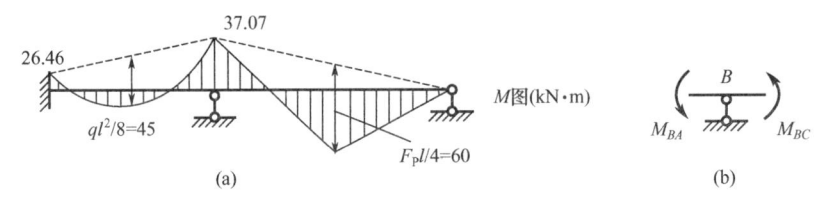

**图9.14  例题9-4的弯矩图**

实际演算时,上面各步骤中的列式不必写出,在图9.13(a)中直接演算即可。

【**例题9-5**】用力矩分配法计算图9.15(a)所示连续梁,作弯矩图。

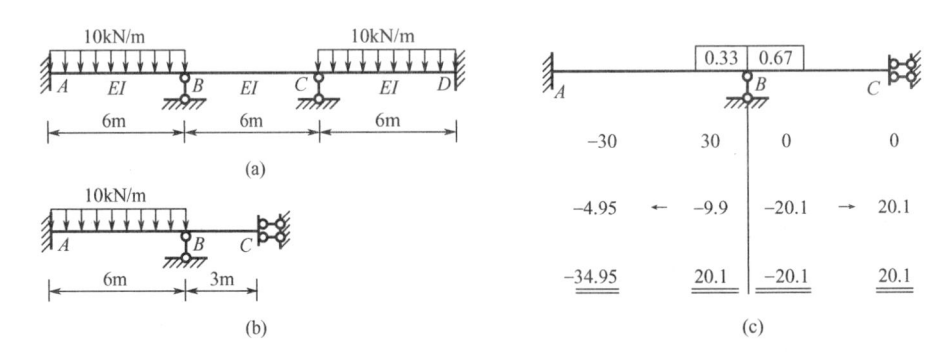

**图9.15  例题9-5图**

【**解**】图9.15(a)所示连续梁有 B、C 两个转动结点,属于多结点结构,需按9.3节中介绍的多结点力矩分配过程计算。但由于该结构是对称结构,因此利用对称性可将其转化为单结点结构,如图9.15(b)所示。

设 $EI/6\text{m} = i$,则 AB 杆的线刚度为 $i$,BC 杆的线刚度为 $2i$。求得转动刚度为

$$S_{BA} = 4i, \quad S_{BC} = 2i$$

分配系数为

$$\mu_{BA} = \frac{4i}{4i+2i} = \frac{2}{3} \approx 0.67, \quad \mu_{BC} = \frac{2i}{4i+2i} = \frac{1}{3} \approx 0.33$$

固端弯矩为

$$M_{AB} = -\frac{ql^2}{12} = -30\text{kN} \cdot \text{m}, \quad M_{BA} = \frac{ql^2}{12} = 30\text{kN} \cdot \text{m}$$

其他计算如图 9.15（c）所示。

弯矩图如图 9.16 所示。

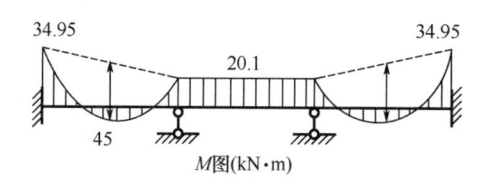

图 9.16　例题 9-5 的弯矩图

【**例题 9-6**】用力矩分配法计算图 9.17（a）所示连续梁，作弯矩图。

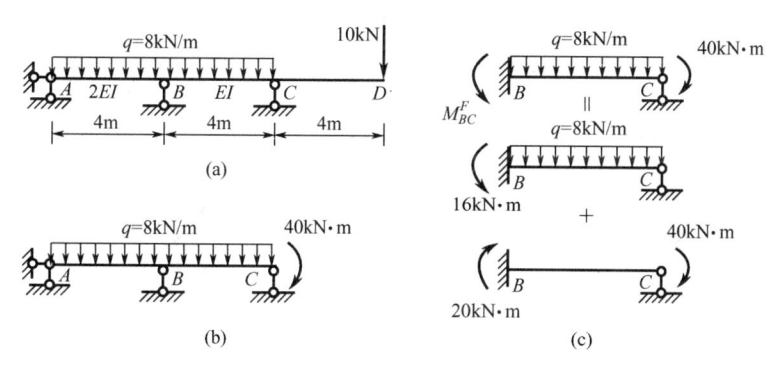

图 9.17　例题 9-6 图

【**解**】图 9.17（a）所示连续梁有 B、C 两个转动结点，属于多结点结构。因为该连续梁的悬臂部分是静定部分，弯矩图可以直接作出，所以可将其去掉，如图 9.17（b）所示，即转化成单结点结构。

（1）计算转动刚度。

$$S_{BA} = 3 \times \frac{2EI}{4} = 1.5EI, \quad S_{BC} = 3 \times \frac{EI}{4} = 0.75EI, \quad \sum S = 2.25EI$$

（2）计算分配系数。

$$\mu_{BA} = \frac{1.5EI}{2.25EI} \approx 0.67, \quad \mu_{BC} = \frac{0.75EI}{2.25EI} \approx 0.33$$

（3）计算固端弯矩。

AB 杆的固端弯矩为

$$M_{AB}^{F} = 0, \quad M_{BA}^{F} = \frac{ql^2}{8} = 16\text{kN} \cdot \text{m}$$

BC 杆上有两个荷载，固端弯矩由这两个荷载单独作用引起的杆端弯矩叠加计算，如图 9.17（c）所示，其计算结果为

$$M_{BC}^{F} = 4\text{kN} \cdot \text{m}, \quad M_{CB}^{F} = 40\text{kN} \cdot \text{m}$$

（4）力矩分配及最终杆端弯矩计算。

力矩分配及最终杆端弯矩如图 9.18（a）所示。

（5）作弯矩图。

弯矩图如图 9.18（b）所示。

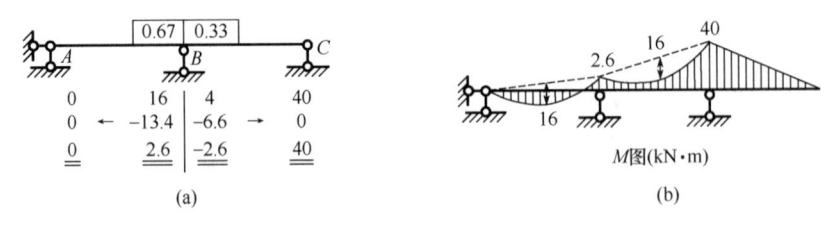

图 9.18 例题 9-6 的计算过程及弯矩图

【例题 9-7】用力矩分配法计算图 9.19（a）所示结构，作弯矩图。

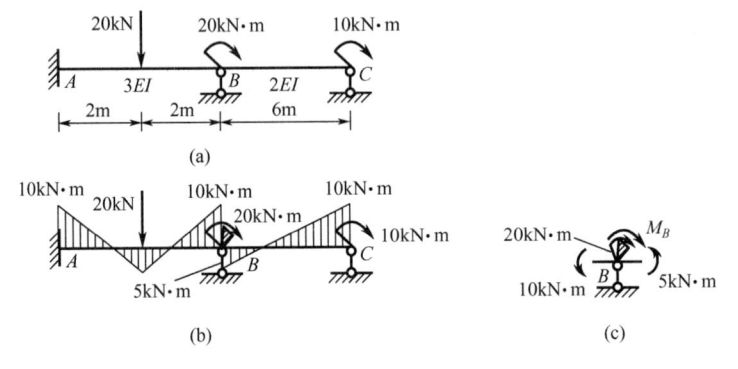

图 9.19 例题 9-7 图

【解】（1）计算转动刚度。

$$S_{BA} = 4 \times \frac{3EI}{4} = 3EI, \quad S_{BC} = 3 \times \frac{2EI}{6} = EI, \quad \sum S = 4EI$$

（2）计算分配系数。

$$\mu_{BA} = \frac{3EI}{4EI} = 0.75, \quad \mu_{BC} = \frac{EI}{4EI} = 0.25$$

（3）计算固端弯矩。

为了计算固端弯矩，也可以画出固定状态的弯矩图。固定状态的弯矩图如图 9.19（b）所示，其中 B 结点上的外力偶不引起固端弯矩，它由刚臂承受；而 C 结点上的外力偶引起固端弯矩，它由杆端承受，由传递系数的概念可知另一端的固端弯矩为它的一半。

$$M_{AB}^F = -10 \text{kN} \cdot \text{m}, \quad M_{BA}^F = 10 \text{kN} \cdot \text{m}, \quad M_{BC}^F = 5 \text{kN} \cdot \text{m}, \quad M_{CB}^F = 10 \text{kN} \cdot \text{m}$$

约束力矩不能直接由固端弯矩相加得到。由图 9.19（c）所示隔离体的平衡，得约束力矩为

$$M_B = 10 \text{kN} \cdot \text{m} + 5 \text{kN} \cdot \text{m} - 20 \text{kN} \cdot \text{m} = -5 \text{kN} \cdot \text{m}$$

（4）力矩分配。力矩分配法计算过程如图 9.20（a）所示。

（5）作弯矩图。弯矩图如图 9.20（b）所示。

从例题 9-7 可见，当结点上作用结点力偶时，约束力矩不能直接由固端弯矩计算，而需由结点的力矩平衡条件计算。根据结点力矩平衡条件，结点力偶 m 逆时针方向转动时，约束力矩 M 为

# 第9章 力矩分配法

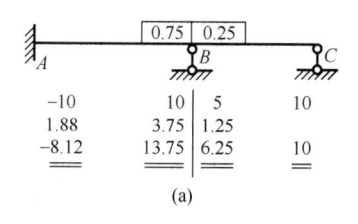

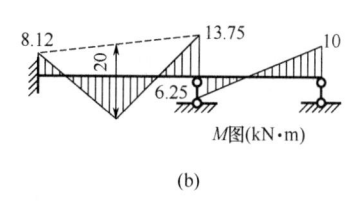

图 9.20 例题 9-7 的计算过程及弯矩图

$$M = \sum 固端弯矩 + m$$

当结点力偶顺时针方向转动时，$m$ 取负值。约束力矩的计算与位移法中求附加刚臂反力矩的方法相同。

【例题 9-8】用力矩分配法计算图 9.21（a）所示刚架，作弯矩图。

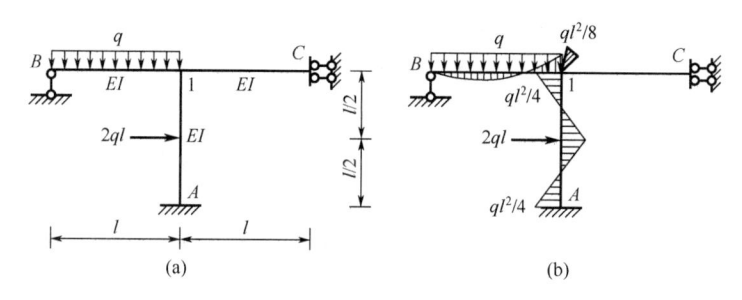

图 9.21 例题 9-8 图

【解】图 9.21（a）所示刚架的 1 结点无线位移，为单结点结构。

（1）计算转动刚度。

$$S_{1A} = 4i, \ S_{1B} = 3i, \ S_{1C} = i$$

（2）计算分配系数。

$$\mu_{1A} = \frac{S_{1A}}{S_{1A}+S_{1B}+S_{1C}} = \frac{1}{2}, \ \mu_{1B} = \frac{S_{1B}}{S_{1A}+S_{1B}+S_{1C}} = \frac{3}{8}, \ \mu_{1C} = \frac{S_{1C}}{S_{1A}+S_{1B}+S_{1C}} = \frac{1}{8}$$

（3）计算固端弯矩。

在 1 结点上加刚臂，作固定状态的弯矩图，如图 9.21（b）所示，可知各杆端的固端弯矩为

$$M_{1B}^F = \frac{ql^2}{8}, \ M_{B1}^F = 0, \ M_{1A}^F = \frac{ql^2}{4}, \ M_{A1}^F = -\frac{ql^2}{4}, \ M_{1C}^F = M_{C1}^F = 0$$

其他计算可列表进行，如图 9.22 所示。计算过程也可直接画在结构上，如图 9.23（a）所示。

| 结点 | B | A | 1 | | | C |
|---|---|---|---|---|---|---|
| 杆端 | B1 | A1 | 1A | 1B | 1C | C1 |
| 分配系数 | | | 1/2 | 3/8 | 1/8 | |
| 固端弯矩 | 0 | −1/4 | 1/4 | 1/8 | 0 | 0 |
| 分配弯矩及传递弯矩 | 0 | −3/32 | −3/16 | −9/64 | −3/64 | 3/64 |
| 杆端弯矩 | 0 | −11/32 | 1/16 | −1/64 | −3/64 | 3/64 |

图 9.22 例题 9-8 的计算表

（4）作弯矩图。

根据杆端弯矩所作的弯矩图如图 9.23（b）所示。

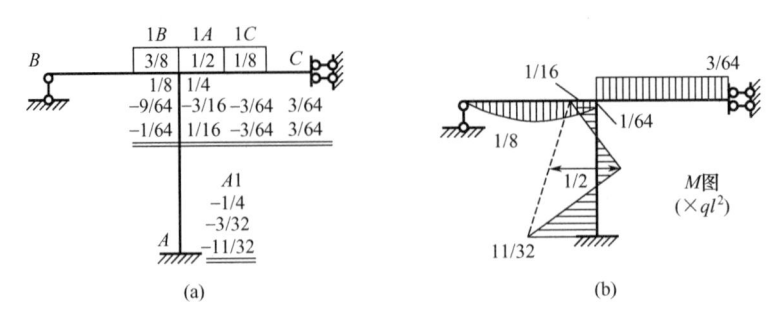

图 9.23　例题 9-8 的计算过程及弯矩图

**学习指导**：熟练掌握用力矩分配法计算单结点结构的内力，包括单结点刚架和单结点连续梁。注意结点上有力偶作用的情况和有悬臂端的情况。请完成习题：16~19。

## 9.3　力矩分配法计算多结点结构

对于多结点结构，可以改造成单结点结构，利用单结点结构的计算方法计算。下面以图 9.24（a）所示的具有两个结点的连续梁为例加以说明。

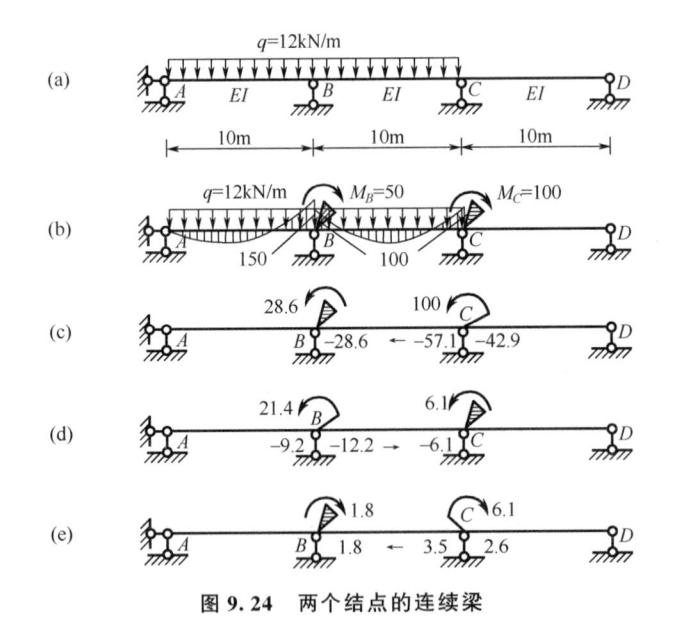

图 9.24　两个结点的连续梁

1. 固定状态

对于图 9.24（a）所示结构，先加约束，然后加荷载，得到固定状态。作固定状态的弯矩图，如图 9.24（b）所示（为了简洁，图中的弯矩单位 kN·m 省略了）。由所作弯矩图，可得各杆端的固端弯矩为

$$M_{AB}^{F}=0, \quad M_{BA}^{F}=\frac{ql^2}{8}=150\text{kN}\cdot\text{m}$$

$$M_{BC}^{F}=-\frac{ql^2}{12}=-100\text{kN}\cdot\text{m}, \quad M_{CB}^{F}=100\text{kN}\cdot\text{m}$$

$$M_{CD}^{F}=M_{DC}^{F}=0$$

由结点平衡条件可求得 $B$、$C$ 结点的约束力矩，为

$$M_B=M_{BA}^{F}+M_{BC}^{F}=50\text{kN}\cdot\text{m}$$

$$M_C=M_{CB}^{F}+M_{CD}^{F}=100\text{kN}\cdot\text{m}$$

2. 固定 $B$ 结点，放松 $C$ 结点

为了放松结点，要在两个结点上同时加反向的约束力矩，这时两个结点同时有转角，这是与 9.2 节所讨论的情况不同的问题。为了利用 9.2 节所介绍的方法，需要在放松一个结点时让另一个结点保持固定，如图 9.2（c）所示，这时图 9.2（c）所示情况与 9.2 节所讨论的情况完全相同，可以利用分配系数、传递系数计算。下面计算图 9.2（c）所示的放松状态。

（1）计算转动刚度、分配系数、分配弯矩。

计算 $BC$ 杆 $C$ 端的转动刚度时，$B$ 端看成固定端。计算结果如下。

$$S_{CB}=4i, \quad S_{CD}=3i$$

$$\mu_{CB}=\frac{4i}{4i+3i}\approx 0.571, \quad \mu_{CD}=\frac{3i}{4i+3i}\approx 0.429$$

$$M_{CB}=\mu_{CB}(-M_C)=0.571\times(-100\text{kN}\cdot\text{m})=-57.1\text{kN}\cdot\text{m}$$

$$M_{CD}=\mu_{CD}(-M_C)=0.429\times(-100\text{kN}\cdot\text{m})=-42.9\text{kN}\cdot\text{m}$$

（2）计算传递系数、传递弯矩。

传递系数为

$$C_{CB}=0.5, \quad C_{CD}=0$$

传递弯矩为

$$M_{BC}=C_{CB}M_{CB}=0.5\times(-57.1\text{kN}\cdot\text{m})\approx-28.6\text{kN}\cdot\text{m}$$

$$M_{DC}=C_{CD}M_{CD}=0\times(-42.9\text{kN}\cdot\text{m})=0$$

由 $B$ 结点的平衡可求得 $B$ 结点上附加刚臂中的反力矩等于 $-28.6\text{kN}\cdot\text{m}$，如图 9.24（c）所示。图中还标出了分配弯矩和传递弯矩。

将图 9.24（b）和图 9.24（c）所示的受力状态相加，会发现除 $B$ 结点比原结构多一个 $21.4\text{kN}\cdot\text{m}$ 的约束力矩外，其他均相同。

3. 固定 $C$ 结点，放松 $B$ 结点

在 $B$ 结点加反向的约束力矩，为了利用 9.2 节的知识，在加荷载前仍需将另一个结点固定，如图 9.24（d）所示。

（1）计算转动刚度、分配系数、分配弯矩。

计算 $BC$ 杆 $B$ 端的转动刚度时，$C$ 端看成固定端。计算结果如下。

$$S_{BC}=4i, \quad S_{BA}=3i$$

$$\mu_{BC}=\frac{4i}{4i+3i}\approx 0.571, \quad \mu_{BA}=\frac{3i}{4i+3i}\approx 0.429$$

$$M_{BC} = \mu_{BC}(-M_B) = 0.571 \times (-21.4\text{kN} \cdot \text{m}) \approx -12.2\text{kN} \cdot \text{m}$$
$$M_{BA} = \mu_{BA}(-M_B) = 0.429 \times (-21.4\text{kN} \cdot \text{m}) \approx -9.2\text{kN} \cdot \text{m}$$

(2) 计算传递系数、传递弯矩。

传递系数为
$$C_{BC} = 0.5, \quad C_{BA} = 0$$

传递弯矩为
$$M_{CB} = C_{BC}M_{BC} = 0.5 \times (-12.2\text{kN} \cdot \text{m}) = -6.1\text{kN} \cdot \text{m}$$
$$M_{AB} = C_{BA}M_{BA} = 0 \times (-9.2\text{kN} \cdot \text{m}) = 0$$

由 $C$ 结点的平衡可求得 $C$ 结点上附加刚臂中的反力矩等于 $-6.1\text{kN} \cdot \text{m}$（逆时针转），如图 9.24（d）所示。

将图 9.24（b）、（c）、（d）所示的受力状态相加，与原结构受力相比较，发现在 $C$ 结点处多一个逆时针方向的大小为 $6.1\text{kN} \cdot \text{m}$ 的约束力矩。

**4. 再次固定 $B$ 结点，放松 $C$ 结点**

约束 $B$ 结点，在 $C$ 结点加反向的约束力矩，如图 9.24（e）所示。

分配系数、传递系数已在上面计算过，即 $\mu_{CB} = 0.571, \mu_{CD} = 0.429$。

分配弯矩和传递弯矩分别为
$$M_{CB} = 0.571 \times 6.1\text{kN} \cdot \text{m} \approx 3.5\text{kN} \cdot \text{m}, \quad M_{CD} = 0.429 \times 6.1\text{kN} \cdot \text{m} \approx 2.6\text{kN} \cdot \text{m},$$
$$M_{BC} = 0.5 \times 3.5\text{kN} \cdot \text{m} \approx 1.8\text{kN} \cdot \text{m}, \quad M_{DC} = 0 \times 2.6\text{kN} \cdot \text{m} = 0$$

这时在 $B$ 结点又会产生新的约束力矩，需要继续像前面那样固定 $C$ 结点，放松 $B$ 结点。这样的计算是无止境的，由于约束力矩会越来越小，当小到可以略去不计时终止计算。将各部分计算出的杆端弯矩，包括固端弯矩、分配弯矩、传递弯矩相加即得最终的杆端弯矩。

整个计算过程如图 9.25 所示，图中的分配弯矩下面画一横线表示该结点分配结束后的约束力矩为零。

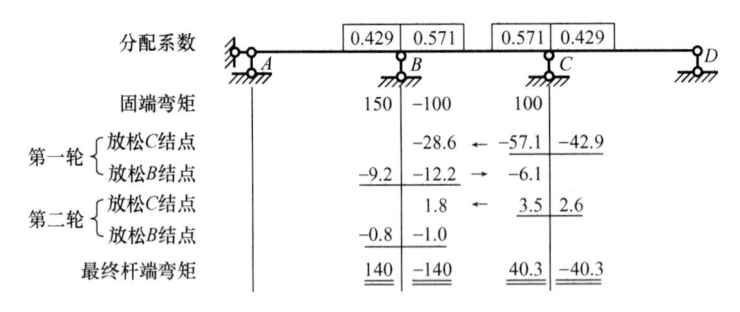

**图 9.25 两个结点连续梁的力矩分配法计算过程**

两个结点连续梁的弯矩图如图 9.26 所示。

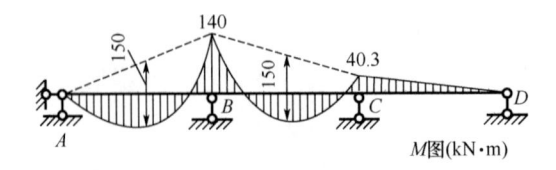

**图 9.26 两个结点连续梁的弯矩图**

计算中需注意以下几点。

（1）约束力矩在分配时需变号。

（2）所有结点均被分配一次，称作计算一轮。一般计算2～3轮即可获得较满意的计算结果。

（3）第一轮计算最好从约束力矩绝对值大的结点开始。

（4）当结点多于3个时，不相邻的结点可以同时放松。

（5）作剪力图的方法与静定结构已知弯矩图作剪力图的方法相同。

根据力矩分配法计算多结点结构的求解过程可知，所得结果是近似的，计算精度由计算的轮次决定，力矩分配法是一种渐进解法。对于单结点结构，计算结果是精确的。

【**例题 9-9**】试用力矩分配法计算图9.27所示连续梁，作弯矩图。

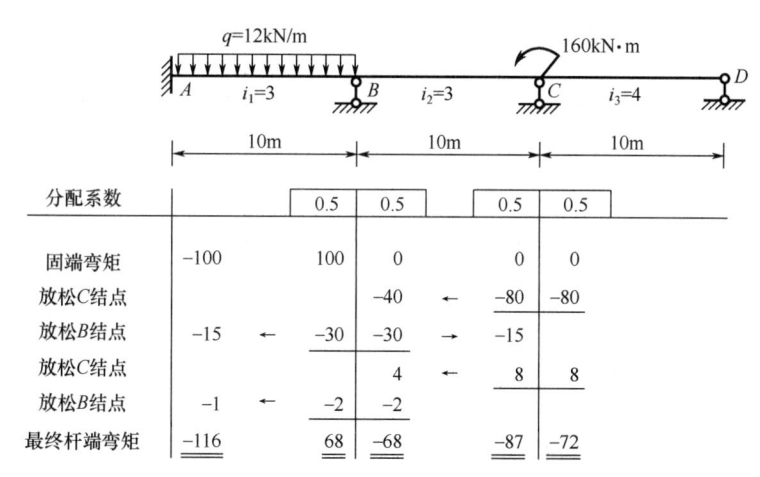

| 分配系数 | | 0.5 | 0.5 | | 0.5 | 0.5 |
|---|---|---|---|---|---|---|
| 固端弯矩 | −100 | 100 | 0 | | 0 | 0 |
| 放松C结点 | | | −40 | ← | −80 | −80 |
| 放松B结点 | −15 | ← | −30 | −30 | → | −15 | |
| 放松C结点 | | | 4 | ← | 8 | 8 |
| 放松B结点 | −1 | ← | −2 | −2 | | | |
| 最终杆端弯矩 | −116 | 68 | −68 | | −87 | −72 |

图9.27　例题9-9图

【**解**】（1）计算转动刚度、分配系数。

先计算转动刚度。计算$BC$杆$B$端的转动刚度时，$C$端看成固定端（因为分配$B$结点反向的约束力矩时，$C$端是固定的）；计算$BC$杆$C$端的转动刚度时，$B$端看成固定端（因为分配$C$结点反向的约束力矩时，$B$端是固定的）。$B$、$C$结点所连接杆端的转动刚度分别为

$$S_{BA}=4i_1=12, \quad S_{BC}=4i_2=12$$
$$S_{CB}=4i_2=12, \quad S_{CD}=3i_3=12$$

分配系数为

$$\mu_{BA}=\frac{S_{BA}}{S_{BA}+S_{BC}}=0.5, \quad \mu_{BC}=\frac{S_{BC}}{S_{BA}+S_{BC}}=0.5$$
$$\mu_{CB}=\frac{S_{CB}}{S_{CB}+S_{CD}}=0.5, \quad \mu_{CD}=\frac{S_{CD}}{S_{CB}+S_{CD}}=0.5$$

（2）计算固端力矩。

转动$C$结点上的结点力偶不引起固端弯矩，$BC$杆和$CD$杆两端的固端弯矩等于零。$AB$杆两端的固端弯矩为

$$M_{AB}^F=-\frac{ql^2}{12}=-100\text{kN}\cdot\text{m}, \quad M_{BC}^F=100\text{kN}\cdot\text{m}$$

(3) 力矩分配与传递。

$B$ 结点上的约束力矩为 100kN·m，$C$ 结点上的约束力矩为 160kN·m，$C$ 结点上的约束力矩大，故先放松 $C$ 结点。力矩分配与传递过程如图 9.27 所示。

(4) 计算最终杆端弯矩。

计算到第二轮，由放松 $B$ 结点而引起的 $C$ 结点上的约束力矩为 -1，值很小故可结束计算，不再传递。将各杆端下面的固端弯矩、分配弯矩、传递弯矩相加得最终杆端弯矩。

(5) 作弯矩图。

根据最终杆端弯矩作弯矩图，如图 9.28（a）所示。

取结点为隔离体，如图 9.28（b）所示。隔离体上的力矩满足力矩平衡条件。

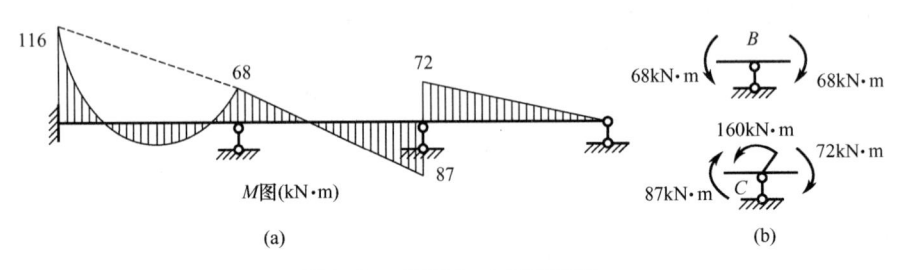

图 9.28 例题 9-9 的弯矩图

【例题 9-10】 试用力矩分配法计算图 9.29 所示连续梁，作弯矩图、剪力图并求 $C$ 支座反力。

【解】(1) 计算转动刚度、分配系数。

转动刚度为

$$S_{BA}=3\times 0.8i=2.4i, \quad S_{BC}=4i, \quad S_{CB}=4i,$$
$$S_{CD}=4i, \quad S_{DC}=4i, \quad S_{DE}=3\times 0.8i=2.4i$$

分配系数为

$$\mu_{BA}=\frac{S_{BA}}{S_{BA}+S_{BC}}=\frac{2.4i}{2.4i+4i}=0.375, \quad \mu_{BC}\frac{S_{BC}}{S_{BA}+S_{BC}}=\frac{4i}{2.4i+4i}=0.625,$$

$$\mu_{CB}=\frac{S_{CB}}{S_{CB}+S_{CD}}=\frac{4i}{4i+4i}=0.5, \quad \mu_{CD}=\frac{S_{CD}}{S_{CB}+S_{CD}}=\frac{4i}{4i+4i}=0.5,$$

$$\mu_{DC}=\frac{S_{DC}}{S_{DC}+S_{DE}}=\frac{4i}{4i+2.4i}=0.625, \quad \mu_{DE}=\frac{S_{DE}}{S_{DC}+S_{DE}}=\frac{2.4i}{4i+2.4i}=0.375$$

(2) 计算固端弯矩。

$$M_{AB}^F=0, \quad M_{BA}^F=4.69\text{kN}\cdot\text{m}, \quad M_{BC}^F=-8\text{kN}\cdot\text{m}, \quad M_{CB}^F=8\text{kN}\cdot\text{m},$$
$$M_{CD}^F=-8\text{kN}\cdot\text{m}, \quad M_{DC}^F=8\text{kN}\cdot\text{m}, \quad M_{DE}^F=2\text{kN}\cdot\text{m}, \quad M_{ED}^F=4\text{kN}\cdot\text{m}$$

(3) 力矩分配与传递。

$D$ 结点的约束力矩最大，先放松 $D$ 结点。放松 $D$ 结点时，$C$ 结点是固定的，所以在放松 $D$ 结点的同时还可以放松 $B$ 结点，每一轮计算均可以这样做，如图 9.29 所示。注意，相邻的结点不可同时放松。

各结点的力矩分配与传递过程如图 9.29 所示。

(4) 计算最终杆端弯矩。

将各杆端下面的弯矩相加得最终杆端弯矩，如图 9.29 所示。

# 第9章 力矩分配法

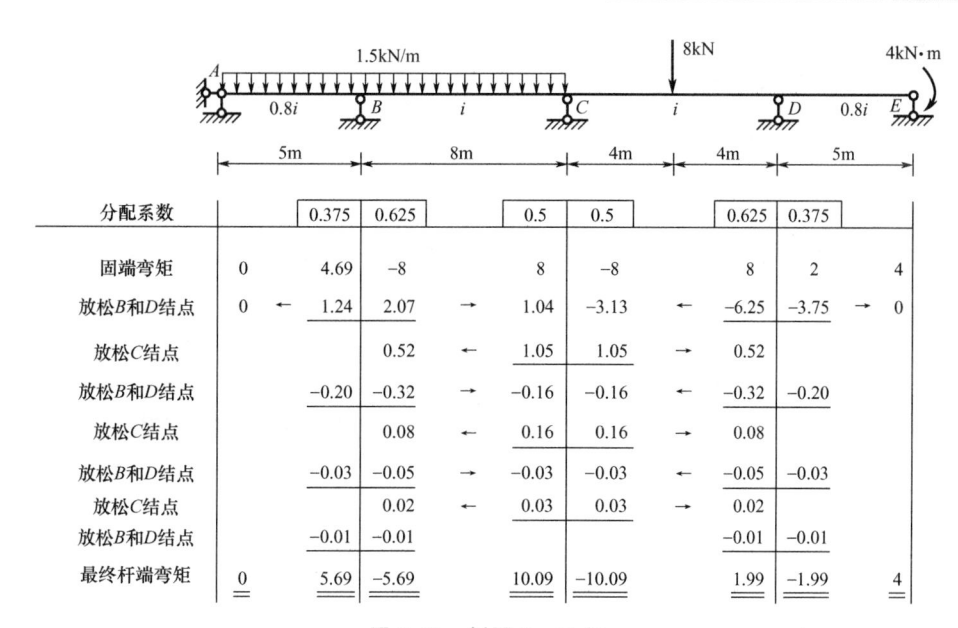

| 分配系数 | | 0.375 | 0.625 | | 0.5 | 0.5 | | 0.625 | 0.375 | |
|---|---|---|---|---|---|---|---|---|---|---|
| 固端弯矩 | 0 | 4.69 | −8 | | 8 | −8 | | 8 | 2 | 4 |
| 放松B和D结点 | 0 ← | 1.24 | 2.07 | → | 1.04 | −3.13 | ← | −6.25 | −3.75 | → 0 |
| 放松C结点 | | | 0.52 | ← | 1.05 | 1.05 | → | 0.52 | | |
| 放松B和D结点 | | −0.20 | −0.32 | → | −0.16 | −0.16 | ← | −0.32 | −0.20 | |
| 放松C结点 | | | 0.08 | ← | 0.16 | 0.16 | → | 0.08 | | |
| 放松B和D结点 | | −0.03 | −0.05 | → | −0.03 | −0.03 | ← | −0.05 | −0.03 | |
| 放松C结点 | | | 0.02 | ← | 0.03 | 0.03 | → | 0.02 | | |
| 放松B和D结点 | | −0.01 | −0.01 | | | | | −0.01 | −0.01 | |
| 最终杆端弯矩 | 0 | 5.69 | −5.69 | | 10.09 | −10.09 | | 1.99 | −1.99 | 4 |

图 9.29　例题 9-10 图

（5）作弯矩图。

弯矩图如图 9.30 所示。

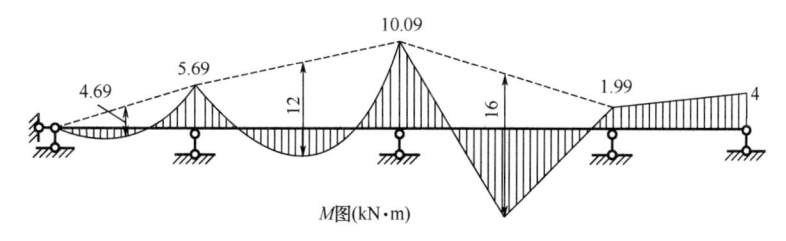

图 9.30　例题 9-10 的弯矩图

（6）作剪力图。

按 8.5 节中讲述的方法，由弯矩图作剪力图。

将各杆件截出作为隔离体，受力图如图 9.31 所示，两端截面上暴露出的弯矩是从弯矩图中得到的。对各隔离体列平衡方程求杆端剪力，如图 9.31（a）～（d）所示。对 AB 杆，有

$$\sum M_B = 0 \quad F_{QAB} \times 5\text{m} - 1.5\text{kN/m} \times 5\text{m} \times 2.5\text{m} + 5.69\text{kN} \cdot \text{m} = 0$$

$$F_{QAB} = 2.612\text{kN}$$

$$\sum F_y = 0 \quad F_{QAB} - F_{QBA} - 1.5\text{kN/m} \times 5\text{m} = 0$$

$$F_{QBA} = -4.888\text{kN}$$

类似地可得到其他杆的杆端剪力，为

$F_{QBC}=5.5\text{kN}$，$F_{QCB}=-6.6\text{kN}$，$F_{QCD}=5.0\text{kN}$，$F_{QDC}=-3.0\text{kN}$，$F_{QDE}=F_{QED}=-0.4\text{kN}$

作出剪力图如图 9.31（f）所示。

（7）求支座反力。

为求 C 支座反力，取 C 结点为隔离体，如图 9.31（e）所示。列竖向投影方程，有

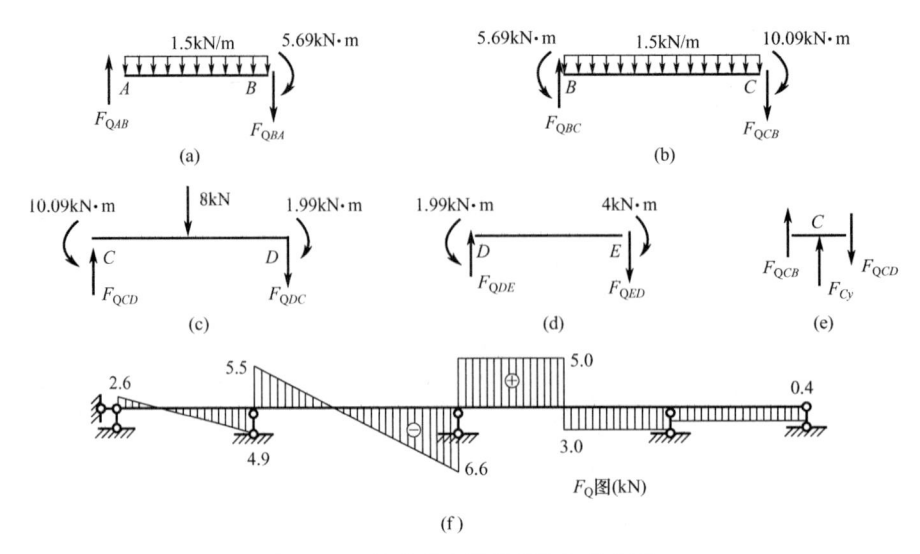

图 9.31 计算剪力的隔离体和剪力图

$$\sum F_y = 0 \quad F_{Cy} + F_{QCB} - F_{QCD} = 0$$

将杆端剪力代入，得 C 支座反力

$$F_{Cy} = 5\text{kN} - (-6.6\text{kN}) = 11.6\text{kN}(\uparrow)$$

【例题 9-11】试用力矩分配法计算图 9.32（a）所示刚架，作弯矩图。

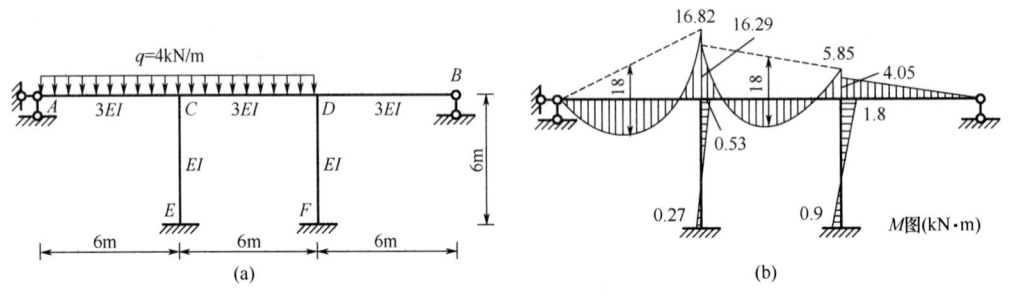

图 9.32 例题 9-11 图

【解】此刚架有两个结点，无结点线位移，故可用力矩分配法计算。

（1）计算转动刚度、分配系数。

为了方便计算，取 $EI = 6$。

C 结点：

$$S_{CA} = 9, \quad S_{CD} = 12, \quad S_{CE} = 4, \quad \sum S = 25$$

$$\mu_{CA} = \frac{9}{25} = 0.36, \quad \mu_{CD} = \frac{12}{25} = 0.48, \quad \mu_{CE} = \frac{4}{25} = 0.16$$

$$\sum \mu = 0.36 + 0.48 + 0.16 = 1$$

D 结点：

$$S_{DB} = 9, \quad S_{DC} = 12, \quad S_{DF} = 4, \quad \sum S = 25$$

$$\mu_{DB} = \frac{9}{25} = 0.36, \quad \mu_{DC} = \frac{12}{25} = 0.48, \quad \mu_{DF} = \frac{4}{25} = 0.16$$

$$\sum \mu = 0.36 + 0.48 + 0.16 = 1$$

（2）计算固端弯矩。

$$M_{CA}^F = \frac{ql^2}{8} = 18\text{kN·m}, \quad M_{CD}^F = -\frac{ql^2}{12} = -12\text{kN·m}, \quad M_{DC}^F = 12\text{kN·m}$$

（3）力矩分配。

计算过程如图 9.33 所示。

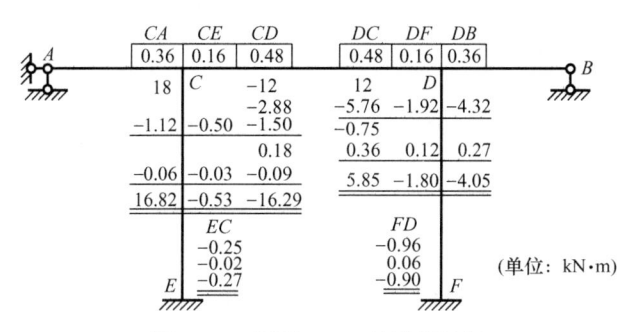

|  | CA | CE | CD |  | DC | DF | DB |  |
|---|---|---|---|---|---|---|---|---|
|  | 0.36 | 0.16 | 0.48 |  | 0.48 | 0.16 | 0.36 |  |
|  | 18 |  | −12 |  | 12 |  |  |  |
|  |  |  | −2.88 |  | −5.76 | −1.92 | −4.32 |  |
|  | −1.12 | −0.50 | −1.50 |  | −0.75 |  |  |  |
|  |  |  | 0.18 |  | 0.36 | 0.12 | 0.27 |  |
|  | −0.06 | −0.03 | −0.09 |  | 5.85 | −1.80 | −4.05 |  |
|  | 16.82 | −0.53 | −16.29 |  |  |  |  |  |

EC: −0.25, −0.02, −0.27
FD: −0.96, 0.06, −0.90

（单位：kN·m）

图 9.33　例题 9-11 的计算过程

（4）校核。

C 结点：

$$\sum M_C = 16.82\text{kN·m} - 0.53\text{kN·m} - 16.29\text{kN·m} = 0$$

D 结点：

$$\sum M_D = 5.85\text{kN·m} - 1.80\text{kN·m} - 4.05\text{kN·m} = 0$$

满足结点力矩平衡条件。

（5）作弯矩图。

弯矩图如图 9.32（b）所示。

**学习指导**：熟练掌握用力矩分配法计算多结点连续梁，掌握用力矩分配法计算无结点刚架。请完成习题：20～23。

# 习 题

## 一、单项选择题

1. 图 9.34 所示结构（$EI$＝常数）中，不能直接用力矩分配法计算的结构有（　　）。

　　A.（a）、(b)　　B.（b）、(c)　　C.（a）、(c)　　D.（a）、(b)、(c)

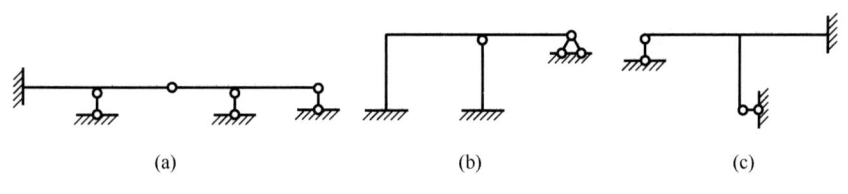

图 9.34　题 1 图

2. 若使图 9.35 所示简支梁的 $A$ 端截面发生转角 $\theta$，应（　　）。
   A. 在 $A$ 端加大小为 $3i\theta$ 的力偶　B. 在 $A$ 端加大小为 $4i\theta$ 的力偶
   C. 在 $B$ 端加大小为 $3i\theta$ 的力偶　D. 在 $B$ 端加大小为 $4i\theta$ 的力偶

3. 图 9.36 所示结构各杆 $EI=$ 常数，$AB$ 杆 $A$ 端的分配系数为（　　）。
   A. 0.56　　　B. 0.30　　　C. 0.21　　　D. 0.14

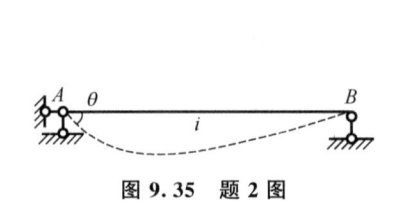

图 9.35　题 2 图

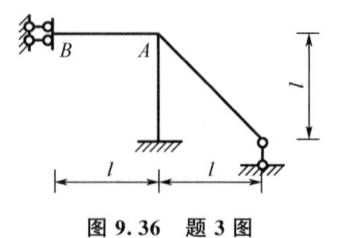

图 9.36　题 3 图

## 二、填空题

4. 若使图 9.37 所示结构的 $B$ 截面发生单位转角，则 $M=$ _____。

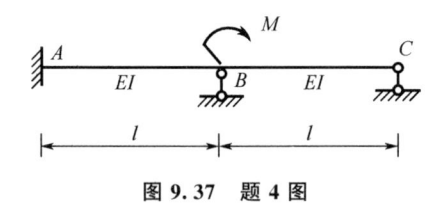

图 9.37　题 4 图

5. 转动刚度除与线刚度有关外，还与_____有关。

6. 传递系数只与_____有关。

7. 杆端弯矩绕杆端_____为正。

8. 当远端为滑动支座时，弯矩传递系数为_____。

9. 已算得图 9.38 所示结构 $B$ 结点所连接的 3 个杆端的弯矩分配系数中的两个，分别为 $\mu_{BA}=0.37$、$\mu_{BC}=0.13$，则 $\mu_{BD}=$ _____。在结点力偶作用下，$M_{BA}=$ _____，$M_{AB}=$ _____。

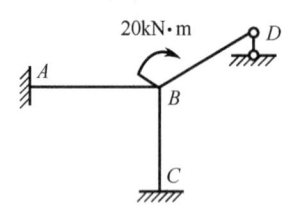

图 9.38　题 9 图

10. 图 9.39 所示结构（各杆件长度均为 $l$）$A$ 截面弯矩 $M_{AB}=$ _____，_____侧受拉。

11. 图 9.40 所示结构（各杆件长度均为 $l$）$A$ 截面弯矩 $M_{AB}=$ _____，_____侧受拉；$AB$ 杆 $B$ 端截面弯矩 $M_{BA}=$ _____，_____侧受拉。

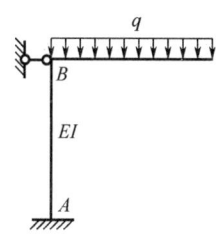

图 9.39　题 10 图　　　　　　图 9.40　题 11 图

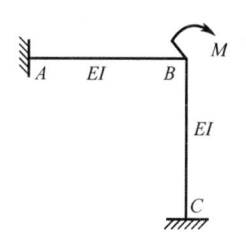

三、计算题

12. 试作图 9.41 所示结构弯矩图，$EI=$ 常数。

13. 试作图 9.42 所示结构弯矩图，$EI=$ 常数。

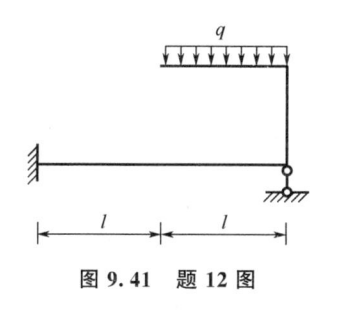

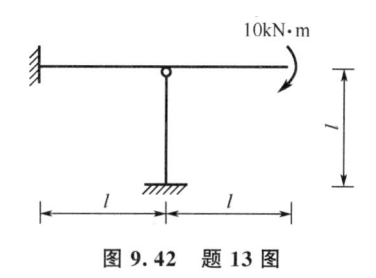

图 9.41　题 12 图　　　　　　图 9.42　题 13 图

14. 试作图 9.43 所示结构弯矩图，$EI=$ 常数。

15. 试作图 9.44 所示结构弯矩图，$EI=$ 常数。

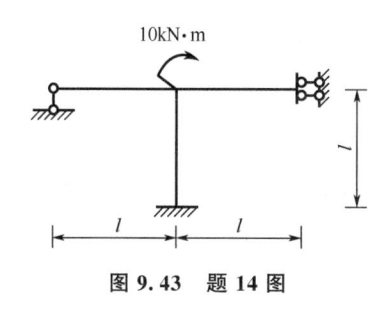

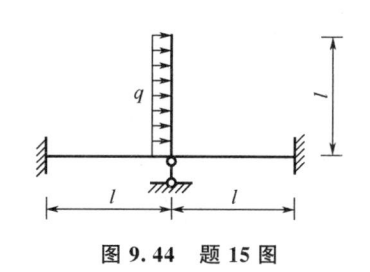

图 9.43　题 14 图　　　　　　图 9.44　题 15 图

16. 试用力矩分配法计算图 9.45 所示结构，作弯矩图、剪力图，并求支座反力。

17. 试用力矩分配法计算图 9.46 所示结构，作弯矩图。

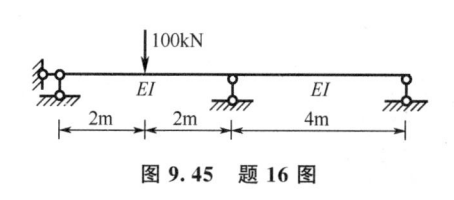

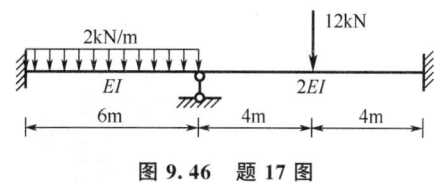

图 9.45　题 16 图　　　　　　图 9.46　题 17 图

18. 试用力矩分配法计算图 9.47 所示结构，作弯矩图。

19. 试用力矩分配法计算图 9.48 所示结构，作弯矩图。

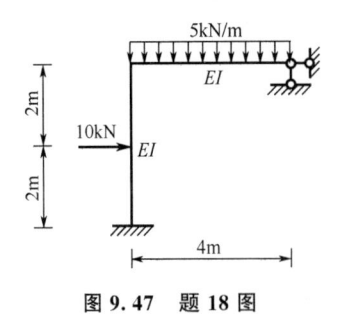

图 9.47 题 18 图

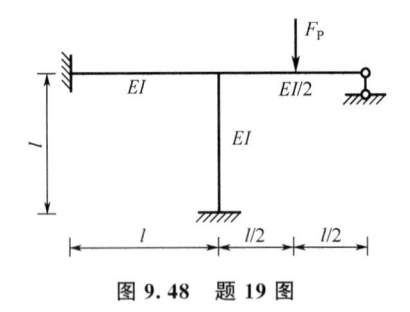

图 9.48 题 19 图

20. 试用力矩分配法计算图 9.49 所示结构，作弯矩图。

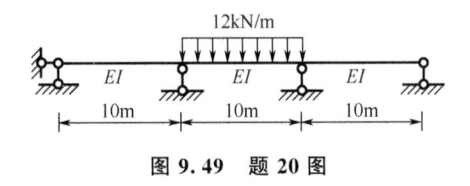

图 9.49 题 20 图

21. 试用力矩分配法计算图 9.50 所示结构，作弯矩图。

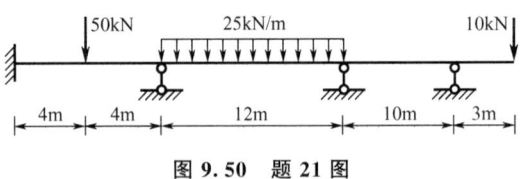

图 9.50 题 21 图

*22. 试用力矩分配法计算图 9.51 所示刚架，作弯矩图。

*23. 试用力矩分配法计算图 9.52 所示刚架，作弯矩图。$EI=$ 常数。

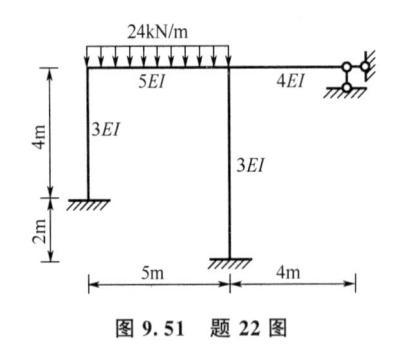

图 9.51 题 22 图

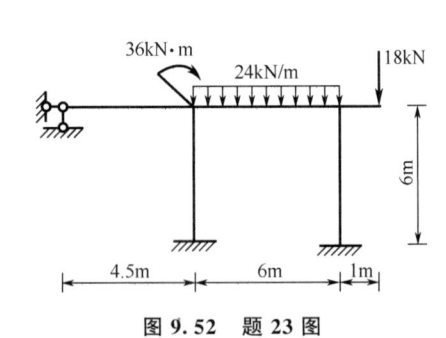

图 9.52 题 23 图

第9章 习题参考答案

第9章拓展习题及参考答案

# 参 考 文 献

包世华，2003.《结构力学》学习指导及题解大全［M］. 武汉：武汉理工大学出版社.
李廉锟，侯文崎，2022. 结构力学：下册［M］.7 版. 北京：高等教育出版社.
龙驭球，包世华，袁驷，2018. 结构力学Ⅰ：基础教程［M］.4 版. 北京：高等教育出版社.
龙驭球，包世华，袁驷，2018. 结构力学Ⅱ：专题教程［M］.4 版. 北京：高等教育出版社.

# 后 记

经全国高等教育自学考试指导委员会同意,由土木水利矿业环境类专业委员会负责高等教育自学考试《结构力学(专)》教材的审定工作。

本教材由哈尔滨工业大学马晓儒副教授、张金生教授担任主编。福州大学祁皖教授担任主审,北京建筑大学罗健副教授、河海大学张旭明副教授参审,提出修改意见,谨向他们表示诚挚的谢意!

全国高等教育自学考试指导委员会土木水利矿业环境类专业委员会最后审定通过了本教材。

全国高等教育自学考试指导委员会
土木水利矿业环境类专业委员会
2023 年 5 月